国家自然科学基金项目（51378172）、河北省自然科学基金项目（E2014209089）、
河北省社会科学基金项目（HB18TQ011）、
华北理工大学学术著作出版基金资助出版

重大地震灾害救援程序与程序化

陈艳华　杨珺珺　陈建伟　李亚君　著

中国建筑工业出版社

图书在版编目（CIP）数据

重大地震灾害救援程序与程序化/陈艳华等著.
北京：中国建筑工业出版社，2018.6
ISBN 978-7-112-22259-9

Ⅰ.①重…　Ⅱ.①陈…　Ⅲ.①地震灾害-救援
Ⅳ.①P315.9

中国版本图书馆 CIP 数据核字（2018）第 106491 号

　　本书以重大地震灾害救援程序与救援程序化为主线，探讨了知识基础、"三救"及其基本特性，震前预防、紧急救援、恢复、重建、社会经济发展，救援程序的理性认识以及救援程序与程序化的相关问题，为实施救援程序化提供实践与理论依据。本书可供城市防灾减灾救灾的管理人员、规划人员、工程技术人员、教育工作者，高等学校防灾减灾工程与防护工程专业师生以及城市防灾学、灾害社会学、灾害情报学、灾害文化学、急救灾害医学等学科的相关人员参考。对各级减灾机构、抗灾救灾指挥机构的决策者、管理者、指挥者有更重要的参考价值。

责任编辑：杨　杰　张伯熙
责任设计：李志立
责任校对：李欣慰

重大地震灾害救援程序与程序化
陈艳华　杨珺珺　陈建伟　李亚君　著
*
中国建筑工业出版社出版、发行（北京海淀三里河路9号）
各地新华书店、建筑书店经销
北京佳捷真科技发展有限公司制版
北京圣夫亚美印刷有限公司印刷
*
开本：787×960毫米　1/16　印张：14¼　字数：286千字
2018年6月第一版　　2018年6月第一次印刷
定价：**88.00**元
ISBN 978-7-112-22259-9
（32136）

序

我是最先阅读专著《重大地震灾害救援程序与程序化》初稿的读者。

多年来，本书作者华北理工大学的陈艳华教授、杨珺珺高级工程师、陈建伟教授和李亚君研究馆员在地震灾害社会学研究领域取得了诸多有创新性的成果。《重大地震灾害救援程序与程序化》从重大地震灾害救援程序与程序化的新视野、新理念，对研究成果进行了系统总结、深化与发展。

纵览全书，有较为浓厚的理论性、创新性和实用性。研究成果基于唐山地震、汶川地震等多次重大地震灾害的实证研究，源于实践，高于实践。全书以重大地震灾害救援程序与救援程序化为主线，探讨了知识基础，"三救"及其基本特性，震前预防、紧急救援、恢复、重建、社会经济发展，救援程序的理性认识以及救援程序与程序化的相关问题，为救援程序化提供实践与理论依据。其中，复合灾害、地震灾害急救医学、综合防范能力基本要素（防、避、救）理论、地震垃圾灾害论、救援物资资源需求与满足需求模型、地震烈度分布同心圆模型、紧急救援要素系统论等具有理性认识的开创性。

该书在重大地震灾害救援程序中融入震前预防和重建后社会经济发展，形成重大地震灾害救援程序与救援程序化的完整形象。震前预防是震前的防灾行为，符合"以人为本"、"预防为主"的防灾减灾救灾基本原则，对提高城镇抵御重大地震灾害的综合防范能力、减轻灾情、成功救援起重要作用。"零灾期望"的核心是震前预防，即使发生重大地震灾害，也确保建筑"零"倒塌，生命线系统"零"瘫痪，人员"零"伤亡，救援资源"零"需求，实现"有害无灾"的期望。重大地震灾害重建后，必须有社会经济发展的强劲活力。唐山地震后41年，唐山市的GDP在全国城市名列第23位，这和重建规划的科学性、高瞻性、可持续发展性密切相关。

近些年来，本书作者研究成果丰硕。主持完成和主持在研国家自然科学基金项目各1项，主持完成河北省自然科学基金项目3项，河北省社会科学基金项目2项，出版图书4部。2015年华北理工大学建筑工程学院、河北省地震工程研究中心编辑出版《河北省地震工程研究中心期刊论文选集》时，统计了论文作者在中文核心期刊上的发文篇数，其中本书作者陈建伟24篇，陈艳华15篇，杨珺珺5篇。这些研究成果为本书作者著书立说奠定了实践、理论与创新基础。

我退休后，在河北省地震工程研究中心工作十余年，在地震灾害社会学研究领域尝试着开展了一些研究工作。研究内容涉足重大地震灾害救援程序与救援程序化，避难场所特别是防灾公园的功能、避难安全、规划设计，救援人力资源与物力资源的储备、调拨、定量计算，急救灾害医学与地震垃圾灾害，"灾害弱者"及其救援，重大地震灾害遇难者死因分析，"零灾期望"等。据此，建议本书作者修改、补充了部分内容。

我陆续阅读完专著《重大地震灾害救援程序与程序化》的定稿，对其在重大地震灾害防灾减灾救灾中将产生的影响有了进一步的认识。各级减灾机构、抗灾救灾指挥机构的决策者、管理者、指挥者应当掌握重大地震灾害救援程序与救援程序化的基础知识，按照震前预防、紧急救援、恢复、重建、重建后社会经济发展的程序，实施救援程序化，对取得抗震救灾的胜利有重要指导意义。

刘瑞兴

2018 年 5 月 1 日

作者注：本序作者是华北理工大学图书馆原馆长，研究馆员。耄耋之年在河北省地震工程研究中心从事地震灾害社会学研究工作。多年兼任全国高等学校图书馆期刊工作研究会常务理事、学术组组长、顾问。

前　　言

从古至今，地震灾害一直是人们非常忌惮的自然灾害，除其主震之外，往往还会引发次生灾害形成复合灾害，加剧灾区民众的不幸。而面对重大灾害下的救援工作显得尤为重要，历次震害经验得出：重大地震灾害救援必须遵循救援程序化的规律，在救援的多个程序中，精心组织，科学指挥，从震前预防到紧急救援，再到恢复，重建及重建后社会经济发展，方为圆满完成一次完整的救援行动。

本书以救援程序为对象，融入了作者关于地震社会学、自然科学及其他相关学科的多年研究成果，意在提出重大灾害救援程序化理念，为科学、合理、适时、适度地实施重灾救援工作，规划建设防灾城市，加强城市防灾减灾救灾的能力提供理论与实践依据。

本书共分六个部分，从基础知识入手，介绍与地震灾害相关的知识，然后介绍"三救"及其基本特性，提出救援过程的总体程序，针对救援程序给出了几个重要的分析模型和系统理论，结合具体地震灾害，进一步阐述了救援程序与程序化的相关问题，最后对救援施策要点进行了深入分析。因作者水平局限，书中难免存在不足和错误，恳请读者谅解并给予指正。

非常感谢华北理工大学刘瑞兴馆长（研究馆员）对本书各章节内容的倾心指点和做序，同时感谢书后参考文献涉及的各位作者（因参考文献数量较多，未在书末文献中——列出的，还请谅解）；另外感谢国家自然科学基金、河北省自然科学基金和社会科学基金对本书的资助，最后还要感谢中国建筑工业出版社对本书的认可和支持！

2018.4.27

于唐山　华北理工大学

目　　录

第1章　基础知识

1.1　地震灾害

（1）地震灾害

由重大地震引发的复合灾害。从伤亡人数和经济损失的惨重性看，地震灾害居自然灾害之首。我国位于环太平洋地震带和欧亚地震带之间，受太平洋板块、印度板块和菲律宾海板块的挤压，属于地震灾害多发国。

据文献记载，公元前23世纪—公元1911年间，我国发生强震1034次地震。许多地震灾害后，灾民"人甚恐，多露宿"、"哮哭惊声日夜不绝，民皆露宿"、"兵民口食无资，栖身无所"、"人民流散"，"瘟痢随作"，"人俱死，无收瘗者"。1556年华县地震，"秦晋之交，地忽大震，声如万雷，川原坼裂，郊墟迁移，道路改观，树木倒置，阡陌更反。""郡城邑镇皆陷没，塔崩、桥毁、碑折断，城垣、庙宇、官衙、民庐倾颓摧圮，一望丘墟，人烟几绝两千里；四处起火，数日火烟未灭；民天寒露处，抢掠大起。军民因压、溺、饥、疫、焚而死者不可胜计，其奏报有名者83万有奇，不知名者复不可数。"华县地震之所以死亡这么多民群，不仅仅因为建筑物倒塌砸死、压死，还与饥饿、火灾、水淹与发生瘟疫等多种灾害密切相关。

20世纪我国发生6.0级以上地震650多次，其中7.0级及其以上98次，8.0级以上9次。近60多年来，我国发生8.0级及其以上的地震3次，震级最高的是察隅—墨脱地震8.6级。

20世纪50年代以来我国大陆发生的7.0级以上地震、百余年来日本发生的主要地震灾害分别如表1-1、表1-2所示。

20世纪50年代以来我国大陆发生的7.0级以上地震　　　　表1-1

地震名称	时间	震级	震区
察隅—墨脱地震	1950-08-15	8.6	西藏墨脱、察隅一带
当雄地震	1951-11-18	8.0	西藏当雄县的纳木湖区和那曲县的桑雄区一带
当雄地震	1952-08-18	7.5	同上
山丹地震	1954-02-11	7.1	甘肃山丹东北
邢台地震	1966-03-22	7.2	以河北省宁晋县东汪镇为中心，面积137km^2

续表

地震名称	时间	震级	震区
渤海地震	1969-07-18	7.4	山东省垦利县、利津县、沾化县受灾严重
通海地震	1970-01-05	7.8	云南省建水曲江区大甘寨至峨山小街旬心村的曲江河谷
永善地震	1974-05-11	7.1	云南省大关县木杆村
海城地震	1975-02-04	7.3	严重破坏区包括海城、大石桥、田庄台等城镇和村庄
龙陵地震	1976-05-29	7.2和7.3各1次	震中区在云南省龙陵县东南部的镇安、朝阳、邦公、平达等16个乡
唐山地震	1976-07-28	7.8(7.1级余震1次)	以唐山市为中心，向四面延伸
松潘地震	1976-08-16	7.2	四川省松潘县观音岩以东，平武县王坝楚、水泊以西，牧羊场以南，泗耳(茶房)以北
新疆无恰地震	1985-08-23	7.4	震中区在新疆乌恰县和疏附县
云南澜沧-耿马地震	1988-11-06	7.6和7.2各1次	震中区在澜沧、耿马和沧源佤族自治县交界处
云南孟连地震	1995-07-12	7.3	震中在缅甸境内
吉林汪清地震	2002-06-29	7.2	深源地震
汶川地震	2008-05-12	8.0	从汶川县的旋口镇到清平乡，再从北川县的擂鼓镇到南坝镇
玉树地震	2010-04-14	7.1	震源位于县城附近
芦山地震	2013-04-20	7.0	震中在芦山县双石镇西川村，地震烈度Ⅸ区分布在芦山县
九寨沟地震	2017-08-08	7.0	震中位于九寨沟漳扎镇(地震烈度Ⅸ)，地震烈度Ⅷ度区主要分布在九寨沟县

百余年来日本的主要地震灾害　　　　　　　　表1-2

地震名称	时间(年)	震级	震害死亡人数	损毁房屋栋数	地震名称	时间(年)	震级	震害死亡人数	损毁房屋栋数
浓尾地震	1891	8.0	7273	142177	宫城县海上地震	1978	7.4	28	1183
关东地震	1923	7.9	142807	576262	长野县西部地震	1984	6.8	29	24
三陆地震海啸	1933	8.1	3064	6067	阪神地震	1995	7.3	5436	111054
东南海地震	1944	7.9	1223	19367	东日本地震	2011	9.0	19000	75000
南海地震	1946	8.0	1330	13119	明治三陆地震海啸	1896	8.5	26360	11723
十胜近海地震	1952	8.2	33	921	北丹后地震	1927	7.3	2925	12629
新潟地震	1964	7.5	26	2250	鸟取地震	1943	7.2	1083	7736

续表

地震名称	时间(年)	震级	震害死亡人数	损毁房屋栋数	地震名称	时间(年)	震级	震害死亡人数	损毁房屋栋数
三河地震	1945	6.8	2306	5539	日本海中部地震	1983	7.7	104	987
福井地震	1948	7.1	3769	40035	北海道西南海上地震	1993	7.8	230	601
智利地震海啸	1960	9.5	139	2830	新潟中越地震	2004	6.8	68	3175
1968年十胜地震	1968	7.9	52	691					

重大的地震灾害具有以下主要特点。

① 人员伤亡与经济损失惨重。我国历史上死亡人数较多的几次大地震如表1-3所示。

我国历史上死亡人数较多的重大地震灾害　　　　　　　　表1-3

时间(年)	地址	震级	死亡人数(万)	备注
1303	山西洪洞	8	20	
1556	陕西华县	8	83	震、焚、疫、溺、饥
1668	山东郯城	8.5	4	
1739	宁夏平罗	8	5	
1920	宁夏海原	8.5	23.4	
1976	河北唐山	7.8	24.2	其中,唐山市14.8万
2008	四川汶川	8	9	

20世纪我国大陆地震灾害的灾情统计如表1-4所示。

20世纪我国大陆地震灾害统计表　　　　　　　　表1-4

项目	数据	项目	数据
地震震级	6.0～6.9 380余次	发生6级以上地震的省份	28个
	7.0～7.9 65次	死亡人数	59万
	8.0以上7次	重伤人数	76万
	8.5以上2次	倒塌房屋	600余万间
受灾人数	数亿人次	直接经济损失	数百亿元
间接经济损失	数千亿元		

② 突发性。重大地震灾害具有明显的突发性。在几十秒、几分钟的时间内,灾区民众从正常的生活状态骤然跌入灾害深渊。应对重大地震灾害的突发性,城镇建筑应抗震设防,规划建设避难场所系统,储备灾时必需的人力物力资源,创建完善的灾害情报系统、地震灾害急救医学系统等。

③ 伴生严重的次生灾害。主要有火灾、海啸、余震、水灾、毒气泄漏、核

3

泄漏以及瘟疫等。比较典型的示例是 9.0 级东日本地震，主震引发了海啸，发生多次 5 级以上余震，化工企业多处爆炸和火灾，福岛核电站核泄漏，又伴有降温、降雪，可谓"雪上加霜"。海啸灾害造成的人员伤亡和建筑破坏超过主震。

④ 分布地域广。我国的地震灾害主要发生在地震带上。这些地震带分布在北京、天津、河北、辽宁、山东、内蒙古、山西、陕西、甘肃、宁夏、青海、新疆、云南、四川、西藏以及台湾等省市区。其他地域也有地震发生，但数量较少，且强度也低。2017 年 7.0 级九寨沟地震、2013 年 7.0 级芦山地震，地震烈度Ⅵ—Ⅸ（最高）度的灾区面积分别为 14000km^2 和 4029km^2。

（2）地震灾害社会学

运用社会学的理论与方法综合研究地震灾害引发的各种社会问题的一门应用社会学。所谓社会问题，是因地震灾害造成社会关系或环境失调，由此影响社会成员的正常生活，妨碍社会发展与进步，引起社会广泛关注且只有依靠社会力量才能解决的问题。研究的主要内容是地震灾害与人、社会的关系以及人、社会对地震灾害的影响，包括地震灾害社会学的基本规律，地震灾害与人口要素、社会有机体系统的相互作用，地震灾害对人、群体社会行为与心理的影响，地震灾害与社会组织、社会变迁，地震灾害的社会救援与社会恢复等。

近些年来，本书作者在地震灾害社会学研究领域探讨了基础理论（地震灾害救援程序与程序化、紧急救援"三救"理论、综合防灾能力基本要素理论、地震灾区分布理论、地震复合灾害理论、救援资源合理配置理论等）、避难场所、防灾公园、灾害弱者及其救助、地震垃圾灾害与地震灾害急救医学、地震灾害遇难者死亡原因分析、地震灾害综合防范能力、地震环境下的城市生命线系统、地震灾害情报与地震"零灾期望"等研究课题。

（3）综合防灾学

为了形成安全可靠的防灾减灾救灾社会基础，综合考虑从自然环境到人类活动的所有致灾因子和防灾减灾救灾因素，综合利用自然科学、工程技术、医药卫生与人文社会科学等多学科的基础理论与实践，综合研究灾前、灾时、灾后防灾减灾救灾理论、政策、措施的学科领域称之为综合防灾学。其基本学科框架可概括为防灾情报学、防灾城市学、防灾环境学和防灾行动学。综合防灾学的"综合"，内涵丰富，底蕴深厚，效果显著。综合的类型与内涵如表 1-5 所示。

综合防灾学的"综合"类型与内涵   表 1-5

类型	内涵
管理综合	管理机构系统，管理人员与职责分工；城市防灾规划，避难场所发展规划，防灾减灾救灾教育培训计划；统一管理，统一规划，统一建设，统一指挥；灾害情报系统、预报与预警系统的规划、建设、管理；防灾减灾救灾管理与技术人员的引进与培养；应急救灾资源储备与管理；城市群城市间防灾减灾救灾协作协调；强化公安、消防、医院的防灾减灾救灾功能；防灾减灾救灾教育进学校、企事业单位

类型	内涵
资源综合	市民,部队,医务人员,志愿者;储备,调拨,应急救灾;人力资源,物力资源,信息资源,技术资源;灾区资源,外援资源,国内资源,外国救灾资源;国家资源,城市资源,个人资源;公路,铁路,水路,空路;医药,防疫与医疗设施资源,避难场所与防灾设施资源;饮用水与食品安全
时序综合	灾前,灾后;防灾,减灾,救灾;"三救"(自救,他救救,公救);"黄金 24 小时","黄金 72 小时";"以人为本","预防为主"
学科综合	人文社会科学、自然科学、医药卫生、工程技术;综合防灾学、防灾学、城市防灾学、建筑防灾学;灾害社会学、自然灾害学、灾害医学、灾害工程学
灾种综合	城市可能出现的灾种——地震,火灾,水灾,风灾,雪灾,大潮与海啸,山体崩塌、滑坡泥石流,场地液化,传染病
现代高新技术综合	灾害情报网络系统,卫星、航空摄影与通信系统,灾害实时监控系统,地震、海啸、火灾等灾害的预报预警系统
城乡综合	城市中心、副中心区,城乡结合部,郊区,远郊区

1.2　地震灾害紧急救援

　　紧急救援是重大地震灾害发生后初期的救援活动,是整个救援过程的重要组成部分。

　　(1) 紧急救援的方式

　　包括自救、他救与公救。自救是灾民个人的自我救援活动;他救是灾民或支援灾区的民众对灾区的救援活动;公救是党、政、军有组织的救援行为。自救、他救与公救简称"三救",是"三救"理论的形成基础。是完成一次重大地震灾害紧急救援与救援必备的三种救援方式。从救援方式出现的总体时序上看,自救早于他救,他救早于公救。但公救救援力度大,延续时间长。

　　(2) 紧急救援的特性

　　紧急救援具有时序性(自救早于他救,他救早于公救)、融合性(自救、他救、公救依序相互交融)、综合性(自救、他救、公救形成缺一不可的紧急救援要素系统)。这些特性有重要的实用价值,例如:缩短融合时间,提高"三救"的综合救援效果;决策适度的救援力度,力求紧急救援的需求平衡;经常性开展防灾减灾救灾教育与演习,增强自救、他救意识与能力等。

　　(3) 紧急救援的目的

　　主要包括以下 4 个方面:通过自救、他救与公救紧急解救埋压在地震废墟中的灾民;灾区与支援灾区的医务人员与医疗机构紧急救治伤病员特别是重伤员,提高生存率，减少残疾率；为灾民创造基本生活条件，开启避难场所系统，保障灾民有饭吃，有干净水喝，有御寒衣物；加强卫生防疫，妥善处理遇难者尸体，监控疫情，确保"大灾之后无大疫"。

（4）救援对象

重大地震灾害后的救援对象主要是灾区内的灾民——已经受灾或正在受到灾害威胁的人。由于灾害，这些人丧失了基本生活条件、医疗条件、防灾条件甚至生存条件。

（5）救援程度

救援程度是救助资源满足救援对象的救援需求程度。救援程度的最理想状态是供需平衡，即满足救援对象的救灾资源基本需求，避免出现"供小于求"或"供大于求"，更不能出现"供远大于求"或者"供远小于求"的不合理状况。"供小于求"特别是"供远小于求"，即供给不能满足需求或远远不能满足需求，难以确保灾民的基本生活条件、医疗条件、防灾条件，甚至有可能引发瘟病等次生灾害。"供大于求"尤其是"供远大于求"，必造成不同程度的浪费。

（6）救援时限

救援时限是救援的时间范围。紧急救援的时限是震后最初的"黄金24小时"。在这个时限内，主要救援任务是为灾区的灾民创造基本生活条件、医疗条件、防灾条件。

（7）紧急救援要素系统

紧急救援要素系统是地震灾害紧急救援实证研究的重要发现，揭示了紧急救援必须有的和应当有的基本要素。为制定重大地震灾害紧急救援规划及合理确定规划内容提供依据。紧急救援系统由救援组织系统、人力资源系统与物力资源系统等3个子系统构成。各子系统的构成要素——各级抗震救灾指挥机构，部队、医务人员、工程抢险人员、志愿者和国际救援队员，饮食、衣物、避难所、医疗设施与药品、防疫设施与药品、抢险救援设施、国际救援等是紧急救援要素。

（8）紧急救援资源配置模型

如图1-1所示。依据地震烈度大小把灾区划分为重灾区、轻灾区和介于二者之间的过渡区。灾情以重灾区、过渡区、轻灾区为序逐步减轻。资源合理配置的重点是重灾区，其次是过渡区、轻灾区，本末不能倒置。

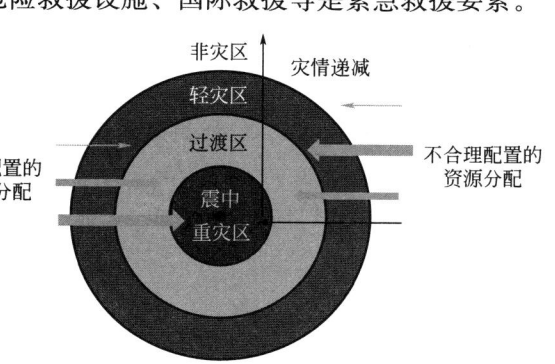

图1-1 紧急救援资源配置模型

1.3　地震复合灾害

（1）复合灾害

从广义上说，复合灾害是同时或连续发生的多种灾害且受灾地域重复、灾情扩大，或者受灾地域不同，但多种灾害同时发生与对应。重大地震灾害都是复合灾害，至少包括主震与余震两种灾害——"双灾"复合灾害；比较复杂的复合灾害由更多灾害组成，例如：主震、余震、海啸、火灾、地质灾害、核泄漏等构成。地震复合灾害还能与其他自然灾害组合成广义复合灾害，像地震复合灾害与暴雨灾害复合。

（2）复合灾害的灾害叠加与叠加效应

地震复合灾害具有灾害的叠加性与灾害的叠加效应。地震次生灾害的灾害叠加量超过甚至远远超过主震灾害，东日本地震死亡的人数中海啸占九成。

（3）研究复合灾害的重要意义

复合灾害有各个构成灾种灾害的叠加性与叠加效应，又能形成地震广义复合灾害，扩大、加重灾情。编制城镇应急救援规划，必须以复合灾害为基础，构建能够抵御复合灾害的能力，灾后为灾民创造基本生活条件、医疗条件和防灾条件，完成紧急救援任务。

在决策重大地震灾害预防与震后救援对策时，必须综合考虑各个灾种的灾害叠加，应对综合叠加效果；主震与余震是复合灾害的最简单复合形式；由于地震灾害具有叠加性和各个灾种灾害程度的差异性，主震虽然是发生次生灾害的"主凶"，但未必是主灾；复合灾害各个灾种的地域分布未必完全重合，像地震次生灾害海啸有可能跨越海洋，瘟疫从地震灾区蔓延到非灾区；对于山地地震复合灾害应特别重视次生地质灾害的预防与治理；地震复合灾害中核泄漏危害性大，危害时间长，治理难度高。

1.4　避难场所系统

（1）避难场所

避难场所是依据城镇的避难场所发展规划等相关法规、标准，经统筹规划、设计、建设，并实施科学管理，突发事件发生时，用于居民安全避难、支援灾区的人员宿营和设置救灾指挥机构的场所。合理规划、设计、建设避难场所系统是城镇防灾减灾救灾的重要举措。城镇必须依据城镇的相关法规统筹规划、设计、建设并实施科学管理避难场所系统。从居民避难的角度看，防灾避难场所系统是市民避难行动的归宿与避难生活的空间。避难的安全性、时效性、成功性不仅取决于避难的组织、指示、劝告、引导的成效大小，居民的综合防灾意识高低、承灾能力强弱，还在很大程度上取决于防灾避难场所系统的综合防灾能力、安全设施与安全保障、灾后救灾资源的提供速度、力度和持续性等。避难场所的使用功能，不限于供居民避难，规模较大的避难场所还能用作支援灾区的部队、工程技术人员、医务人员和志愿者的宿营地和活动场所。规划建设避难场所系统是城镇防灾减灾救灾的一种重要措施。

（2）我国避难场所类型的演变

我国避难场所类型包括露宿、窝棚、简易房、帐篷、过渡安置房。旧社会重大地震灾害的避难场所多为露宿、窝棚；新中国成立以后，随着我国社会经济发展，防灾减灾救灾能力提高，逐步发展到帐篷村（九江地震、汶川地震、芦山地震等）、过渡安置房（汶川地震）。我国设计建设的过渡安置房，防灾功能完备，实用性强。无论哪种避难场所都是安全避难的临时栖身之所，恢复重建后迁入正式住宅。

（3）避难场所的功能

通常，避难场所具有宿住功能，救护功能，饮食功能，洗澡功能，排泄功能（避难场所乃至整个城市保持必要的排泄功能，对于提高避难生活质量，抑制瘟病发生与蔓延有重要作用），安全功能（应当重视居住安全、饮食安全、防疫灭病以及卫生安全等，尤其是有避难弱者的避难所，还要格外关注弱者群体的安全；防灾避难场所必须进行安全评价，采取各种安全措施，确保居民避难生活安全）、防灾教育功能（普遍用于开展防灾训练、演习的场所）和遇难者尸体存放功能等。

（4）《城镇防灾避难场所设计规范》

是河北省地震工程研究中心、北京工业大学抗震减灾研究所会同有关的规划、设计、勘察、研究和教学单位研究制定的。本规范是在调查总结国内外突发事件应急避难的经验教训，总结我国近年来城镇防灾避难场所规划建设过程中反映出的突出问题，采纳了防灾减灾救灾工程的新科研成果，考虑我国的经济条件和避难场所设计实践，开展专题研究和试点研究的基础上编制的。适用于城镇统筹规划设计应对各类突发事件的防灾避难场所。规范有总则，术语，基本规定（分类和要求、规划和建设要求、设防要求与防灾措施），场所设计基本要求（场地选择、紧急避难场所、固定避难场所、中心避难场所），总体设计（一般规定、区域设计、布局、应急交通、消防与疏散），避难场地设计（应急宿住区、救灾专业队宿营地、医疗救护场地、直升机使用区），避难建筑设计（一般规定、建筑设计、结构设计、建筑设备与环境），防灾设施（电气、给水排水、标识）等。

（5）防灾设施

避难场所必须规划建设各种防灾设施，确保避难人员的安全。防灾设施包括值班室、宿住空间、避难道路、紧急救援物资储备仓库、信息设施（广播、电话、信息网络、电视）、生活用水与饮食供应点、医疗点或医务室、消防用品、厕所等。平时严格管理，灾时随即启用。

1.5　防灾公园

（1）防灾公园

防灾公园，是严重灾害发生时，为了保障城镇居民的人身安全，强化大城市防灾结构，经过规划、设计、建设的防灾功能比较完善的避难场所，多由城市公园改造而成。依据规模，防灾公园可以用作各类防灾避难场所，而且各类防灾公园还能自成系统，是城镇防灾避难场所系统的重要组成部分。

（2）我国最早的城市防灾公园

2003 年我国规划建设了第一个防灾公园——北京市元大都城垣遗址公园。主要防灾设施有避难指挥中心，避难场所，应急给水，应急供电，应急厕所，救援物资储备，卫生防疫，直升机坪，应急消防，棚宿，应急监控。是我国城市防灾公园的示范性工程。

（3）防灾公园的减灾功能

① 避难以及确保避难人员基本生活条件功能。防灾公园的第一功能是为居民提供避难场所，并确保避难人员的基本生活条件。

② 防灾减灾救灾功能。紧急避难疏散是在灾害发生时把居民从灾害程度高的住宅、工作场所或其他场所紧急撤离，并安置到预定的更安全的避难场所。防灾公园设有完善的防灾设施，具备基本生活条件、医疗条件、防疫条件。是有防灾减灾救灾功能的安全栖身场所。

③ 情报收集与传递功能。重大地震灾害发生后，产生大量无家可归者和企盼避难的人群，必须紧急组织疏散避难。抗震救灾指挥部门必须及时开启防灾公园的指挥系统和通信系统，尽快地掌握地震灾害的早期综合情报，做出避难疏散的决策和具体实施措施。

④ 医疗、救护功能。重大地震灾害，都会不同程度地造成人员伤亡。及时抢救伤员，特别是重伤员是一项十分紧迫的任务。震后防灾公园设临时医疗点、医疗站或紧急医疗抢救中心，救治伤病员特别是濒危、危重伤员。

⑤ 运输基地功能。具有救灾指挥中心功能的防灾公园应当设大型机动车停车场和直升机坪，固定紧急避难场所应设中小型机动车停车场，各类防灾公园和其他紧急避难场所之间及其内部必须有满足机动车辆通行的道路和出入口。具有运送重伤员、救灾物资和居民生活必需品的功能。

（4）防灾公园的特点

① 充分发挥各类防灾公园的防灾功能。突出了中心防灾公园规模大、功能全，具有灾后城市防灾指挥机构、部队等支援灾区人员的集聚地、医疗中心以及

避难场所等重要防灾功能，能够发挥其他类型防灾公园不可替代的功能。固定防灾公园供其服务区域内的居民避难，可设棚宿区，其他防灾设施相当完备，适于居民较长时间避难，灾时避难人员的基本生活有保障。紧急防灾公园只供居民短时间休息，是去固定防灾公园或其他避难场所的转送站，防灾设施只有应急照明、应急厕所和应急供水，无棚宿区。

② 分级设置防灾公园，按需布置防灾设施、设备与物资。居民住宅区附近的小花园、小公园以及小片绿地用作避难人员的紧急防灾避难场所，只设少量防灾设施。中型防灾公园则设棚宿区、消防设施、广播通信设施、贮水槽等灾后救援的设施与物资，为较长时间避难提供基本生活条件和安全保障。大型防灾公园，应满足防灾指挥、抢险救灾活动、医疗救助等的需要。

③ 符合避难的基本规律。重大地震灾害发生时，居民一般在住宅附近的绿地或空地集合，家人团聚或居民聚齐后，经由预先确定的避难道路，到指定固定防灾避难场所避难。依序由邻近的紧急防灾公园→固定防灾公园的转移过程，符合避难行动的基本规律，有较高的科学性与可行性。

④ 满足避难行动与避难生活的安全要求。防灾公园防灾系统的居民避难行动过程是从数量多的紧急防灾避难场所向数量少的固定防灾避难场所转移，避难圈和避难道路是预先确定的，居民又进行过防灾教育与演习，可以稳定避难居民灾后的恐慌心理与不安全感。

（5）防灾公园的安全评价

灾民避难的主要目的是减少、消除危险性，提高安全性。避难是灾民从不安全的场所向更安全的场所转移。必须对防灾公园的安全性进行科学评价，得出满足避难安全性要求的确切结论。安全评价的主要内容是环境安全评价、规模安全评价、设施安全评价和避难道路安全评价。

（6）防灾公园的整合设计

包括避难所、公园广场与绿地的整合设计，公园树木与防火树林带的整合设计，水景设施与抗灾用水设施的整合设计，广播设施、通信设施、发电设施与照明设施的平灾整合设计，公园仓库与抗灾减灾资源物资储备仓库的整合设计，公园入口形态与外围形态的整合设计，管理机构的平灾整合设计和厕所的平灾整合设计。

1.6　紧急救援资源配置

（1）救援资源

救援资源包括人力资源与物力资源。人力资源包括中国人民解放军官兵、医务人员、工程技术人员、公安人员与民兵、志愿者等，担负专业的或非专业的救援任务。物力资源是救援灾民必需的各类物资，应急解决灾民亟需的衣（含被褥）、食（含饮用水）、住、医、生活必需品及抢险救灾的各类设施等。救援对象需求救援资源，救援资源满足救援对象需求。救援资源保障灾民避难的人身安全或者逃离灾害威胁的空间、地域，并为预防、减少次生灾害奠定资源基础。

（2）救援物资的多种配置方式

可采取储备仓库，城市企业、大型超市（签订合同）代储、代产，家庭储备；避难场所也是救援物资（宿住空间和既设防灾设施）的一种重要储备方式。如果是城市群中的一座城市，还可以采取多个城市协作储备的方式。

（3）救援物资资源使用序

灾时救援物资资源的供应必须适时、有效，并有序进行。通常，重大地震灾害发生后，首先是自救与他救，然后是公救，公救始于开启避难场所的储备库，就近使用震前储备的救援物资资源，再利用签订救援物资供应合同企业与商业部门供应的救援物资或启用市、县储备库的救援物资资源。如果救援物资资源不能满足救援需求，可开启省级、中央级储备库。这种救援物资使用序，先近后远，先少后多，有时序地充分利用各个途径的救援物资资源，可产生明显的救援时效性。

（4）地震应急救援资源配置模型

是对地震复合灾害与救援资源需求、应急救援要素系统、抗震救援指挥组织机构、救援资源需求与满足需求、地震烈度分布的基本规律与救援资源合理配置的关系、救援物资资源利用序等应急救援资源配置的基本特征、性质、规律与相关性的抽象、概括、图示与描述。

（5）救援物流瓶颈

所谓救援物流瓶颈是因地震灾害物流系统产生的严重局部障碍，不能正常运行，或处于中断状态。运输途中若救援物流发生缩流，则运输能力缩小，致使灾区的救援物资不能满足需求，缩流越严重，减量越多，救援物资满足度越小。一旦发生断流，有可能产生救援物资"零供应"现象，延误应急救援。总之，救援物力资源必须有"源"，有"流"，需求者才可能有"得"。有"源"，无"流"；有"流"，无"源"，救援物力资源都难以传递给其需求者。从这样的角度看，"源"与"流"具有同等重要的应急救援作用。减少、消除救援物流瓶颈的主要措施是多途径储备救援物力资源，提高储备仓库、道路设施、储备仓库的抗震设防水准，开设航空物流等。

（6）城市群各城市间救援资源的协作配置

城市群是在一个特定区域内相互之间距离较近的多个城市，且以一座或几座特大城市为中心，依托一定的经济、交通、生态、地域环境与条件，多个城市共同构成的彼此紧密联系的相对完整的一个城市"集合体"。城市群是一个国家工业化、城市化进程中，区域空间形态的高级现象，能够产生巨大的集聚经济效益。

1.7 灾害弱者及其救助

（1）灾害弱者

主要是指"老、弱、病、残、孕"，不懂地震灾区通用语言的游人以及醉汉等也可视为灾害弱者。这些人不能或难以获取、传递灾害情报，在本人人身安全受到即将发生的重大地震灾害及其次生灾害威胁时，没有察觉能力或察觉困难，即使有察觉也不能或难以采取适当的避难措施。灾害弱者是抗御灾害的弱势群体（接收、传递、理解、处理灾害情报的弱势，躲避灾害、避难、自力生活的行动弱势，重灾环境、避难条件的适应弱势），在制定城市防灾规划，决策防灾措施时，应予以关注。

（2）灾害弱者的弱势

① 情报弱势。灾害弱者具有明显的情报弱势。无论是灾时还是灾后，灾害弱者不能或难以获取、传递、理解、处理灾害情报，特别是不能察觉灾害威胁情报，和平常人比较，不能应对或反应迟钝，灾时更容易伤亡。

② 行动弱势。灾害弱者的行动弱势包括避险行动弱势（躲避建筑破坏砸、压与从地震废墟中逃生等）、避难行动弱势（从避难起点到避难场所）与避难生活弱势（不适应在避难场所避难）以及生活自力弱势等。

③ 灾害适应弱势。灾害弱者在生活条件与环境发生巨变后，有些人极不适应，易于生病，产生应激反应，甚至有厌世念头，出现地震灾害关联死、孤独死。灾害适应弱势是重大地震灾害后形成的，伴随着应急救援、恢复重建逐步消失。

（3）地震灾害应激反应

是受重大地震灾害的惨烈景象（地震灾害发生时的巨响、火球，地动山摇，建筑倒塌与严重破坏，人员伤亡，火灾、海啸、滑坡、泥石流等次生灾害及其造成的严重后果等）以及家人遇难或伤残的强烈刺激，一些人产生的精神反应障碍。

（4）避难弱者的救援物资

主要包括行动工具（车辆、直升机、船只、轮椅、担架、假肢、手杖等）、医疗设施与药品（共用的与残疾人自带自用的）、生理用品（尿不湿等）、饮食与工具（奶粉与奶瓶、软食与流食等）、生活空间（福祉避难场所、一般避难场所内的灾害弱者避难间与避难区、幼儿园、老年活动中心等）、生活用品（半导体收音机、笔记本电脑、电视、老花镜等）。

1.8 地震垃圾灾害

（1）地震垃圾灾害

地震垃圾灾害是地震复合灾害、地震环境污染灾害的重要组成部分。是瘟疫、火灾等地震次生灾害的重要祸源，并给震后救援、恢复重建造成严重危害。

（2）类型

可以划分为腐败性垃圾、漂浮性垃圾、核辐射污染垃圾、可燃性垃圾、砖石混凝土垃圾、医疗垃圾等。

（3）地震垃圾灾害的主要特点

① 海量性。每次重大地震灾害，伴随大量建筑倒塌，产生海量垃圾，唐山地震、汶川地震、东日本地震、阪神地震产生的地震垃圾少则千吨计，多则上亿吨。

② 扩散性。地震垃圾具有向水面、地面、大气的扩散性。污染大气、地面、土壤。容易滋生蚊蝇，传播瘟病。

③ 突发性。因突发重大地震灾害，在极短的时间内，伴随大量建筑倒塌和发生海啸等次生灾害，骤然产生海量的地震垃圾。正是这种突发性，灾区特别是重灾区的民众失去住所，并突发性地跌入灾难深渊。

④ 灾害性。给震后自救、他救、公救带来极大困难。堵塞道路，阻碍紧急救援；容易引发次生灾害；地震垃圾污染水系；大量腐败性垃圾散发恶臭，污染大气环境；运输、处理，时间紧迫，任务繁重，难度大。

（4）消除、减轻地震垃圾灾害的重要措施

坚持"预防为主"的防灾原则，规划建设防灾城镇，建筑设施适度抗震设防，做到"大震不倒，中震可修，小震不坏"。震后紧急采取防疫灭病措施，及时合理处理，资源再生，循环利用。

1.9 地震灾害急救医学

（1）地震灾害急救医学

地震灾害学与急救医学形成灾害急救医学，是灾害医学、灾害救援医学的重要组成部分。其适用于重大地震灾害发生的初期，重要功能是用医学手段急救灾区的濒危、重症患者，灾害环境下急救的各个环节（发现伤员、诊断、检伤分类、处置、治疗、护理、运输、抢救）都强调"急"，以提高救活率、治愈率，降低死亡率，减少残疾率。通常，以"黄金24小时"和"黄金72小时"形容"急"的珍贵性。

（2）地震灾害急救医学的施医环境特性

施医环境特性包括地震灾害的突发、人员伤亡惨重、受伤率高、伤病种类多、伤员分布地域广、灾区医药卫生系统严重破坏等。

（3）地震灾害急救医学的主要功能

主要功能是挽救濒危、重症患者，改善灾区医药卫生系统灾时的供需失衡状态，救护灾害弱者，杜绝瘟病蔓延。实施地震灾害急救医学是重大地震灾害后紧急救援不可或缺的医学措施。

1.10　地震灾害死者死亡原因分析

（1）死者类型

重大地震灾害的死亡类型可划分为直接死与间接死，后者包括关联死、孤独死。直接死是重大地震灾害造成的直接死亡。窒息、砸死、休克、烧死、溺死、核辐射死、内外伤死等。间接死是震后居民不适应生活条件、生活环境突变，患病者病情恶化以及应激反应、过度疲劳、自杀、瘟病肆虐、孤独死、饥寒交迫、核辐射等造成的人员死亡。

（2）死者死因

死者死因多种多样。不仅取决于各种震害形态，还与灾区一些灾民的地震应激反应，灾时生活的极度不适应以及避难过程中死亡等多种因素密切相关。海啸溺水，建筑倒塌和火灾分别是东日本地震、阪神地震和关东地震死者的主要死因。

（3）减少死亡的主要措施

依据建筑法规建造安全建筑，树立复合灾害理念，重视灾后医疗救护，关爱独居老年人，对减少地震灾害人员伤亡起重要作用。

1.11　地震灾害综合防范能力

（1）重大地震灾害的主要特性

① 可防性（通过有效的预防措施把灾害损失控制在灾区可承受的范围内）、可避性（灾时为灾民创造躲避灾害的安全空间）与可救性（为灾民创造基本生活条件、急救灾害医学条件、防疫条件，缩短灾害的延续性，逐步恢复正常的生产生活）；

② 灾情分布规律性（重大地震灾害有重灾区、轻灾区以及轻重灾区之间的过渡区。防灾减灾救灾的重点是重灾区，并兼顾过渡区与轻灾区）；

③ 可预报预警性与突发性（大多数地震灾害具有突发性，但有些地震灾害

有临震预报的可能性，像海城地震，如果有预报预警系统，地震主震以及海啸等次生灾害可在灾前预报预警）；延续性（无论是突发的还是可预报预警的重大地震灾害，对城市的破坏和影响都不会在极短时间内消失）与复合性（同时或连续发生多种灾害，形成复合灾害，复合的各种灾害具有叠加性并产生叠加效昙，加剧灾情）。

（2）综合防范能力三要素

综合防范能力必须具备防、避、救三要素，并细分到诸多要点。防是防止损失惨重的灾害发生，避是建设防灾功能齐全的避难场所系统，救是适时、适度实施"三救"。综合防范能力的第一必备要点是建立城市抗震组织机构，领导、组织、指挥防、避、救。城镇必须创建城市灾害宣传教育长效机制，通过宣传教育，提高政府、企业、居民协同防灾减灾救灾的意识与综合能力；建筑必须适度抗震设防；培训、储备重大地震灾害发生后必需的人力资源与物力资源；规划建设满足防灾需求的避难场所系统和灾害急救医学系统等。

1.12 地震灾害环境下的城市生命线系统恢复

（1）城市生命线系统

构成要素主要有电力、煤气、给排水、交通、通信与热力工程等网络系统。

（2）构成要素的相互影响

重大地震灾害发生时，各要素之间产生构造影响、机能影响、恢复机能影响，并可能产生次生灾害。

（3）影响度与恢复时序

可以用生命线影响度定量描述一种生命线震害对其他生命线的影响。震后恢复的时序应当是电力系统、交通系统、通信系统、给水系统、排水系统和煤气系统。

1.13 地震灾害情报

（1）地震灾害情报的类型

① 灾害动因情报。内容包括地震灾害的发生原因与前兆，地震板块与断层，主震震源，可能引发的次生灾害等。这类情报对掌握地震灾害的形成机理、预测预报以及抗震减灾决策有重要参考价值。

② 受灾情报。是掌握灾区灾害状况的主要情报途径，内容涉及人员伤亡，建筑物倒塌、烧失、严重破坏，生命线系统瘫痪以及其他灾害形态，直接与间接的经济损失，对灾区政治、经济、文化的严重影响等。

③ 危险程度与预警情报。地震主震发生后，余震、火灾、海啸、泥石流、山崩、滑坡等次生灾害及其危险程度的相关情报。

④ 行动指示情报。地震灾害发生前后的灾害发展动向情报，特别关注灾害的发生前兆，灾害的地域分布和动态变化，次生灾害发生的可能性与发生的位置、时间等。

⑤ 安危情报。地震灾害发生后，灾区内的个人、集体是否平安的情报。

⑥ 救援物资情报。救灾物资储备仓库的物资储备与利用情报，救援物资特别是紧急救援物资调拨、运送与救援情报等。

⑦ 卫生防疫情报。疫情发生、发展、控制情报等。

此外，还有避难情报、恢复重建情报以及地震谣言等。

（2）地震灾害情报的主要特征

可以归纳为突发性、准确性、速发性与传递途径的易损性。

（3）提高地震灾害情报实用性的重要途径

建设地震灾害信息网络，提高重大地震灾害的情报意识，实现速发、速检、速用等。

1.14　救援程序与程序化

（1）救援程序

重大地震灾害救援程序，是指通过多个救援步骤完成一次救援行为的完整过程。救援程序既有救援步骤的顺序性——先实施哪个步骤、再实施哪个步骤、最后实施哪个步骤，又有每个步骤的实施内容与方法，而且各个步骤都必须有抗震精神与救援资源作为精神与物质保障。在紧急救援阶段，救援程序是先自救、他救，再公救。总的救援程序则包括紧急救援、恢复、重建。由于震前抗震预防对总的救援程序有重大影响，救援程序中产生的救援效果影响重建结束后灾区的社会经济发展，因此也是总的救援程序研究不容忽视的内容。重大地震灾害救援程序化是新理念。这种理念的理性认识深透，实践基础坚实，是我国几千年特别是近几十年来数百次重大地震灾害救援过程经验教训的总结与升华，是各次地震灾害成功救援要素的提炼、丰富与程序化，全面比较研究多次重大地震灾害成功救援要素的盈亏、强弱、出现顺序与效果，梳理出救援类型、步骤、内容与目的，形成程序化的基本框架，绘制出地震灾害紧急救援程序图，为救援程序研究奠定基础。

（2）救援程序化

所谓紧急救援程序化是对多次重大地震灾害实施基本相同的程序进行紧急救援，而且取得预期的救援效果。我国近几十年来的重大地震灾害的紧急救援基本上是唐山地震紧急救援程序的重复与完善，并都取得了抗震救灾的胜利。程序化是成功的紧急救援经验的有效综合与发展，揭示出重大地震灾害后应当依序做什么，怎么做，谁来做，给谁做，做到什么程度，做多长时间等基本规律，程序化是紧急救援的成功之路。

1.15　地震灾害艺术

（1）地震灾害文化

地震灾害文化是地震灾害学与文化学交叉、渗透、融合产生的新学科体系，是在灾害预防、救援、恢复重建过程中形成并得到共识与传承的各种文化现象。强调灾区民众"共享智慧"、"共有观念"、"继承共享"，防灾减灾救灾的精神、观念、行动，地震灾害文化包括防灾文化、救援文化、恢复文化与重建文化，抗震精神是地震灾害文化的重要内涵，唐山抗震精神——"公而忘私、患难与共、不屈不挠、勇往直前"，邢台抗震精神——"不怕难，不服输，自强不息"，鼓舞灾区人民战胜惨烈的地震灾害，地震灾害文化是精神与物质的综合文化现象。我国地震灾害文化的研究始于唐山地震。产生了唐山地震文化——在唐山地震的重大灾害环境下，唐山人民发扬唐山抗震精神，以紧急救援、恢复重建和社会经济发展为主要内容，唐山灾区人民采取的生活方式、行为方式和生产方式。地震灾害文化是人类应对地震灾害、战胜地震灾害过程中形成的精神与物质两个方面的成果，包括衣、食、住、医在内的抗震救灾知识、技术、学问、艺术、道德与生活形成的方式与内容。唐山地震灾害文化产生于唐山地震紧急救援阶段，并随震后时间推移，不断发展壮大，形成唐山地震文化体系，成为唐山市的宝贵文化财产。

（2）地震灾害艺术

地震灾害艺术是传播地震文化的工具与手段，通过各种艺术手段描述、演示、传播地震灾害文化。在重大地震灾害预防、救援、恢复、重建各个程序中，艺术工作者对捕捉到的艺术形象进行高度概括，创造出形形色色的艺术作品，包括书画艺术、雕塑艺术、建筑造型艺术、文学艺术、音乐、舞蹈、电影、戏曲等。这些艺术作品源于抗震斗争实践，又高于抗震斗争实践，比现实更有典型性。地震灾害艺术作为一种精神产品，具有广阔的发展前景，每次重大地震灾害都会出现各种地震灾害艺术形式。而且，随着社会进步、科技发展以及人们对防灾减灾救灾认识的日益深刻，地震灾害艺术的内容更丰富，艺术手法更先进，宣传教育效果更明显。

1.16　"零灾期望"

所谓"零灾期望"是重大地震灾害发生后，建筑与生命线系统"零"破坏，人员"零"伤亡，救灾物资"零"需求的一种理想的"有害无灾"期望状态。实现"零灾期望"的关键是提高建筑与生命线系统的抗震能力，即使发生重大地震灾害也不倒塌，不严重破坏。在编制城市发展规划、防灾规划时，应把"零灾期望"作为抗震防灾的最终目标。

上述基础知识是笔者们近些年来在地震灾害社会学研究领域的知识积累，可以认为是本书的知识体系，为地震灾害社会学的理论与实践探讨奠定知识基础。

第 2 章 救援程序—"三救"及其基本特性分析

重大地震灾害的灾后救援程序可以划分为两种。其一是自救、他救、公救（三救）；其二是救援过程的总体程序——震前预防、紧急救援、恢复、重建和震后社会经济发展。二者都具有救援程序化决策的基本特征。以唐山地震为例，分析两种救援程序的概况。

"三救"是重大地震灾害救援的基本规律和重要基础理论。自救、他救与公救之间具有时序性、融合性、综合性、程序性，是提高紧急救援效率、效果，取得紧急救援胜利的基本手段。

2.1 自救

自救是灾民个人的自我救援活动。自身逃离灾害现场（被埋压在地震废墟中，大水淹没处以及即将发生地质灾害、风灾、海啸等灾害的地域等），利用自身携带的食（物）品充饥、御寒，自行搭建简易窝棚，简易包扎伤口等。自救是面临大难甚至死亡威胁时，灾民以人定胜天的英雄气概、大无畏的自救精神与强烈的求生欲望，战胜千难万险，自我保护甚至获得重生的举措。自救的时限较短，通常是指震后"黄金 24 小时"及"黄金 72 小时"，即震后 1～3 天。

自救是一种重要的救援方式，对紧急救援程序防灾减灾救灾起重要作用。以重大地震灾害为例，我国唐山地震、邢台地震以及日本阪神地震自救逃生的家人与邻居，在较短的时间内，扒救出更多灾民，大幅度提高扒出者的生存率，降低死亡率和伤残率。又如：东日本地震死者中海啸溺水占死亡总人数的 90％以上，而得到海啸警报后采取自救活动的（快速到海啸避难所、高层建筑顶层、高台等）避难者幸免于难。唐山地震、邢台地震、日本阪神地震自救逃生的人数如表 2-1 所示。

地震自救逃生人数   表 2-1

地震名称	自救逃生人数（万）
唐山地震	25
邢台地震	8
日本阪神地震	12.9

自救成功者摆脱死亡威胁后，立即扒救埋压在地震废墟中难民，扒活率很高。

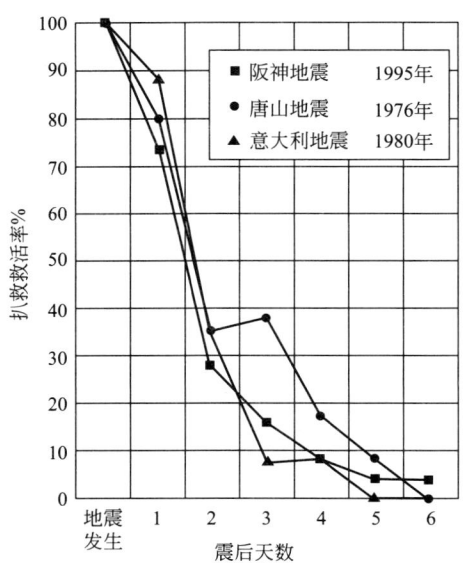

图 2-1　扒救救活率与震后天数的关系图

"时间就是生命"。自救者必须珍惜时间，争分夺秒自救。自然灾害往往造成极其恶劣的生存环境，地震废墟中的灾民随时间推移死亡率剧增。唐山地震、阪神地震、意大利地震的扒救救活率与震后天数的关系如图 2-1 所示。这三次地震发生在三个国家，地质条件、建筑物构成类型、地震震级并不相同，但扒救救活率与震后天数的关系大体相同，即随时间推移，扒救救活率明显降低，震后一周救活率甚微。东日本地震石釜市中心区只 2 分钟就被海啸吞没，在这种严峻的条件下，海啸警报发表后必须立即避难，才有生的希望，而迟疑不定，贻误时机，必将大难临头。

自救具有一定的局限性。自救者必须具有自救能力。而灾害弱者（老、弱、病、残、孕、伤）自救能力比较弱。他们不能或难以获取灾害情报，对灾害没有察觉能力或察觉困难，即使有察觉也不能或难以快速采取适当的应对措施，是重大自然灾害的弱势群体。还应当指出，因重大自然灾害具有突发性、速发性、广域性，灾害种类及其复合形式众多，灾害严重程度及灾害现场形态千差万别，影响自救的因素错综复杂，所以有时难以甚至根本无法实施自救。

2.2　他救

他救是灾民或支援灾区的民众对灾区的救援活动。也可以说，是以灾区的或支援灾区的志愿者为施救者、灾民为被救者的救援活动。部分灾民成功自救后，可随即参加他救。

志愿者是不索取报酬，利用自己的时间、技能等自愿为灾民提供服务的人。志愿者的紧急救援活动具有志愿性、自发性、无偿性、利他性、自律性、自主先行性和地域性。灾区内的志愿者，有可能自主先行参加灾后救火，救护灾民，照顾伤员，保卫重要设施，支援当地居民避难行动与避难生活以及其他应急救援事项。支援灾区志愿者的紧急救援活动主要是提供、运输紧急救援物资，维护环境卫生，为避难场所服务（搭建避难帐篷、砌灶做饭、照顾灾害弱者等），清理遇难者尸体等。

具有专业技能的志愿者在紧急救援活动中可以发挥专业特长。例如：医护人员以及灾害心理咨询师、防疫工作者参加医疗防疫与灾害心理咨询工作；运输志愿者（汽车司机、船舶驾驶员）运输紧急救援资源；建筑灾害鉴定师调查建筑破坏程度、判断建筑灾害等级及继续使用的可能性；有消防、警察知识与经验的人员参加灾民救急、救护与保卫工作等。

支援灾区的志愿者应当自带志愿活动期间所需的生活必需品以及身份证等证件。赴灾区之前应了解拟前往地点的灾情、志愿者供需状况等，不能贸然进入灾区。灾区的志愿者供需平衡后，多余的志愿者是灾区的"无为人员"，应适时撤离灾区。

近些年来，一些重大自然灾害都有成千上万甚至几十万、上百万志愿者奔赴灾区。对紧急救援起重要作用。邢台地震 20 余万人埋压在废墟中，震后 20 分钟，近 6 万人成功自救，自救者立即他救，成功救出 2.4 万人，震后 3 小时内，被埋压的灾民几乎全部脱险。唐山地震自救与他救共救出 48 万余人。充分显现出重大地震灾害自救与他救对紧急救援的突出贡献。

2.3　公救

公救是党、政、军有组织的救援行为。新中国成立后，我国重大自然灾害的公救都是在党中央、国务院和中央军委领导下展开的。这是重大自然灾害举全国之力快速、有效、准确救援的组织保障。公救是我国重大自然灾害救援经验的积累与总结，也是社会主义优越性在抗御自然灾害领域的重要体现。

公救是在各级救灾组织的领导指挥下，根据灾情快速向灾区调配适量的人力（中国人民解放军、医务人员、工程技术人员、抢险救灾人员等）物力资源（生活必需品、医疗设施与药品、防疫设施与药品、抢险救灾设施等），在重大自然灾害环境下，人为地快速形成防灾减灾救灾的能力与强势，减轻主震灾害，防止次生灾害发生，依法管理、治理灾区，有效减少人员伤亡和经济损失，确保灾区逐步恢复正常的社会生活与环境。

历史的经验教训表明，如果重大自然灾害没有公救或者公救乏力、迟缓，必产生极其严重的后果。海地地震的紧急救援阶段没有公救，灾后社会秩序混乱，抢劫横行，并引发霍乱；菲律宾台风"海燕"、我国台湾省集集地震、东日本地震以及美国"哈维"飓风等都因公救迟缓、乏力受到社会强烈质疑。

要求公救时间快速，力度适宜，灾情情报准确，资源配置合理。快速是公救的救助资源在震后较短的时间内到达重灾区，尽快发挥公救的救助时效与效果，公救与自救、他救融合的时间越早，三者的综合救助效果越明显；力度适宜是公救的资源满足救助需求，既能圆满完成救助任务，又不造成资源浪费，即所谓的救助资源供需平衡；为提高灾害情报的准确性，要求通过多种现代高新技术和侦察手段获取灾害情报，并依此准确判断灾区（重灾区、轻灾区、非灾区）与各类灾区的实际灾情与救助资源的实际需求；资源合理配置的依据是准确的灾害情报，把救助资源合理配置在灾区，其中救助的重点地域是重灾区（通常是地震中心附近的高地震烈度地区），非灾区不在救助的地域范围。

公救是取得抗震救灾胜利的关键性救助方式。因为自救、他救是灾民自身或附近地域居民间的救助活动，救助资源与救助力度有限，没有抗御重大地震灾害的综合能力。近几十年来，我国多次重大地震灾害都取得了抗震救灾的决定性胜利，这在很大程度上取决于少则上万多则十数万中国人民解放军官兵和医务人员以及调运大量救助物资（生活必需品、医疗设施与医药品，建筑材料等）支援灾区。

对大量陆地地震的灾情程度及其分布的研究表明，震中地震烈度最大的地域灾情最重，而向其四周地震烈度递减，灾情逐步减轻，地震烈度Ⅵ及其以下地域基本是无灾区。依据目前的地震监测技术，我国在重大地震灾害发生的同时即可确定震中位置（经度与维度）、震源深度（深层地震、浅层地震），再利用"国家地震烈度速报与预警工程"获取的信息，编制地震烈度分布图，可以直观地、清晰地划分出灾情程度及其分布，为应急救助提供重要依据。"国家地震烈度速报与预警工程"是我国地震监测领域的重大工程项目，拟在未来几年内建成由5000余个地震台站组成地震烈度速报与预警系统，实现全国范围地震烈度速报和覆盖华北地区、南北地震带（涉及川滇甘宁等省区）地区、东南沿海地区和新疆西北部地区的地震预警，显著提高我国的地震监测能力。并按照《中华人民共和国突发事件应对法》，由地震部门经政府授权发布相关信息，通过广播、电视、互联网、移动通信、专用接收机等方式向政府部门、社会公众和专业用户等提供不同类型的地震情报服务。"国家地震烈度速报与预警工程"为研究救助资源合理配置模型提供基本依据，也是应急救助的重要理性认识。

2.4 "三救"的基本特性

（1）时序性

自救、他救、公救的时序性因灾害的突发性和预报性有明显的区别。

突发的重大地震灾害的时序性如图2-2所示。3种紧急救援方式出现的时序是先自救，再他救，然后是公救。三者之间依序接续、融合、共存，互相影响与配合，产生应急救援的综合效果。

能够临灾预报的重大自然灾害——台风、暴雨以及地震等，与突发性地震灾害的紧急救援时序不同。获得重大自然灾害的准确预报后，自救、他救、公救同时进行。自救、他救、公救同时融合、共存，产生更高的防灾减灾救灾能力与效果。

（2）融合性

融合性是指自救、他救、公救依序相互交融。三者之间的紧急救援功能融合区如图 2-2 所示。图中 1、2、3 分别表示自救与他救、自救他救与公救、公救与他救融合的 3 个区域。即在这 3 个区域内，两种或者三种紧急救援方式同时共存，不同紧急救援功能形成合力，增强紧急救援力度与内容。

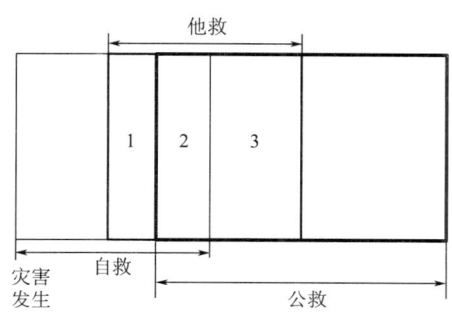

图 2-2　突发地震时序示意图

对于重大自然灾害紧急救援而言，自救、他救及其二者的融合，人力物力都显薄弱，虽然可以在较短时间内为灾民创造基本生活条件，但不可能完成一些艰巨的紧急救援任务（扒救埋压在高层建筑底层的灾民，解救被围困在洪水中的人群，医治重伤员等），难以有效抵御次生灾害，必须实施公救。

重大地震灾害的融合性功能贡献示意如图 2-3 所示。该图说明，融合性功能贡献、紧急救援的力度与内容都是：公救＞他救＞自救。

公救是战胜重大地震灾害的关键因素。

（3）综合性

综合性是自救、他救、公救形成缺一不可的紧急救援要素系统，在紧急救援阶段合力防灾减灾救灾。例如：一次重大地震灾害往往造成成千上万甚至更多的灾民埋压在建筑废墟中，生存环境极其恶劣，生存率随时间推移急剧下降。被埋压者只有快速自救才有生的希望；志愿者扒救（他救）救

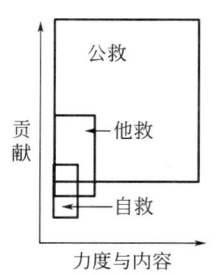

图 2-3　融合性功能贡献

援效果明显；公救则可以扒救出自救、他救难以救援（废墟深层、无法发现生命信息等）的灾民。日本阪神地震自救、他救、公救从地震废墟中救出的灾民人数百分比如表 2-2 所示。显示出这次地震自救、他救和公救的不同贡献。又如：紧急救援阶段灾民的生活必需品来源于灾民自己携带、志愿者支援和抗灾救灾组织调拨。

阪神地震不同救援方式救援效果比较表　　　　表2-2

救援者类别	百分比(%)	自救、他救与公救的百分比(%)	
自身	34.9	自救	34.9
家族	31.9	他救	62.6
邻居、友人	28.1		
过路人	2.6		
部队	1.7	公救	1.7
其他	0.9		

（4）程序性

救援程序、内容与目的如图2-4所示。程序性与时序性密切相关。时序是自救、他救、公救依时间顺序进行，而程序性则依时间顺序形成三个程序（程序1、程序2、程序3）。各个程序都有救援的任务，并且综合性地完成总体救援目的——创造基本生活条件、医疗条件、防灾条件、生存条件，恢复生活、恢复生产、恢复灾区各项功能，灾区重建。换言之，通过三个程序，减少、消除重大地震灾害对灾区的恶劣影响，促进灾区各项事业顺畅运营、蓬勃发展，为建设更美好的新兴城镇奠定基础。

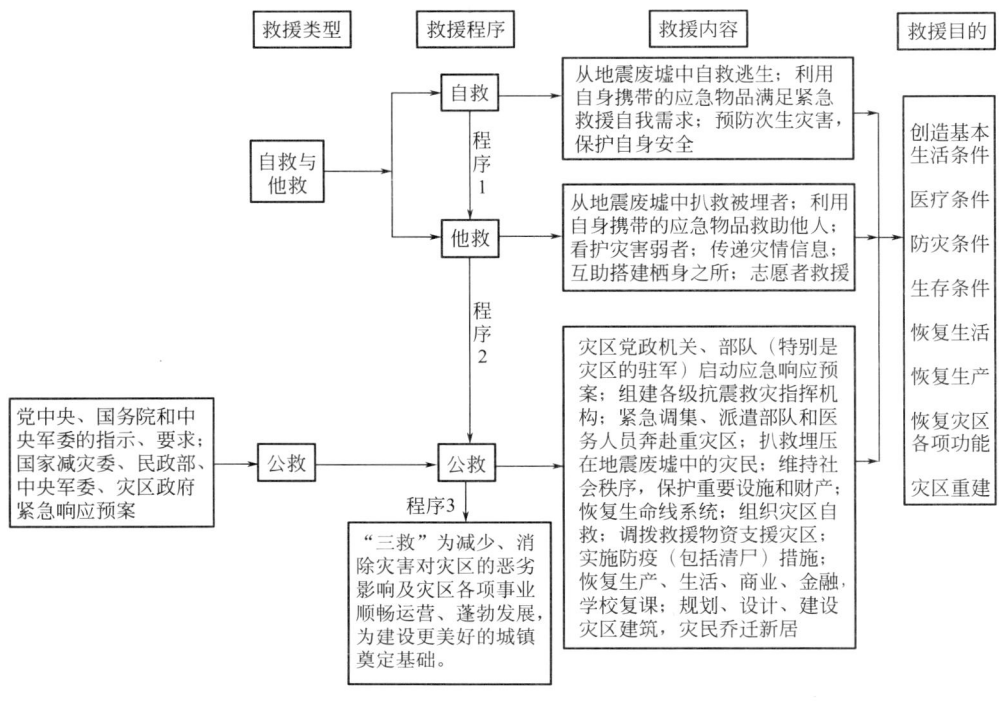

图2-4　救援程序、内容与目的

2.5　基本特性的实用性

（1）灾前救援

灾前、灾后紧急救援的救援环境差异很大。灾前，尚无人员伤亡，经济损失和政府功能的破坏，交通、通信、电力等基础设施正常运转，社会秩序稳定。和灾后相比，具备自救、他救、公救的良好环境和条件，对于减少灾后人员伤亡和经济损失有重要意义。临震预报的重大地震灾害，灾前发出避难劝告或避难指示，居民到指定的避难场所避难，可以大幅度减少人员伤亡。海城地震由于准确发布临震预报，灾害发生前民众基本移居到临时搭建的简易房，只有 1000 多人遇难。

（2）缩短融合时间

紧急救援方式的融合、同时共存可以强化救援力度、内容与效果。每一种紧急救援方式都有融合性贡献。特别是公救，融合的时间越早，融合性贡献越大。广大中国人民解放军官兵、医务人员神速达到灾区，对快速解困灾民，抢救重伤员意义十分重大。唐山地震后，驻唐部队在驻地自救、他救后，近 2000 名官兵随即公救，从地震废墟中扒救出 16400 余人，这是突发地震条件下，公救快速融合自救、他救并取得紧急救援显著效果的典型示例。目前，我国防灾减灾救灾的法律法规体系逐步完善，军民的抗灾意识日益强化，紧急救灾资源充盈，信息与交通网络发达，为三种紧急救援方式的快速融合创造了良好条件。以芦山地震为例，震后 18 分钟成立成都军区抗震救灾指挥部，28 分钟 1200 名武警官兵奔赴灾区紧急救援。

（3）适宜的紧急救援力度

重大地震灾害发生后，到底向灾区派遣多少人力资源与物力资源，是需要急迫决定的重大课题。以据对重大地震灾害紧急救援的实证研究，唐山地震救援部队官兵 10 万、医务人员 2 万，汶川地震 14 万、4.9 万，芦山地震 2.4 万、1.1万，官兵人数与医务人员人数比 1/5～1/2。显示出，灾区的人力物力资源需求与地震烈度及其分布、人员伤亡和经济损失、建筑与基础设施抗震强度、抗震救灾储备与急救灾害医学条件、山地与平原等多种因素密切相关。供需平衡理论强调，供需力求平衡。为此，应利用现代高新技术建立灾害情报网络，准确预报重大自然灾害发生的时间、地域、强度及其变化，灾后的灾情及其分布，准确的人力物力资源需求及合理配置，适时提供、反馈给抗灾救灾指挥机构，作为派遣、配置人力物力资源的依据。

（4）创建宣传教育长效机制

创建防灾减灾救灾宣传教育长效机制，是强化城乡综合防范能力的重要举措。利用电视、信息网络、宣传橱窗、宣传车、防灾基础知识讲座与定期不定期的防灾演习等多种宣传教育手段，普遍提高城乡居民特别是领导干部应对重大地震灾害的忧患意识、责任意识、防灾减灾救灾意识；多种途径储备防灾减灾救灾资源；掌握自救、公救的基础知识与技能，提高自救、他救的效率与效果；掌握自救、他救、公救的基本规律与实用意义。创建宣传教育长效机制关键在于各级抗灾救灾组织机构高度重视，制定可行、实用的宣传教育规划及其实施细则，动员城乡居民广泛参与，长期坚持，应能产生良好的防灾减灾救灾效果。

第 3 章　救援过程的总体程序

救援过程的总体程序包括灾前程序（震前预防）与灾后程序（紧急救援、恢复、重建、重建后社会经济发展），哪一个程序都不容忽视。本章以唐山地震为例，说明紧急救援、恢复、重建的概况。

3.1　震前预防

坚持"以人为本"、"预防第一"的防灾原则，建设防灾城镇。防灾城镇是有适度的灾害设防水准，遭遇灾害设防水准下的重大灾害时，"有害无灾"；若重大灾害超过城镇的设防水准，也将明显减轻灾情，"大害小灾"。防灾城镇是域镇综合防灾的新思维、新理念与城镇防灾的追求目标，是防灾能力强的一类城镇。应对建设防灾城镇的实际需求，依据防灾城镇规划规定的基本方针和措施，建设防灾能力强的建筑、设施、空间与环境，减少、减轻重大灾害；开展综合防灾教育，提高居民的防灾意识、能力和协作防灾精神；确保灾后紧急救援阶段，居民有基本生活条件、医疗条件和防疫条件。城市政府、企事业单位和市民通力协作联动，适量储备防灾资源，即使发生重大灾害，城市也有快速恢复、顺利重建的能力，尽早转入正常的城市生活，缩短受灾时间。防灾城镇的主要特点与重要功能如图 3-1 所示。该图清晰地描绘了重大地震灾害救援的 4 个程序——震前预

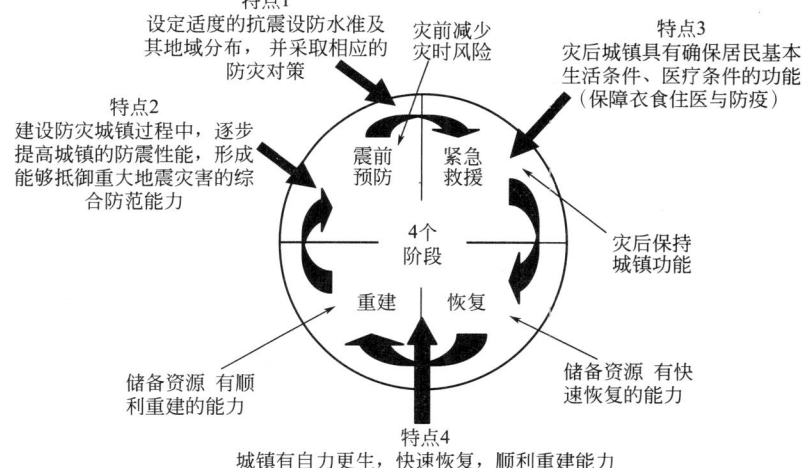

图 3-1　防灾城镇的主要特点与重要功能图

27

防、紧急救援、恢复、重建和 4 个特点——规划建设防灾城镇时设定适度的抗震设防水准并相应地采取防灾对策，震后城镇能够确保居民具有基本生活条件、医疗条件（保障衣、食、住、医和防疫），建设防灾城镇过程中逐步提高城镇的抗震性能，形成能够抵御重大地震灾害的综合防范能力，在公救的条件下城镇有能力重建家园。灾前预防对减少灾害风险具有极为重要的意义，是重大地震灾害救援必备的不容忽视的程序。

我国一些重大地震灾害之所以人员伤亡和经济损失惨重，一个主要原因是震前没有抗震设防。唐山地震前大多数建筑没有抗震设防，部分按地震烈度Ⅵ度设防，唐山地震唐山市及其周边地区的地震烈度高达Ⅸ-Ⅺ度，致使极震区的建筑基本倒塌，人员伤亡惨重。汶川地震、芦山地震、玉树地震震害严重的根本原因也是震前无抗震预防。

3.2 紧急救援

已如"三救"理论所述。这是震后救援的第一程序，对后续程序产生重要影响，为恢复程序奠定基础。紧急救援的条件比较恶劣，任务艰巨。

（1）人员伤亡惨重

唐山地震造成 242469 人死亡，175797 人重伤（其中唐山地、市 167535 人），3817 人截瘫。唐山市震亡 148022 人（其中流动人口 12013 人），重伤 81630 人；全家震亡的 7218 户，近万个家庭解体，2652 名儿童成为孤儿，895 人成为孤老，截瘫患者 1814 人。位于极震区的路南区震亡 34089 人，占该区人口的 27.6%。毗邻唐山市的丰南县震亡 36884 人，占该县总人口的 8.1%，重伤 22037 人；地震造成 200 余户绝户，671 名孤儿，219 名孤老，841 人截瘫。

（2）社会组织破坏

在震后极短的时间内地震灾区处于无领导、无组织、无序的混乱社会状态，灾区群众自发地、互助地、自觉地扒救埋压在废墟中群众、救治伤员、维护社会治安。从这种状态向有组织的、有秩序的、有领导的状态转化，有待原有组织的恢复与抗震救灾组织机构的新建。

（3）建筑严重破坏

唐山大地震顷刻间绝大多数建筑物被夷为废墟。住宅、办公楼、学校、医院等严重破坏和倒塌的各类建筑物面积高达 1116.95 万平方米，占原建筑物总面积的 95.5%。在烈度Ⅺ度区，占民用建筑物 50% 以上的平房变成一片废墟；在烈度Ⅹ度区，建筑物也普遍倒塌或大部分倒塌。市区的多层砖混结构楼房破坏率为 95.8%，其中倒塌的占 63.2%，严重破坏或损坏的占 32.6%。即使是市区的钢筋混凝土框架房屋也遭受严重破坏。

此外，经济损失惨重，城市生命线系统瘫痪，也给紧急救援造成很大的困难。

面临如此惨烈的重大地震灾害，唐山灾区人民在全国军民的鼎力支援下，发扬公而忘私，患难与共，不折不挠，勇往直前的"唐山抗震精神"，成功完成了紧急救援的艰巨任务。

（4）扒救地震废墟中的灾民

唐山地震中通过自救与他救扒救出的群众大约有 48 万，占被埋压群众的 80％左右。由于灾民自发、就近、及时、广泛的自救与他救，符合救援的急迫性原则，救援效果显著。特别应当指出，震后中国人民解放军驻唐部队随即参加扒救活动，参加救灾的人数不足救灾部队总人数的 1/5，但扒救出的群众人数却占扒救出群众总数的 96％。扒救的部分场面如图 3-2 所示。

解放军扒救　　　　　　　　　　　扒救出灾民

图 3-2　扒救灾民的情景

（5）建立抗震救灾指挥机构

震后紧急建立中央抗震救灾指挥部、河北省唐山抗震救灾指挥部、唐山市抗震救灾指挥部和各个基层抗震救灾机构相继建立，形成了抗震救灾组织机构的完整体系，卓有成效地领导、组织、指挥唐山地震灾区的抗震救灾工作。

（6）救治伤员

主要采取 4 种途径：

其一是设临时包扎点和医疗点，震后唐山市、唐山地区和驻唐部队的医务人员、受过战备医务训练的卫生人员和农村的"赤脚医生"，有组织地和自发地在街道旁或废墟上设临时包扎点和医疗点，紧急救治伤员；

其二是地震灾区震害较轻的医疗机构收治，唐山地区有些市、县的医疗机构震害较轻，有能力组织医务人员、医药和医疗设备，紧急救治伤员。地震的当天，部分伤员送往丰润县、玉田县、遵化县、迁西县和秦皇岛市的医院或卫生所医治；

其三是利用唐山军用飞机场就地医治或快速运往外省、市救治，到地震第二天飞机场内集结了重伤员8000余人；

其四是中国人民解放军和各省、市、自治区以及国家机关支援唐山地震灾区的医疗队，据统计，先后有283个医疗队共近2万名医务人员携带大量医药和医疗设备来唐。

（7）创造饮食基本条件

河北省唐山抗震救灾指挥部成立后，立即组织河北省非灾区的地、市突击生产熟食。中国人民解放军、国家有关部门、北京市、上海市、辽宁省也给灾区紧急赶制、运送熟食。到地震的第二天，运至唐山军用飞机场的熟食已有数十万公斤。并组织飞机空投给灾民（图3-3），每天起降100多架次。8月2日后停止空投，由当地已经恢复的各级组织和中国人民解放军发放。震后的几天内共收到省内外支援的熟食487万公斤。在空投熟食的同时，积极组织成品粮运往灾区。在紧急救援阶段，主要采取了两种供水方法，即震后紧急从北京市和山东、河南、辽宁、陕西、吉林等省抽调消防车、洒水车、洗消车、舟船车，从唐山市自来水公司配水厂储水池，给灾区群众流动供应饮用水；组织各厂矿企业和农村的自备井、机井等为灾民供水。

图3-3　飞机空投熟食

（8）提供衣物

唐山大地震虽然发生在夏季，但是在凌晨居民熟睡之时，脱险的群众或者赤身裸体，或者衣着甚少，而且衣物大多被埋压在废墟中，需要紧急解决部分灾民的衣物问题。地震当天，中国人民解放军总后勤部筹集了20万套军衣运往灾区。29日晚和30日，北京市发运了20万件衣服和部分棉毯。震后的最初几天，唐山地震灾区利用从倒塌的仓库、商店、住宅废墟中扒出的或地震时从住宅中散落出的衣服、被褥等，解决灾区群众的衣物急需。

（9）搭建窝棚

震前，唐山地震灾区没有规划建设避难场所系统，极震区建筑基本倒塌或严重破坏，居民失去栖身之所。震后，灾民自己动手，就地取材，在公园、操场、空地、道路甚至废墟旁各家搭起临时性窝棚（图3-4）。支援灾区的人员和物资到达唐山市后，在中国人民解放军的大力支援下，又为一些群众和单位搭建了一些窝棚和帐篷，灾区群众的暂时住所得到解决，帐篷成为机关办公、医疗队诊治伤病员的重要场所。

（10）部队、医务人员奔赴灾区

在震后的几天内，10万大军紧急奔赴唐山地震灾区（图3-5），广大指战员冒着余震的威胁，不顾昼夜急行军的疲劳，忍饥渴，冒风雨，不畏艰险，奋不顾身，顽强战斗，扒救埋压在废墟中的群众。唐山大地震发生后，2万医务人员参加了地震灾区的救援工作。为唐山地震灾区抗灾救灾做出重要贡献。

图 3-4　地震废墟上搭建的避难窝棚　　　　图 3-5　解放军官兵紧急奔赴地震灾区

通常，重大地震灾害造成大量建筑物倒塌，人员伤亡甚至伤亡惨重，城市生命线系统部分甚至全部瘫痪，居民失去正常的生活与劳动条件。而且，在地震的同时或其后还可能发生火灾、海啸、山体滑坡、火山喷发、暴雨、暴雪等次生震害。这些灾害又具有叠加性、综合性、不能自发复原性。原本安居乐业的居民成为灾民，城市机能部分甚至全部丧失，城市生命线系统的供应保障能力和服务质量大幅度下降乃至在短期内完全丧失，给灾民的基本生活带来极大的威胁。由于震后居民精神上的创伤，生活质量的降低，过渡地劳累以及饮食不洁，卫生环境恶劣，腐尸污染等，有瘟疫蔓延的可能性。紧急救援阶段的核心任务是扒救埋压在废墟中的群众；在无医无药或缺医少药的情况下，安置好重伤员；灾区的医务人员脱险后，应当发扬"救死扶伤"的精神，紧急抢救重伤员，外地援助灾区的医务人员应刻不容缓地快速奔赴地震灾区；通过灾区群众自救、他救、社会组织有组织的救援和国内外的援救等多种形式，紧急为灾区群众提供确保基本生活条件的饮水、食品、衣物、避难所或简易居住场所和重伤员的外运救治。

在唐山大地震的紧急救援阶段，扒救出埋压在废墟中的 48 万群众；10 万余名重伤员得到初步安置或运往外省市救治；掩埋了遇难者尸体；解决了灾区群众的饮、食、衣、住、医，基本稳定了社会秩序等，为唐山灾区的进一步恢复与重建奠定了基础。

由于唐山地震前没有规划建设避难场所系统，因此没有启动避难场所系统的程序。如果城市设有避难场所，启动避难场所系统是紧急救援程序中十分重要的救灾措施。

3.3　恢复程序

从已有的重大地震灾害看，任何一次灾害都造成人员伤亡甚至伤亡惨重，大量建筑倒塌，城镇生命线系统严重破坏或者瘫痪，城镇丧失正常的生活条件、生产条件、医疗条件、经济运营条件、教育条件以及与其他地域的交流条件等。因此，震后不可能在极短、较短的时间内到达震前的水准，从紧急救援到新的城市在废墟上兴起，必须经过恢复与重建。

唐山地震恢复程序完成的主要任务是抢救重伤员、防疫灭病、保卫国家财产、维护社会治安、恢复生命线系统、全国军民支援灾区、完善居民生活条件、建设简易城市等。即恢复城市居民生活、城市功能、城市秩序、城市安全等。

3.3.1　抢救重伤员

这是紧急救援程序救治伤员工作的继续。利用空运、铁路运输和公路运送重伤员到其他省市区医疗机构救治。

（1）空运

首先外运集结在唐山军用飞机场的重伤员，共动用飞机 474 架次，运送重伤员 20734 名。空运过程中，100 多名医务人员组成空运医疗护送组，负责伤情检查、途中护理、抢救，协助伤员登机、下机，向收治的医疗机构介绍伤情等。

（2）铁路

共运行卫生列车 159 列，运送重伤员 72800 多人。在卫生列车上，每节车厢安排 3～5 名医务人员，负责伤员登车的准备与指导，运送途中的救治与护理，决定难以运送到目的地的危重伤员是否在沿途火车站下车送当地医院急救，与收治的医疗机构介绍伤员的伤情与医治的情况等。

（3）公路、人力车、担架

主要是短途运送。

空运、铁路与公路外运的重伤员共有 10 万多人，运往全国近百个城市。图 3-6 是多种途径运送重伤员的情景。

火车

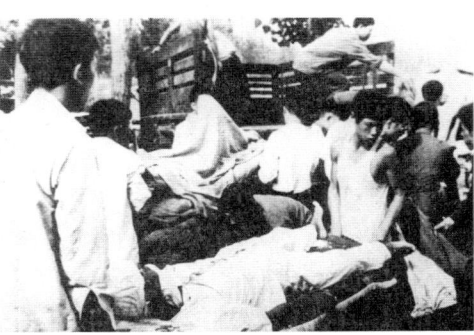

汽车

飞机

门板、人力车

图 3-6　运送重伤员的途径

在外省、市医治的 105589 名伤员中，只有 913 名死亡，占伤员总数的 0.87%。从震后 1 个月开始，治愈的伤员陆续返回唐山。

还应当指出，唐山地震唐山灾区有 3817 人截瘫。震后采取家庭、单位或集体医疗机构和截瘫疗养院三种安置方法。唐山地震 20 周年时，有 2800 名截瘫患者健在；40 周年（2016 年）还有 960 人健在。超出甚至远超出某些国际卫生组织专家预言的生命极限 15 年。

3.3.2 防疫灭病

唐山地震后发现肠炎、痢疾蔓延的苗头，震后一周达到高峰，市中心区的患病率超过 10％，农村和矿区达 15％～36％，是其他年份同期的几十倍。为控制疫情发展、蔓延，河北省唐山抗震救灾指挥部设防疫领导小组，制定《防疫工作计划》，要求各基层机构建立相应的防疫组织，各自制定防疫灭病计划。确定防疫工作贯彻"以防为主"的方针，实行军民结合、专业队伍与广大群众结合，采取综合措施，把瘟病消灭在萌芽期。主要措施是紧急组建防疫灭病队伍，震后一周共有多个防疫队的 1247 名防疫人员先后到达唐山地震灾区，这些防疫队构成了以唐山市中心区为防疫重点的卫生防疫网。并由全国各地调拨 5 万多件（台、架）防疫器材、近 1400 吨消毒剂、杀虫剂、1500 万人份的疫（菌）苗，成为唐山灾区"大灾之后无大疫"的重要医疗与物资保证。

防疫灭病的主要措施是保护水源、饮用水消毒，清尸防疫，药物杀灭蚊蝇，普遍接种疫苗、菌苗，大力改善环境卫生。由于采取以上措施，在较短的时间内抑制住了肠炎、痢疾的蔓延，震后一个月左右城乡的患病率降低到 3％～5％，到 9 月份恢复到常年水平。创造了"大灾之后无大疫"的人间奇迹。

3.3.3 建设简易城市

所谓简易城市，是在震后灾区生活与生产条件比较困难的情况下，为了确保灾民有吃、穿、住等最基本的生活环境，初步形成城市机能而建设的一种临时性的、过渡性的城市。唐山地震后唐山简易城市的"简易"形象是简易房、简易工厂、简易商店、简易学校和简易医院等。

唐山地震后的恢复期间，唐山市流传着一首歌谣："登上凤凰山，低头看唐山，遍地简易房，砖头压油毡。"比较形象地说出了简易城市灾民住房的基本特征。简易房是没有规划建设避难场所系统的城镇，起到避难场所作用的安全栖身之所。震后 1 周，唐山市区开始为灾民建简易房。方针是"发动群众，依靠群众，自力更生，就地取材，因陋就简，逐步完善"，并要求简易房具有防震、防雨、防风、防火、防寒等功能。而且，大型厂矿企业各自修建办公用房和集体工房。参加建房的人数每天大约 10 万人，到地震当年年底，市区共建简易房 40 余万间，满足群众的入住需要。

建设简易工厂是灾区恢复生产的重要举措。在极其困难的条件下，震后第十天唐山矿务局马家沟矿开采出震后的第一车煤，第十八天唐山发电厂恢复发电，震后一个月唐山启新水泥厂恢复生产。到地震当年年底，除搬迁的企业外，90％的厂矿企业建成简易工厂。

简易商店包括临时搭建的简易门市部、简易售货棚或简易售货亭。最早恢复简易商业活动的是西缸窑百货商店，震后 7 天建起 300m² 的简易门市部，清理出埋压在原商店建筑物废墟中的货物，开始营业。最初的商业活动兼定量供应和商品销售服务，除蔬菜、果品统一分配，生活用煤"斤粮斤煤"统一配发外，其余商品均实行货币交换。并随着恢复的深入，不断扩大经营范围，提高日营业额。在所有的商业网点中，恢复最早的是粮食供应点。最初，由于没有粮食储备，粮食随到随供。震后两个月全市恢复、新建粮食供应点 110 个。震后 3 个月全市的商业网点恢复到 484 个，占震前的 68.8%。另外，还建立了商品代销点和流动售货点 252 个。商品供应基本能够满足市民的生活需要。全市的银行营业所和储蓄所恢复 51 个（震前 60 个），饭店、旅馆和理发馆也相继开业。商业活动的恢复对满足市民的商品需求，恢复生活，维护社会治安，促进商业发展等都起了重要作用。

震后，唐山市各医疗卫生机构发扬自力更生、艰苦奋斗的精神，在中国人民解放军和援唐医疗队的支援下，清除废墟，建简易房，开设简易门诊和病房，为灾民服务。并开设简易学校，逐步恢复教学。

唐山简易城市的"简易"形象如图 3-7 所示。

3.3.4　恢复城市生命线系统

生命线主要包括电力、煤气、给排水、交通、通信与热力工程等网络系统。现代城市的人口、高层建筑物、财富、生产与各种生命线工程系统高度集中。重大地震灾害发生后，城市生命线工程一般都会遭受严重的破坏。1966 邢台地震后，周恩来总理莅临视察并作了重要指示："地震工作要为保卫大城市、大水库、电力枢纽、铁路干线做出贡献。"遵照周恩来总理的指示，国家有关部门派出1000 多人去地震灾区现场考察，调查研究，总结经验教训。1976 年唐山地震唐山市区的生命线系统几乎完全瘫痪，天津市的生命线系统也受到不同程度的破坏。我国广大地震工作者和工程技术人员亲临抗震救灾第一线，对唐山地震灾区（包括天津市、北京市）的城市生命线系统进行了广泛、深入地考察，取得了极为宝贵的研究成果。可以认为，我国对城市生命线地震工程的系统性研究始于唐山地震。

唐山地震后电力、给排水、通信、铁路等系统失去服务机能，公路不同程度地遭受破坏，城市街道大多被地震废墟覆盖。唐山市城市生命线系统的广大职工在全国军民的大力支援下，迅速抢修各个生命线系统。

（1）恢复电力系统

唐山地震时，唐山市有唐山发电厂和陡河发电厂。唐山市电力系统的恢复是在有关部门的关心和省内外许多电力系统的大力支援下展开的。基于唐山地震后唐山市电力系统的震害状况，有关部门制订了电力系统恢复的基本原则：先供电

成片的简易房

简易工厂

简易商店

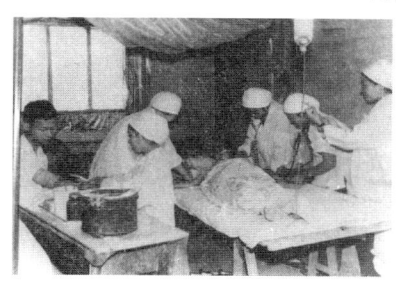

简易医院　　　　　　　　　　　　简易学校

图 3-7　唐山简易城市的"简易"形象

后发电，先简易送电再进一步完善，先供重点后供一般。恢复分阶段进行，各个恢复阶段注意实施上述基本原则。地震当天的早晨，国家水利电力部生产司和北京市电业管理局的领导分赴唐山灾区考察灾情，为尽快组织恢复电力系统提供准确情报。北京电业管理局还紧急派人员赶赴唐山陡河发电厂组织救灾，力图抢修发电，就地组织供电。陡河发电厂震害严重，短期内不可能恢复。只能暂时直接利用京津唐电网的电力给灾区供电。北京电业管理局的工程技术人员利用调来的两部柴油发电机在震后 16 小时为设在唐山军用飞机场的河北省唐山抗震救灾指挥部提供电源，点亮了震后唐山市的第一批电灯。之后陆续给唐山市自来水公司水源井、唐山军用飞机场、开滦煤矿和几条主要街道供电，恢复了唐山市 3 个煤矿的动力供电。并增加唐山灾区的受电线路数，增加供电量，扩大供电的地域，同时抢修唐山发电厂，恢复电力生产与供应。

（2）恢复给水系统

唐山市给水系统震后恢复的过程是先用给水车、消防车紧急解决灾民的饮用水，再抢修给水管网，抢修给水管网过程中，先水源，后管线，先干线，后支线，最后形成整体给水网络。地震发生后，唐山市自来水公司配水厂储水池储存大约 7000 吨左右的饮用水。利用外省市支援的各类给水车为灾民送水。同时利用各厂矿企业和农村没有遭受破坏或破坏轻微的各类水井，直接或用水龙苄给附近的居民供水。水源是给水的基础与最重要的先决条件之一。恢复从震害较轻的水源井开始，用最短的时间实现从构造恢复向机能恢复的转化，尽快取得社会效益。唐山市给水系统的恢复重点在水厂，唐山市中心区有大红桥水厂、龙王庙水厂、北郊水厂和西郊水厂，先后恢复供水。

（3）恢复排水系统

恢复、重建的重点是污水处理厂、排水网络与设施等。通过污水处理，还清陡河是排水系统震后恢复与重建的重要目标。唐山市排水系统的恢复与重建，改善了排水系统落后的面貌，有效地提高水体的环境质量，产生重大的社会效益、经济效益和环境效益。

震后唐山市区恢复与重建的主要排水系统和设施有中心区、东矿区和新区三个各自独立的排水系统，并且新建了西郊污水厂和污雨水提升站。重建基本结束后，又新建了东郊污水处理厂、续建了新区污水处理厂。

根据唐山市震后排水系统的恢复规划，中心区（路南区、路北区）的大部分地域沿街道铺设地下排水管网，路北区和路南区的西部采用雨污分流制，路南区的东部则采用雨污合流制。依据统一排除，集中处理的原则，划分为西区污水处理系统和东区污水处理系统。西区污水处理系统主要由西郊污水处理厂、新华道污水干管、南新道污水干管和光明道污水干管组成。其他道路则分段修建支管，并就近与排水管网的干、支管连接。居民生活区的污水经生活区的污水管网就近直接汇入排水管网的干、支管，而工矿企业的有毒有害废水必须经过预处理，达到污水排放标准后，才允许排入城市污水管网。

中心区的雨水排放系统覆盖 60 平方千米的地域，有雨水排放系统 32 个，其中较大的 3 个，即排入青龙河的系统、排入陡河的系统和排入开滦煤矿矿井塌陷坑的系统。根据震后排水系统的恢复规划要求，建设雨水排放系统的原则是把震害较轻的雨污合流管道改造成雨水管道，管道沿街道铺设，借助自然倾斜产生的地势坡降，雨水就近排入上述 3 个系统中。

东矿区排水系统的地域面积约为 33 平方千米，境内流经石榴河和沙河。

震后 5 年基本建成了新区排水系统，采用雨污分流制。排水管网沿城市街道铺设。由于不能完全利用地势的坡降排水，设有两个污水提升泵站。至震后恢复基本结束时尚无污水处理厂。

西郊污水处理厂 1982 年 8 月动工，1985 年 8 月交付使用。工厂占地 4.5 万平方米，收水面积 12 平方千米，为 17 万居民和 50 多家工厂服务，日处理废水3.6 万吨。

东郊污水处理厂 1985 年 6 月动工，工厂占地面积 7.3 万平方米，服务范围20 平方千米，服务人口 15 万余人，日处理能力平均 8.4 万立方米，以处理工业废水为主。

新区污水处理厂 1986 年 8 月动工，服务面积 30 平方千米，日处理污水 3.3万吨，二级处理采用活性污泥法，达到国家二级排放标准。

唐山市震后恢复与新建的排水系统中雨水管路 109 条，总长 192 千米；污水管路 123 条，总长 167 千米；污雨合流管路 137 条，总长 125 千米；土石明沟 23条，总长 12 千米。

（4）恢复道路系统

尽快恢复铁路，有助于紧急运送重伤员到外省市救治，快速大规模运输抗震救灾物资，提高进出唐山市的人口与物资的吞吐量，减轻公路运输和空运的压力。地震破坏铁路 500 多千米，桥梁 60 余座，通信电气线路 300 多千米。恢复铁路是在铁道部、北京铁路局、铁道兵以及部分高等学校、科研机构的 2 万余职工和技术人员的支援下展开的。恢复的重点是京山（京榆）、京坨（通坨）两条干线。通坨线震后第六天通车，京山线震后第十二天通车，震后 3 个月重新开办客运业务。震毁的唐山站（现唐山南站）与简易恢复的唐山站如图 3-8 所示。

图 3-8　震毁的与简易恢复的唐山站

铁路桥的重要震害与恢复方法如表 3-1 所示。

铁路桥的主要震害与恢复方法　　　　　　　　　　　　　表 3-1

桥名	主要震害	恢复方法
石门沙河桥	钢梁略有错位，钢筋混凝土梁端部的横隔板表面剥落露筋。桥台下沉、错位、台身出现裂缝。桥墩墩体出现垂直裂缝	拨正钢梁错动的位置，用环氧树脂水泥砂浆修补横隔板的剥落部位。片石填高桥台，环氧树脂粘补台身，填实部分梁之间的缝隙。以环氧树脂水泥砂浆填塞墩体的垂直裂缝
滦河桥	桥台位移，背墙断裂。护锥破损，桥头路基下沉。桥墩错位，其与沉箱帽连接处断裂。墩承台与沉箱和墩身间发生损坏	纵横向拨正梁，调平支座，重新埋设锚栓，修整损坏部位。用道渣填平下沉的路基。采取托修的方法修复耳墙和胸墙。桥台前设钢筋混凝土三角形永久支架。桥墩裂缝处加设钢筋混凝土套箍
蓟运河桥	梁上部支点大多偏移到墩身以外，桥孔缩短。下行桥桥台纵移、后仰、胸墙破碎。上行桥桥台显著下沉，钢梁中心横向位移。桥身环裂，桥墩纵移、倾斜	加辅助杆件构成新的端支点。割短边孔钢板梁，适应桥孔缩短。将钢板梁割短后支在纵移后的原桥台的支点上，胸墙按原尺寸修复。搭枕木垛支承梁端。割梁缩小孔径，拨正移高桥台顶帽与胸翼墙。桥身用钢筋混凝土套箍加固。桁梁加小节点

震后原有的城市街道几乎都被地震废墟覆盖或虽有通道但十分狭窄，有的路段还发生了震害。在恢复过程中，利用人工以及推土机等清除了震前城市道路上的地震废墟，充分发挥原有城市道路的交通功能。修复发生震害的路段，在地震废墟和简易房之间形成震后城市的道路网络，保障震后各种抗震救灾活动的交通运输需求。先后恢复了中心区道路系统、东矿区道路系统，建设了新区道路系统。震后 10 年，唐山市建成主次干道 163 条，居民小区 141 片，道路总长近 387 千米。各区基本形成密切相连又相对独立的城市道路网络，为城市建设与居民生活创造了较好的道路交通条件。

地震造成市区胜利桥、河北桥、建华桥、城子庄石桥、钢厂桥、电厂桥、自来水公司小木桥、越河桥、曹庄子桥等 14 座桥梁严重震害。胜利桥震害如图 3-9 所示。

此外还恢复、新建了利民桥、青龙河桥，拆除了城子庄桥等。东矿区、开平区、新区也都进行桥涵的恢复与建设。

图 3-9　震毁的胜利桥

（5）恢复公路系统

地震造成多条线路严重破坏（图 3-10），严重阻碍车辆通行。恢复重点是京

图 3-10 公路严重破坏

沈公路和津秦公路等干线公路，并通过搭建舟桥等连通与东北和京津的交通通道。地震当晚，河北省唐山抗震救灾指挥部派出调查小组，连夜到灾区的各个主要公路干线考察灾情，制定抢修方案，确定可以临时运行的路线。成立了交通组。4500 多名职工重点抢修京沈公路、津秦公路的关键地段。采取的技术措施是震害较轻的路面填平轧实后通车，路面严重断裂处修复临时通车线，震害较轻的桥涵，能维修加固的先维修加固，否则搭建舟桥、木便桥等临时桥涵，或者设摆渡与利用浅水沙滩通行。架通了宁河舟桥，初步打通了唐山市与天津市之间的公路交通，架起了滦县舟桥，初步恢复了唐山市至山海关的公路交通。唐山地区各县也组织人力抢修公路。震后 1 周，唐山市通往外地的 6 条公路干线全部通车，震后半月唐山灾区的公路实现简易通车。而后，按照"交通干线优先，重灾区优先，不能通车的公路优先"的原则，重点恢复公路桥梁。

震后，唐山灾区的公路系统实施了交通管制，组建交通指挥所，负责交通指挥管理，维护交通秩序，协调货流方向等任务。干线公路的沿途和唐山市、天津市的重要交通路口设立指挥点，并有巡回执勤人员昼夜值班。共设 180 多个交通指挥点，交通指挥人员达 3000 余人。交通管制的主要责任是合理分流车流，疏散拥堵或堵塞的车辆，处理交通事故，明示中断地段的迂回线路，维护交通治安，确保公路抢修人员的安全和恢复工程的顺利进行。唐山地震发生后，河北省唐山抗震救灾指挥部调用省内汽车 1000 辆，中央抗震救灾指挥部调用 2000 余辆汽车，交通部、北京市、辽宁省等也调用大批汽车支援灾区，再加上中国人民解放军救援部队的车辆，各类机动车有 2 万多辆，唐丰公路（唐山市至丰润县）、京沈公路玉田至唐山路段每天的车流是震前的三、四倍，汽车通过唐山市中心区需四、五个小时。在这种情况下，采取交通管制取得了显著的管制效益。

公路运输用油的供应与管理是地震灾区公路交通后勤保障的重要问题。震后，在河北省各县、市设立加油站或临时加油站 35 个，形成比较完整的公路汽车用油体系，基本保证了灾区汽车加油的需要。

（6）恢复唐山军用飞机场

唐山军用飞机场经简易恢复就承担起繁重的空运任务。最早恢复的是通信系统。震后，唐山市区的通信系统完全瘫痪。唐山军用飞机场的报务员抢救出无线电发报机，震后 18 分钟向主管部队的首脑机关等发出唐山地震的有关消息，对于上级领导机关确认地震重灾区的准确位置起了重要作用。

开辟了唐山灾区的空运通道。因为地震中唐山军用飞机场破坏严重，指挥调度大楼倒塌，主要设备发生震害，备用电源被砸，丧失了飞机安全起降的功能。经简易抢修后，机场的指战员以高度负责的革命精神、过硬的军事技术和高超的指挥才能，充分利用一台没有发生震害的通讯塔台车和跑道一端尚能使用的导航灯，打破常规，科学调度，大胆指挥，奇迹般地开通空中运输通道，为唐山震后抗震救灾快速、有效地进行创造了重要条件。利用简易恢复的唐山军用飞机场，唐山抗震救灾指挥机构的领导和工作人员快速飞抵机场，大批紧急救灾物资源源不断地从全国各地空运到唐山灾区，而且，唐山军用飞机场成为重伤员运往外省市的转运站，2 万多名重伤员空运到外省市。唐山军用飞机场的指战员为唐山抗震救灾做出了重要贡献（图 3-11）。

图 3-11　唐山军用机场的简易指挥与运往灾区的救灾物资

唐山军用飞机场是唐山抗震救灾的指挥中心。遵照党中央、国务院和中央军委的指示，在机场成立了河北省唐山抗震救灾指挥部、国务院唐山联合工作组，在灾区第一线指挥抗震救灾工作。

（7）恢复通信系统

震后，唐山市通信系统的恢复是在抗震救灾组织的组织、调度、指挥下，省内外通信系统的广大职工大力支援下完成的。河北省唐山抗震救灾指挥部成立后，组成了抗震通信领导小组，统一指挥唐山灾区通信系统的恢复与建设。由邮电部所属单位、河北省邮电部门、各省市邮电部门援唐人员和中国人民解放军救灾部队组成通信系统抢修队。首先以唐山抗震救灾指挥部所在地——唐山军用机场为中心建设抗震救灾通信网络，并在此基础上逐步恢复唐山市地震灾区的通信系统。

震后，成立了抗震通信领导小组，下设通信指挥组、物资供应组、生活组等。震后第二天，国家邮电部发往灾区的首批通信物资抵达唐山。第二批救灾物资也从北京市启运，并从战备仓库抽调了部分通信物资备用，组织近600人的通信系统抢修人员奔赴唐山灾区，并配备通信车13部、抢修急需的通信设备7卡车。很快沟通了唐山灾区与北京市、天津市、石家庄市的通信干线，接通了唐山市区与4个郊县的电话，增开了12路载波电路和唐山市至北京市的60路载波电路，在京津之间抢修1800路中同轴电缆载波干线，震后第四天开通电路。同时，唐山市区与10个郊县接通了电话。

河北省邮电管理局从廊坊市调拨通信线路抢修队，抢修通往石家庄市和唐山市的长途电信线路，接通石家庄市至秦皇岛市的一条线路。河北省邮电管理局还向唐山灾区发出两辆运送急需通信抢修物资的汽车，并空运无线电台至唐山军用飞机场，联通了唐山军用飞机场与石家庄市的无线电通信。邢台地区、衡水地区、邯郸地区的电信抢修队陆续赴唐。

地震当天，北京军区的两部电台空运至唐山军用飞机场，沟通了与北京市、北京军区的通信联络。北京军区援唐官兵还敷设了从唐山军用飞机场到空军某部的一条被覆通信线路，并延伸到北京军区通信站唐山分站。北京军区还派遣通信团前指分队的官兵抵达唐山军用飞机场，随即建设通信枢纽。震后第二天，调通了直达中央军委等重要机构的线路9条，基本能够满足部队抗震救灾指挥工作的通信联络需要。

地震发生后不久，辽宁省邮电管理局组成了300人的电信抢修队奔赴灾区，于地震当天晚上抢修了唐山军用飞机场至唐山市郊外载波机务站的线路，沟通了河北省唐山抗震救灾指挥部与外界的联系。之后，修复了抚宁县至秦皇岛市、昌黎县至唐山市的通信线路，昌黎县至秦皇岛市的3路载波线路等。

沈阳市长途电信局的电信抢修队到达唐山军用飞机场，安装了一批电信设施，及时沟通了河北省唐山抗震救灾指挥部与下属各部门的联系。

在震后1周时间内，初步恢复了唐山地震灾区的通信系统。

唐山地震时，唐山市没有煤气系统，不存在煤气系统的恢复。

3.4　重建程序

3.4.1　制定唐山市重建规划

（1）唐山市重建总体规划

制定震后城市总体规划，首先需要确定重建新唐山的选址。曾有两种设想，其一是迁出原址，易地重建。因为在原址上重建，废墟的清理与搬运花费较长的时间，需要较多的人力与财力，且部分地域存有活动断裂带，存在再次发生震害的危险；而易地重建可以节省时间和经费，加快重建速度。第二种设想是立足原址，在地震废墟上就地重建。提出这种设想的主要依据是唐山已有百年历史，地震发生时已经是国内外闻名的重要工业城市，应当保持历史特色促进新唐山的发展；就地重建还可以节省征地和迁址的巨额投资；活动断裂带主要集中在原来的路南区，只要城市建设避开局部地域，即使再发生严重地震灾害，一般不会产生重大的影响或威胁。反复比较研究，决定实施第二种设想，并依此编制震后新唐山的城市总体规划。

震后第二个月，国家建设委员会、河北省建设委员会组织多个单位的城市规划人员参加唐山市震后重建总体规划的编制工作，1 个月后提出了《唐山市城市总体规划》。为了用较短的时间，把唐山建设得比震前更美好，体现中国 20 世纪 70 年代城市建设的先进建筑科学水平，震后第三年再一次组织城市规划人员，调整《唐山市城市总体规划》。并邀请部分专家专题研究了新华道、建设路等主要街道的建筑物布局、高度、绿化等街景规划，进一步完善了《唐山市城市总体规划》。

按照《唐山市城市总体规划》，震后恢复的新唐山划分为中心区、东矿区和新区“小三角”。城市规划面积 56.6 平方千米，人口 65 万。

中心区在原来路北区的基础上建设，是唐山地区行署和唐山市党政机关的所在地，保留唐山钢铁公司、唐山发电厂等重要厂矿企业，并重新规划居民住宅区。在中心区内，陡河贯穿南北，陡河以东规划为钢铁、陶瓷工业区，陡河以西为居民生活区，位于陡河西岸的大城山形成工业区与居民生活区的天然卫生隔离带。还在该区西部居民生活区的边缘规划了轻工、食品等无害产品工业区。市中心位于城市西部居民生活区的几何中心，城市主干道新华道和建设路贯穿东西、南北。市中心地带是唐山市的行政中心和商业中心。商业中心的南侧是中心广场，建有唐山抗震纪念碑、唐山抗震纪念馆和人民公园（后更名大钊公园）。在西部居民生活区的北部规划体育中心。同时还合理布局了仓库区等。

东矿区以开滦赵各庄矿、林西矿、唐家庄矿、范各庄矿和吕家坨矿等 5 个矿区为基础，以矿建点，分散布局，相对集中，密切联系，建设矿区小城镇。

震后新建的新区位于中心区的北部，毗邻丰润县城关，新区内规划迁入原路南区的 38 个工厂，并新建部分工厂企业。原路南区的居民和工厂全部迁出，保留部分典型的地震遗址，土地复耕，种植蔬菜，建设果园和林场，把采煤塌陷区改造成绿化风景区。

最初制订的唐山市震后城市布局规划实际上是在路北区和东矿区的原址上重建，把路南区迁至新区。

1977 年 5 月 14 日，中共中央、国务院原则批准了《唐山市城市总体规划》。在批复中要求，在实践中注意总结经验，对规划中不适应的地方要及时修改，当时想不到的问题，要加以补充。还要求，切实加强党的领导，坚持艰苦奋斗、勤俭建国的方针，充分发动和依靠广大人民群众，鼓足干劲，力争上游，为建设一个更加美好的社会主义的新唐山而奋斗。

在《唐山市城市总体规划》的实施过程中，依据党中央的方针政策和有关领导的指示，结合唐山建设的具体情况曾作过一些调整。1981 年 10 月，中共中央、国务院提出国民经济"调整、改造、整顿、提高"的方针。唐山市震后重建的调整原则是：压缩城市规模，控制城市人口，减少占地与投资，加快居民住宅建设。1982 年 1 月 13 日，中共河北省委和中共唐山市委制定了《唐山市恢复建设贯彻收缩方针的调整方案》，确定了调整城市建设的基本原则：控制中心区，缩小新区，利用路南区。原路南区的居民和企业不再全部迁出。在能够避开地震断裂带和采煤塌陷波及区的地域，一部分原有工业企业可以就地重建，迁出的企业由 92 个减少到 9 个，节省了搬迁费。并规划新建 13 个住宅小区，有效地利用了路南区的土地。重建路南区内的小山繁华商业区。重建资金的调整原则是：重点保证住宅建设，从紧安排配套工程，进一步调整工业企业，压缩非生产性建设，在确保地震烈度Ⅷ度抗震设防标准的前提下，降低建筑造价。调整后，唐山市区划分为中心区（路南区、路北区）、东矿区和新区。城市规划调整后，城市占地面积 73 平方千米，人口 76 万。

显然，实际实施的唐山市震后城市布局规划与震后最初的规划有所不同，主要是充分利用了原来拟全部迁出的路南区的土地，只迁出了部分工厂，避开活动断裂带建设了居民住宅与商业区，中心区从只辖路北区扩大到路北和路南两个区，城市规划面积和人口相应增加。路南区的人口控制在 6 万人左右，规划地域范围 8 平方千米。安排住宅用地 210 公顷，建 9 个居住小区，13 个区片，住宅以 3 层为主，砖混结构，抗震Ⅷ度设防。工业用地 160 公顷，重建不再搬迁的化工、造纸、机电等工厂。

（2）专业规划

① 居住区规划

规划 3 万～5 万人为一个居住区，由 4～5 个居住小区组成居住区。公共服务设施按居住小区和居住区两级配套建设，小区内设居委会、中小学、幼儿园与托儿所、粮店、副食店和小吃店等，每位居民的平均建筑面积 1.2～1.5 平方米；居住区内设有街道办事处、派出所、百货商店、邮局、储蓄所、电影院、书店、药店、煤气调压站和热力点等。住宅以条式 4、5 层楼房为主，还有部分平房。每户的建筑面积 46～52 平方米，设 1～3 个住室和各户自用的厨房、厕所。大部分住宅设有壁橱、吊橱，可以供应城市煤气和暖气。建筑物之间的距离合理，室内阳光充足，通风良好。

② 电力系统规划

采用多电源环路供电，保障京津唐电网畅通，完成 220 千伏的南环输电线路。提高变电站（所）、配电室、调度室等建筑物的抗震标准。对电器设备实施减震措施，设置备用电源，制订震后电力系统抢修规划。

③ 道路交通规划

规划建设类似棋盘状的通衢城市道路交通系统。拓宽道路，建设 8 条主干道。规划建设公路立交桥 2 座、铁路立交桥 8 座、陡河桥 9 座，交通环岛 7 处。穿越中心区和东矿区的铁路京山线改线，经中心区西部向北东方向与京秦铁路接轨。原来的铁路线路改为工业专用线。新的火车客运站设在中心区的西端。

④ 给排水系统规划

水厂按地震烈度Ⅸ度设防。给水系统以地下水源为主，采用多水源分区环形供水，全市建水厂 9 座，日供水能力 28.6 万吨。完成"引滦入唐"工程，建设日供水能力 20 万吨的水厂 1 座。水耗量大的工矿企业，自备水源，纳入规划，统一管理。在城市开阔的地段，设置取水栓或地下消火栓，作为避难临时取水点和消防用水点。给水管道使用柔性接头，提高抗震能力。排水系统采用雨污分流制。

⑤ 城市煤气与热力规划

开发利用唐山市焦化厂剩余煤气的同时，新建唐山炼焦制气厂，日供城市煤气 42 万立方米。实施分区供气，降低震害的波及范围。供气系统配备报话机，以备震害发生后与有关部门联系。唐山市中心区利用发电厂的余热和部分供热锅炉集中供热。

⑥ 通信系统规划

通信部门的建筑物按抗震Ⅷ度设防，提高建筑物结构的抗震能力。采用有线与无线相结合的形式，有线线路尽量采用地下电缆并增设输出口，线路迂回连通，辐射成网。通信设备设有固定装置，提高抗震抗倾倒性能。震时综合利用无线电电台、军用电台、机场的通信设备，确保通信线路畅通。设置备用电源、机房、无线电步话机，保障震后重要部门的通信联系与市内通信联络畅通。

⑦ 绿化规划

按市、区、小区三级规划。市区规划公园 9 个，新建两个风景区和陡河两岸的滨河公园。把采煤塌陷区改造成风景区。建设各种类型的绿地、绿带和林荫带，形成点、线、面相合的绿化网络系统。

此外还有环境保护规划。在居民居住区和工业区之间建卫生防护隔离带。治理工业"三废"，重点解决严重污染源和污染物的污染。污染严重的工业企业迁出市中心区。城市排水雨污分流，实施陡河还清工程。发展城市煤气和集中供热，减少大气污染。加强城市绿化，改善城市环境。

（3）震后城市总体规划的抗震防灾措施

在制订唐山市城市总体规划时，从城市规划的角度确定了抗震防灾的指导思想：控制城市规模，积极发展小城市；注意功能分区，合理利用建设用地；适当降低建筑物密度，提高空地绿地面积；建筑物按抗震Ⅷ度设防，完善建筑物结构；制订防灾规划，防止次生灾害发生。依据抗震防灾指导思想，采取了一系列抗震减灾的战略性措施。改变中心区工矿企业过于集中，建筑物和人口密度过高的历史状况，严格控制中心区的规模；开辟新区，从中心区迁入部分大中型工厂，相应减少市中心区的人口；东矿区原地恢复重建，以开滦矿务局的几个大型煤矿为基础，依矿建市，完善城市基础设施，发展多功能的新兴综合性城市。

根据各市区的具体情况，依据城市布局有利经济发展、方便群众生活、减轻环境污染、容易避震疏散的原则，对城市土地利用进行科学的功能分区。建设用地避开砂土液化地区、活动断裂带、采煤波及地区和塌陷地区。市区的陡河沿岸栽植树木，形成公园式的防护林带。活动断裂带贯穿的地域辟作绿地或防灾疏散地。采煤塌陷地区规划为公园或水产养殖。规划出各个地域宜采用的建筑物结构类型、层数和不宜进行建筑的地域范围。

唐山市区的住宅与工业建筑，按照地震安全评价结果和地震影响小区划确定的地震烈度进行抗震设防。依据"小震不坏、中震可修、大震不倒"的抗震设计原则，对于性质、高度、层数不同的建筑物采用不同的抗震措施，重要的建筑物和城市生命线工程合理选择地段，提高抗震烈度设防，采用抗震性能好的结构形式。为方便避难疏散，满足建筑物的日照要求，适当降低建筑物密度，25%～30%的居住小区的人口密度为 600 人/公顷，相邻建筑物的间距是檐口高的 1.7倍，并按三级绿地设置留出空地。

为了预防次生灾害，把市区的易燃、易爆和危险品仓库迁至人口密度低的开阔地区单独建立。按抗震标准加固市区上游的水库，提高陡河的抗洪、抗震能力。

根据行政规划、城市自然环境和疏散通道的分布，按 3 万～8 万人的规模划分抗震自救区。设立抗震救灾指挥机构、救护医院、消防组织以及物资储备、工程抢险等组织与设施。

制订城市防灾规划，主要内容是：依据城市总体布局以及工程地质、水文地质、地形地貌、土质、地面建筑物和历史地震震害规律等，确定抗震设防区划，作为建筑物工程结构抗震设防、选址和抗震设计的依据；在全面勘察城市的工程地质、水文地质、地震地质的基础上，结合唐山地震的综合调查资料，划分抗震不利地域，确定砂土液化范围、活动断裂带和构造性地裂缝带的位置、熔岩塌陷区域、煤田采空区、软土地基的情况等，为建筑物选址和抗震设计提供重要数据；进行建筑物、构筑物地震震害的预测，并依据预测结果，确定震后重建的建筑物、构筑物按地震烈度Ⅷ设防，提高建筑物和构筑物的整体抗震性能，限制砖混构造柱结构住宅的高度和层数，工业厂房禁止使用无配筋砖柱，合理规划工业区和住宅区的布局，改善地质条件差的场地和地基，降低建筑物的密度等。还制订了城市生命线系统的抗震防灾规划与相应的措施。

3.4.2　重建新唐山

震后新唐山的重建始于 1978 年，结束于 1986 年底，历时 9 年。

到 1977 年底，群众生活、工业生产、文教卫生、商业、城市生命线系统等已经基本恢复，震区已经具备了从恢复阶段向重建阶段转化的基本条件。

1978 年 2 月 1 日，河北省革命委员会适时向国务院呈报了《关于加快重建唐山市的报告》。《报告》中提出，要以革命化的精神，尽快的速度，较少的投资，把唐山建设成现代化的社会主义新型城市；要自力更生，艰苦奋斗，高速度发展工业生产，采用大包干的方法，按照全市"六统一"（统一规划、统一设计、统一投资、统一施工、统一分配、统一管理）的原则，尽快重建震后的新唐山；尽量采用新技术、新材料，城市布局要力求科学、合理，有利于生产，方便生活，能够体现出中国 20 世纪 70 年代的建筑科学水平；唐山市的重建拟一年准备，三年大干，一年扫尾，1982 年全部建成。1978 年 2 月 11 日，国务院批复了河北省革命委员会的《报告》，并要求按照《报告》的部署，加强领导，充分发动群众，认真组织实施，以革命化的精神抓好唐山市的重建工作，把新的唐山建设得比旧唐山更好；重建唐山是一项光荣而艰巨的任务，中央有关部门要积极配合，大力支持，及时帮助解决建设中的问题。依据《批复》与《报告》的精神，大规模地开展了重建唐山的战斗。

（1）加强领导

震后重建新唐山是党中央、国务院做出的重大决策。中央抗震救灾指挥部、河北省唐山抗震救灾指挥部、唐山市抗震救灾指挥部等各级抗震救灾指挥机构，在唐山市重建过程中加强领导，合理组织，统一指挥，有效地加快了重建的进程。

重建之前，成立了唐山市建设指挥部。由唐山市、唐山地区行署的主要领导人任指挥部的负责人。指挥部下设规划设计、施工、清墟搬迁、市政工程、建筑材料、物资供应、交通运输7个专业指挥部。行使重建计划管理权、施工组织指挥权和设备材料调配权等。

领导重视，合理组织，确保各行各业密切配合，同心协力共建新唐山。

（2）施工准备

要在5年左右的时间内，在几乎覆盖整个城市的地震废墟上建成1400多万平方米且体现中国70年代建筑水平的新城市，必须在城市规划、勘察、设计、建筑材料、施工建筑物资与设备、施工队伍和施工场地等各个方面做好充分准备工作。

施工准备按照震后《唐山市城市总体规划》展开。

① 工程地质勘察与设计

采用勘察单位与设计单位对口分片包干的方法。华北勘察院对口湖北工业建筑设计院和东北建筑设计院，承担东矿区唐家庄片、赵各庄片、新区和中心区的部分住宅小区和唐山市第二构件厂、唐山陶瓷研究所、唐山百货大楼等单位；上海勘察院对口上海工业建筑设计院，承担中心区1号住宅小区；北京地形地质勘测处对口北京建筑设计院，承担42号等8个住宅小区以及工人医院、唐山宾馆和唐山第一中学；西南综合勘察院对口西南建筑设计院，承担9号住宅小区；西北综合勘察院和化工部勘察公司对口西北建筑设计院，西北综合勘察院承担中心区56～68号住宅小区，化工部勘察公司承担中心区张各庄住宅小区；河北省建筑设计院和唐山市设计院的勘察设计任务自行负责。为较快圆满地完成勘察与设计任务，及时提供施工图起了重要作用。

② 小区规划与住宅设计方案

专业技术人员对各单位从几百个设计方案中评选出来的28个住宅小区规划方案和86个住宅设计方案进行比较研究，从中筛选出4个小区规划方案和25个住宅设计方案，并确定了有关的技术经济指标和设计参数，力求从政策性、技术性、艺术性和使用功能诸方面反映中国70年代的建筑水平。

③ 测绘、测量

在陕西省测绘局、河北省测绘局等单位的支援下，完成了唐山市的控制测量、地形测量和工程测量，为城市规划、勘察、设计施工提供重要依据。

④ 建筑材料

重建唐山消耗的钢材、水泥和木料等建筑材料如表3-2所示。重建的建筑材料是在国家物资总局、国家建材总局和河北省有关部门的支持下，经唐山物资部门积极落实、组织调运；砂石等地方性建筑材料，从张家口市、沧州市和唐山地区各县调入，基本满足了重建中各种建筑材料的需要。

重建阶段逐年消耗的建筑材料　　　　　　　　表 3-2

时间(年)	钢材(吨)	木材(吨)	水泥(吨)
1978	49400	34800	164200
1979	105152	81867	320351
1980	92883	99380	400465
1981	58535	79373	331200
1982	61348	52687	355768
1983	73077	46951	332700
1984	56000	20993	250595
1985	49535	22916	212111
1986	23359	27279	180537
(合计)	569289	466246	2547927

为了满足建筑构件的需求，在唐山市原有的 4 个构件厂基础上，新建 22 个预制构件厂，设计能力年产 65 万立方米，每年可满足 315 万平方米建筑的需要。

制造和调运了运输、吊装、土石方等施工设备 1600 多台（件），其中塔吊 100 台，确保施工现场运输、吊装、混凝土浇筑实现机械化。

在施工准备阶段，解决了一些重要的具体问题。例如：关于对中国 20 世纪 70 年代建筑水平的认识。开始理解为住宅建设不用"秦砖汉瓦"，主要采用内浇外砌结构。但为此必须制造更多的预制构件，组织更多技术力量较强的施工队伍，建造更多的大型吊装设备，投入大量资金、材料，而且有可能推迟完成重建的时间。经反复比较研究，决定实验内浇外挂、内浇外砌、砖混加构造柱和框架轻板 4 种结构形式；关于建筑材料，建筑结构未确定之前，在建筑材料的选择上，只着眼于防震和轻质，曾确定新型加气混凝土、石膏板、钙塑板、矿渣棉、膨胀珍珠岩、无熟料水泥等新型建材厂。但在实施过程中发现，无论在技术上、原材料上，还是经济上、实用上都存在许多难以解决的实际问题。住宅建筑结构确定后，原先确定生产的某些建筑材料不适合住宅建筑结构的要求，而水泥的耗量极大。因此，决定停建原定的部分建材厂，重点进行唐山启新水泥厂的续建，唐山市水泥厂的扩建，并新建唐山市第二水泥厂，以确保水泥的大量需求；关于建设重点，在 1978 年上半年的施工准备阶段，曾经设想先建设两条大街及其两侧的大型公共建筑，然后再建居民住宅。实现这种设想，需要搬迁居民 2300 多户，拆除 4675 间简易房，短时间内难以实现；建设较多的大型公共建筑，从勘察、设计、施工到交付使用的时间很长，大约需要两年，而且由于大量的施工力量投入公共建筑的建设，将严重影响住宅建筑的大面积开工，将延长居民住简易房的时间。因此，决定把建设的重点转移到住宅建设上，这种决策符合居民早日进入正常城市生活的愿望。

（3）组织施工

有10万多人参加了唐山地震的重建施工，其中支援唐山建设的省内外施工队伍5.6万人，唐山市的施工队伍3.1万人，各县和人民公社的建筑队1万多人。组织施工主要抓了施工重点、施工部署、施工质量和施工管理四个重要环节。

从施工准备到重建全面展开一直把居民住宅建设作为施工重点。具体做法是："四集中"，集中一部分施工条件好的居民小区、集中建筑设备、集中建筑材料、集中施工力量，重点保证居民住宅建设；"三优先"，对居民住宅建设优先安排资金、优先供应物资、优先保证运输，一些不影响居民住宅配套的公用建筑给居民住宅建设让路；在资金、建筑材料暂时出现困难时，允许居民住宅建设先借后补，避免影响施工进度；居民住宅建设与水、电、路以及学校、商业等配套工程同步进行，一座居民住宅小区建成后，居民即可入住。1979年～1985年，各年竣工的居民住宅面积均超过当年竣工总面积的60%，平均每年有3万多套配套住宅交付使用，基本适应了搬迁倒面的需要和居民入住新居的需求。

唐山中心区的重建是在遍布简易房的废墟上进行的。为了合理拆除简易房、清理废墟、搬迁倒面，提供较多的施工场地，加快居民住宅建设，在施工的部署上，采取了一些确有成效的措施—组织施工的地域顺序从城市外围向市内推进，首先在城市近郊和中心区规划预留地辟建14个居民住宅小区，建筑面积176万平方米，建成后，通过"搬迁倒面"，逐步为市中心区的大规模重建提供必要的施工场地；在市中心区的部分居民居住区内，利用空地，见缝插针，施工建设，建成后就近"搬迁倒面"，边建边"倒"，边"倒"边建，不仅解决了施工工地不足的问题，也加快了建设步伐；在坚持"六统一"的同时，鼓励多渠道建设居民住宅。为此，制定了相应的优惠政策，动员有条件的厂矿和企事业单位包建居民住宅小区或在压煤区波及区的边缘建平房。到重建结束，一些单位自筹资金建设居民住宅67万平方米，个人自建住宅9755户，建筑面积占重建住宅总建筑面积的7%左右。既补充了重建资金，又推进了建设进程。

在大规模的重建过程中，始终重视提高施工质量。组织施工单位反复开展"百年大计，质量第一"的教育，增强质量意识，把好质量关。建立健全以岗位责任制为中心的各项规章制度、经济考核制度，完善质量检查、验收制度。加强施工计划、技术与材料等的各项管理工作。开展专家与群众相结合的群众性自检、互检活动和"创全优"活动。按照全优工程的标准制定规划与措施，完善施工工艺与技术规范，鼓励广大建筑职工提合理化建议和技术革新方案。由于采取了上述的各项措施，建筑工程质量稳步提高，在重建期间，共创全优工程3115项，建筑面积近567万平方米，平均全优率接近32%。

在施工管理方面,重视施工人员管理、施工计划管理和施工调度管理。在大规模重建之前,组织各施工单位普遍举办各类培训班。通过培训,有效地提高了干部职工的管理水平、技术水平,提高了施工质量与劳动效率意识以及对新型建筑结构和机械化施工的适应能力。因为重建主要是机械化施工,为了提高机械特别是大型机械的使用效率,满足施工现场的大型设备急需,实行统一管理、统一调配和集中与配属到现场相结合的方法,管理大型施工设备。

(4)清理废墟

唐山地震唐山市中心区的建筑物基本倒塌,产生的废墟大约有 2 千万立方米,为重建唐山,必须清理废墟,并运往指定的地点。震后成立了唐山市清墟指挥部,主要职责是清理市中心区的废墟,组织埋葬遇难者的尸体,整理和回收废旧物资。

最初利用载重汽车清理主要街道的废墟,疏通市内交通,确保运送重伤员与救灾物资的车辆通行。

震害发生后,遇难者的尸体分散埋葬。1977 年春末夏初,为减少腐尸对环境的污染,防止瘟疫蔓延,并为清墟做准备,埋在市中心区的尸体全部挖出,集中在郊区的指定地点,消毒处理后深埋。

各厂矿企业的废墟在恢复生产与重建过程中自行清理。

清墟工作进展顺利,截至 1978 年初,唐山市中心区清理废墟量多达 1 千万立方米,为进一步清墟奠定了基础。

清理废墟的同时回收废旧物资。

1979 年 3 月,组建唐山市机械化施工公司,承担市中心区的主要清墟任务,为 1986 年底基本完成清墟任务创造了良好条件。

(5)"搬迁倒面"

所谓"搬迁倒面"是震后灾区从简易城市向新城市发展的一个必经阶段,随着重建从城市的外围向市中心地带进展,居民或厂矿企事业单位从简体房或简易建筑物向新建的永久性建筑物陆续搬迁,为开辟新的建设地域"倒面"——腾出施工工地的过程。一座大城市重建过程中的"搬迁倒面"工作相当复杂,没有强有力的组织机构,没有合理的规章制度,没有科学的组织与管理方法,很难快速完成"搬迁倒面"任务。为此,组建唐山市搬迁清墟指挥部,各厂矿企业也设置了相应的机构,全市形成了比较完善的搬迁清墟组织体系;制定规章制度,先后发布《唐山市各项建设拆迁房屋暂行规定(草案)的通知》、《关于搬迁倒面房屋分配的暂行规定》、《关于拆除私房补偿暂行规定》、《关于震后恢复用地拆除私房作价和补偿规定》、《关于拆除私房作价和补偿规定的几点补充意见》、《关于拆迁倒面若干问题的规定》、《唐山市恢复建设临时搬迁倒面的规定》、《唐山市恢复建设时期搬迁倒面若干问题的规定》、《关于限期拆除迁入新居的居民简易房》、《关于限期清理空闲房屋》、《关于限期完成 1984 年第二批搬迁计划》、《关于限期完成第三批搬迁计划》、《关于党员、干部在住房搬迁工作中应遵守的几项纪律的规定》等，对居民搬迁、公建搬迁、搬迁补助、搬迁后简易房的拆除和回收、搬迁机构等都作了明确的规定，对"搬迁倒面"起了规章制度和政策保障。并组织居民搬迁户、公建搬迁户、搬往新区的搬迁户和个人自建房屋搬迁户搬迁。

（6）重建投资

① 重建投资及其调整

唐山市震后重建的投资额为人民币 199550 万元，重建的建筑面积 920 万平方米。由于重建过程中，抗震设防能力提高等原因，根据已经完成的工程测算，投资需增加到 303550 万元。后来，唐山震后重建实行收缩方针，相应采取了重点保住宅建设，从紧安排配套工程，进一步调整工业企业，压缩非生产性建筑，保证地震烈度Ⅷ度抗震设防的前提下降低造价，重建的建筑面积缩小到 885 万平方米，实际包干总额为 254500 万元。到重建后期，又增拨 7000 万元的居民住宅资金。因此，重建新唐山，省、地、市所属单位的投资包干总额为 261000 万元。

② 重建资金的包干分配

市区内的省、地、市所属单位的重建资金采用大包干的办法，即分别下达给各系统包干使用，超支不补，节支留用，在本系统内根据需要允许相互调剂，投资包干指标最高的是住宅（89220 万元），占投资包干总额的 35％；其次是工业（40803 万元），占投资包干总额的 16％；居第三位的是城建与煤气、热力（40200 万元），占投资包干总额的 15％。也就是说，投资包干总额的 66％左右用于住宅、工业和公共设施建设，体现出以住宅建设为重点，相应地搞一些工业和公共设施的重建原则。

③ 重建节支措施

到 1986 年底重建基本结束的投资包干累计支出金额低于投资包干总额。重建节支主要采取了如下措施——在确保工程质量和地震烈度Ⅷ度抗震设防的前提下，修改了部分工程设计；调整了部分建材企业和规划搬迁企业；统一供应建筑材料，稳定和控制工程造价；实行小区平米造价包干。

（7）各类建筑物的重建

① 住宅建筑

唐山市震后的住宅建设是按照震后制定的唐山市城市总体规划进行的，并坚持住宅适当集中，按片建设居民小区，不与工厂混建，各居民小区的配套设施——商业服务网点、小学和幼儿园等比较齐全等原则。

住宅按抗震烈度Ⅷ度设防，且以 5 层条式楼为主，另有 6 层塔式楼和 3～4 层的条式楼，还有一部分平房。住宅结构有内浇外砌、内浇外挂、砖混构造柱和框架轻板。住宅分一居室、二居室和三居室三种。每套住宅都配有壁橱、吊橱、给排水、厕所、电气，大部分供应暖气和城市煤气。

截止到 1986 年底重建基本完成，路北区、路南区、新区、东矿区的居民住宅数量与建筑面积如表 3-3 所示。城市居民基本上从简易房乔迁到正式住宅。

各区住宅数量与建筑面积统计表　　　　　　　　　　　　表 3-3

区名	楼房									平房	
	栋　数							套数	建筑面积（平方米）	套数	建筑面积（平方米）
	二层	三层	四层	五层	六层	八层	合计				
路北	296	225	341	1103	135	3	2103	198741	4296271	2328	107443
路南	151	233	104	300	28		816	31663	1568729	6026	26_203
东矿	1167	591	536	55			2349	56352	2894279	11248	443297
新区				287	42		329	17749	874653	102	7129
（合计）	1614	1048	981	1745	205	3	5597	304515	9633923	19704	819072

② 工业建筑

工业建筑按抗震烈度Ⅷ度设防。重建的厂房大多采用钢筋混凝土框架结构，钢架屋顶。而且，重建的许多厂矿企业扩大了规模，更新了设备，改进了工艺，提高了机械化、自动化水平。

在震后恢复重建过程中，工业部门投入恢复重建费用人民币近 19.7 亿元，厂房建筑面积 200 万多平方米。

③ 办公用房

唐山地震唐山市原有的 24.7 万平方米办公用房全部震毁。重建坚持先住宅后公建的原则，办公用房大多是从 1980 年开始建设。到 1986 年底重建基本结束，唐山市中心区各机关、企事业单位共建办公用房 94 万平方米。机关的办公用房本着从紧安排、方便群众、便于工作的精神，主要政府机关集中建在临近建设路的西山道北侧。

④ 商业建筑

震后重建商业用房本着支持生产、方便生活的原则，全市统一规划建设。

到 1986 年底，唐山市商业局系统建成商业服务网点 431 个，建筑面积近 32 万平方米，约为震前的 1.2 倍；建批发仓库 44 个，建筑面积 18.5 万平方米，接近震前水平。唐山市供销社系统建成零售网点 139 个，建筑面积近 7.2 万平方米，接近震前的 1.2 倍。唐山市粮食局系统建粮油供应网点 150 个，建筑面积近 5.5 万平方米，比震前增加 60%；建仓库 6 个，建筑面积近 13.7 万平方米，相当于震前的 4 倍。

建筑结构随商业网点的大小而异。较大的商业网点大多为钢筋混凝土框架结构的 3～5 层楼房。小型的商业网点则多为平房。较大的商业网点有唐山百货大楼、唐山宾馆、唐山饭店、建国路市场、新华道农贸市场等。

⑤ 文教卫生建筑

本着布局合理、便于就近入学、统一规划的原则，重建各类学校。到 1986 年底，建成高等学校 4 所，中专 9 所，普通中学 88 所，小学 368 所，盲聋哑学校 2 所，其他学校 34 所，累计 505 所，比震前多 81 所。重建的校舍和震前比较，提高了抗震性能，完善了建筑结构，增加了建筑高度。还建立了幼儿园 42 所，是震前的 1.5 倍。

震前，唐山市有各类医院 57 所，医疗保健站（所）179 个，病床 5514 张，建筑面积 89000 平方米。地震中，医疗卫生机构的建筑全部倒塌。到 1986 年底重建基本结束，建成各类医院 68 个，病床 8153 张。与震前相比，震后重建的医疗卫生机构建筑物的抗震性能、建筑结构、建筑规模、内外装修都发生了根本性地变化。较大的医院有唐山工人医院、华北煤炭医学院（现华北理工大学）附属医院、开滦矿务局医院等。

在唐山震后恢复与重建过程中及其以后，相继恢复、新建了一些科学研究机构以及唐山市数字遥控地震台网、唐山地震灾害快速评估系统等。

震后新建了唐山市体育场。重建了部分文娱场所，影剧院 9 个，文化馆 2 个，青少年宫 1 个，厂矿俱乐部 18 个。

还建设了唐山抗震纪念碑广场和 7 处地震遗址（河北矿冶学院图书馆楼、唐山钢铁公司俱乐部等）。

震前预防、紧急救援、恢复与重建是重大地震灾害的总体救援程序。各个程序是成功救援的基本保障。从已经发生的重大地震灾害救援过程看，只有遵循这些程序才能成功完成救援任务，而且重建的城市比震前更美好。

第4章　救援程序的理性认识

近些年来，笔者在救援程序理性认识研究领域开展了一些学术研究工作，提出了地震复合灾害理论、地震灾害急救医学、综合防范能力基本要素（防、避、救）理论、地震垃圾灾害论、抗震救援指挥与组织机构模型、救援物资资源需求与满足需求模型、紧急救援要素系统论和地震灾区分布理论等，对重大地震灾害救援程序化有重要理论指导价值。

4.1　紧急救援要素系统论

紧急救援要素系统（图4-1），是有效实施地震复合灾害紧急救援的重要保障。而且，紧急救援要素系统中的各个要素都具有不容忽视的救援功能。缺少或削弱任何一个要素，都会影响甚至严重影响紧急救援效果。图4-1所示的紧急救援要素系统是在总结、分析国内外大量重大地震复合灾害救援实践的基础上绘制的。许多国家的重大地震复合灾害的救援活动是在各级抗灾救灾机构的领导、指挥下进行的，这是取得抗震救灾胜利的组织保障。像唐山地震、汶川地震等一些重大复合灾害需举全国之力方能成功应对。救援资源包括人力资源（部队、医务人员、工程技术人员、志愿者、防疫人员以及国际救援队队员等）和物力资源（生活必需品、医疗设施与药品、避难场所、防疫设施与药品以及国际救援的物资与款项等），城市居民、企事业单位和灾区当地政府的协作联动是灾区人民自力更生防灾的重要保障。这些要素是紧急救援缺一不可的基本要素，并为恢复重建奠定基础。紧急救援要素系统是紧急救援必需的各种影响因素的有机组合，完善的紧急救援要素系统应具有表4-1所示的各种要素，且每种要素都具有分工承担抵御重大复合灾害的能力（时间、数量、合理调拨与配置），形成各要素共同构建的综合救援强势，有助于减少次生灾害的灾种，消除、降低灾害叠加性和叠加效应，快速、持续产生救援效果，圆满完成救援任务。如果系统中缺少部分救援要素或有的救援要素存在严重缺陷，将不同程度地削弱综合救援强势，削弱到一定程度，有可能难以应对重大复合灾害，并使之扩大、加重、延续，导致严重后果。

紧急救援要素系统 ＝ 组织指挥机构 ＋ 支援灾区的部队官兵 ＋ 医务人员与医疗设施和药品（含防疫） ＋ 抢险救灾工程技术人员和志愿者 ＋ 紧急救援物资 ＋ 城市居民、企事业单位、灾区当地政府 ＋ 避难场所 ＋ 国际救援

图 4-1　紧急救援要素系统示意图

55

重大地震灾害的应急救援要素概况汇集表　　　　表 4-1

地震名称	震级	死亡人数（万）	救援要素							
			救援组织	部队（万）	医务人员（万）	生活必需品	医药与设施	避难场所	国际救援	预防瘟疫
汶川地震	8.0	8.71	有	11.3	4.9	短缺	短缺	极少	有	未流行
芦山地震	6.9	0.0215	有	2.4	1.1	短缺	短缺	极少	只收资金	未流行
集集地震	7.3	0.2321	有	—	—	—	—	少	有	未流行
阪神地震	7.3	0.6434	有	—	2.0	短缺	—	有	有	未流行
海地地震	7.0	30.0	无	—	—	奇缺	奇缺	无	有	流行
南亚地震	7.6	7.9	有	有	少	奇缺	奇缺	无	有	未流行
新西兰地震	7.2	重伤2人	有	有	—	—	—	有	有	未流行

构建完善的应急救援要素系统是有效实施地震灾害应急救援的重要保障。而且，应急救援要素系统中的各个要素都具有不容忽视的救援功能。

（1）救援组织

重大地震灾害发生后，应急救援工作在国家、地方各级救援组织的领导、指挥下进行。唐山地震、汶川地震等重大地震灾害后及时成立国家、省级以及基层抗震救灾指挥部。迅速做出应急救援决策，动员、组织全国军民，举全国之力支援灾区，合理调拨、配置救援资源，抗御地震及其次生灾害。并监督政府部门的救援工作，呼吁国际社会援助，对夺取抗震救援的全面胜利起重要作用。

（2）部队

部队是应急救援的主要人力资源。在近些年我国的重大地震灾害救援中，解放军、武警部队、消防官兵功勋卓著。

2005年国务院、中央军委颁布的《军队参加抢险救援条例》规定："军队是抢险救援的突击力量，执行国家赋予的抢险救援任务是军队的重要使命。"部队参加抢险救援体现人民军队全心全意为人民服务的宗旨。

我国邢台地震、唐山地震、汶川地震和芦山地震等数十次重大地震灾害中，中国人民解放军坚决执行党中央、国务院和中央军委的命令，坚持灾情就是命令等基本救援原则，少则数万多则十数万官兵快速奔赴灾区，英勇顽强地投入抗震救灾第一线，为抗震救灾，保卫国家安全做出重要贡献。

（3）医务人员、医疗设施与药品

重大地震灾害都造成大量房屋倒塌、严重破坏，引发室内家具、电器翻倒，并伴有其他次生灾害，造成不同程度的人员伤亡。而且，重大地震灾害往往突然发生，在极短的时间内出现成千上万重伤员，有些重伤员危在旦夕，必须紧急处置、救治，有些尚需转移到轻灾区、非灾区医治。

重灾区医疗机构往往遭受严重破坏，大幅度削弱城市医疗服务功能，难以满足灾区应急医疗服务的需求。

一方面，灾区短期内集中性地急需大量医务人员、医药与医疗设施；另一方面，灾区医疗服务功能大幅度降低，不能满足医疗服务的需求。必须紧急调集医务人员、调拨医药与医疗设施支援灾区。

（4）生活必需品

主要功能是为灾区居民提供食品、饮用水、衣物等。保障灾后有饭吃，有干净水喝，能遮体御寒。这是创造基本生活条件的关键性因素。为确保按时、按量供应生活必需品，城市应多途径储备应急救援物资，而且品种、数量满足基本需求，且灾时有物流畅流的保障。家庭储备，灾时随身携带，是一种比较简便的储备方式。

（5）避难场所

避难场所是灾后避难人员的栖身之所。我国的避难场所经历了露宿、窝棚、简易房、帐篷、过渡安置房等多个阶段。其中，露宿防灾性能差，危险性高；过渡安置房宜居性好，安全性高。目前，在应急救援阶段，我国的避难方式以露宿、窝棚、帐篷为主，然后向过渡安置房转换。

（6）国际救援

自然灾害特别是重大地震灾害的国际救援是一种国际惯例。通过国际社会的共同参与，增强受灾国的救援力量，在应急救援阶段，有可能拯救更多人的生命。近些年来，我国重大地震灾害对国际救援采取 3 种方式，即拒绝（唐山地震）、接受（汶川地震）和部分接受（芦山地震只接受资金），这是在不同国情与灾情、不同国力情况下，国家做出的决策。

（7）预防瘟疫

重大地震灾害后有爆发瘟疫的可能性。像唐山地震唐山市掩埋数以 10 万的遇难者尸体，又时逢夏季，如果处理不当，腐尸有可能成为瘟病传播源。而且，灾后生活条件、生活环境比较差，灾区居民的整体抗病能力减弱，容易患病，且人际交往频繁，一旦发生瘟病容易传播。

应急救援要素是各级抗震救援组织机构决策抗震救援措施、制定配置规划等必须充分考虑的基本因素。这些要素相辅相成，共同构成应急救援的功能体系。缺少其中的任何一种要素或有的要素过于薄弱，都会影响甚至严重影响应急救援效果。

4.2　复合灾害理论

重大地震灾害都是复合灾害，至少包括主震与余震两种灾害——"双灾"复合灾害；比较复杂的复合灾害由更多灾害组成。复合灾害不仅具有各组成灾害的叠加性，还产生主震灾害与次生灾害的叠加效应，扩大、加重地震灾害灾情。

重大地震灾害应急救援规划是编制各类城镇防灾减灾规划与预案的基础。由于复合灾害有各个构成灾种灾害的叠加性与叠加效应，又能形成地震广义复合灾害，因此复合灾害的严重程度大于或远大于地震主震灾害。城镇编制应急救援规划，必须以复合灾害为基础，构建能够抗复合灾害的能力，灾后为灾民创造基本生活条件、医疗条件和防灾条件，完成救援任务。

采取有效的防灾减灾措施，减少地震复合灾害、广义复合灾害的构成灾害种数，降低、消除各构成灾害的叠加性与叠加效应，提高城镇抗复合灾害的能力，是研究地震复合灾害减灾对策的基本原则。

4.2.1　地震复合灾害与示例

复合灾害可划分为同时受灾型复合灾害、同时对应型复合灾害、同时受灾与同时对应型复合灾害。

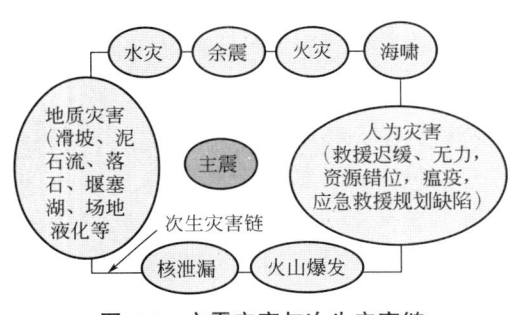

图 4-2　主震灾害与次生灾害链

地震复合灾害是以地震主震为灾害源并引发一种以上次生灾害的地震灾害。主震灾害与次生灾害链如图 4-2 所示。地震复合灾害是广义复合灾害的一种。不同的地震灾害，主震灾害与次生灾害复合的灾种可能不同。

唐山地震、邢台地震等平原型地震基本上是主震与余震、场地液化构成的地震复合灾害。而汶川地震、芦山地震、盈江地震、彝良地震等山地地震的复合灾害则主要由主震与地质灾害组成。1556 年陕西华县地震"震、溺、饥、瘟、焚"造成 83 万余人死亡。1923 年日本关东地震大火连烧 3 天，8 成以上的死者源于火灾。东日本地震的复合灾害则由主震、余震、海啸、福岛核电站核泄漏、火灾、地质灾害等构成，九成多的死者死于海啸（部分次生灾害如图 4-3 所示）。

从灾害种类构成上看，地震复合灾害的复合类型可分为自然灾害复合、自然灾害与人为灾害复合以及"双灾"复合和多灾复合。地质灾害包括山体滑坡、泥石流、落石、地面陷落与隆起、地裂缝、场地液化以及由山体滑坡、泥石流等引发的堰塞湖等。地震引发的地质次生灾害如图 4-4 所示。人为灾害则是因救援迟缓、救援机构无为与无力、救援资源流错位与错向、可控的瘟疫爆发并蔓延、城镇应急救援规划缺陷等造成的灾害。地震次生水灾时地震灾害造成水库大坝与河

58

| 火灾 | 福岛核电站爆炸 (核泄漏) | 海啸 | 地质灾害 (滑坡) |

图 4-3 东日本地震的部分次生灾害

图 4-4 地震引发的地质次生灾害

堤决口，淹没城镇与村庄。海啸可能发生在地震灾区，也可能传播到比较遥远的大洋彼岸（发生灾害的异地复合）。

4.2.2 复合灾害的灾害叠加与叠加效应

死亡人数是评价地震灾害轻重的重要指标之一。日本阪神地震、关东地震和东日本地震的灾种构成以及各灾种的死亡率如表 4-2 所示。

日本阪神地震、关东地震和东日本地震复合灾害各灾种的死亡率（％）表 4-2

地震 名称	发生 时间	震级	死亡 人数 （万）	复合灾害的灾种及其死亡率(%)						
				主震与 余震	火灾	海啸	水灾	地质灾害	核泄 漏	其他
阪神地震	1995.1.17	7.3	0.64	83.3	12.8	无	无	有	无	3.9
关东地震	1923.9.1	7.9	10.5	10.5	87.1	有	1.0	山崩、泥石流、 堰塞湖等	无	1.4
东日本地震	2011.3.11	9.0	1.89	4.4	有	92.4	有	有	有	2.0

注：1. 死亡人数含失踪；2. 表中的"其他"含标"有"字的灾害。

从表 4-2 可以看出，地震复合灾害存在构成灾种的叠加性，死亡总人数等于各构成灾害死亡人数之和。阪神地震死亡总人数＝主震与余震死亡人数＋火灾死亡人数＋其他灾害死亡人数；关东地震死亡人数＝主震与余震死亡人数＋火灾死亡人数＋水灾死亡人数＋其他灾害死亡人数；东日本地震死亡人数＝主震与余震死亡人数＋海啸死亡人数＋其他灾害死亡人数。显然，不同地震复合灾害的灾害组成不同，不同灾种的死亡率也不同。在表 4-2 所示的 3 种地震灾害中，因东日本地震发生海啸，死亡人数从主震灾害的 0.08 万人增加到地震复合灾害的 1.89 万人；关东地震次生火灾死亡人数是主震灾害的 8 倍多。显示出，各灾种的灾害不仅具有叠加性，而且有些地震次生灾害的灾害叠加量超过甚至远远超过主震灾害。因此，应对地震复合灾害只考虑主震与余震造成的灾害是不充分的。

东日本地震福岛核电站爆炸是世界地震史上首次核泄漏次生灾害。电站附近的居民为躲避核辐射不得不远程避难，震后两年半在避难场所避难的还有 29 万人，震后 7 年仍有 7 万多。这是罕见的避难延期现象，说明消除核辐射灾害难度较大。而且由于天灾人祸，核泄漏已经污染了海洋、土壤，出现了被污染的鱼类、农作物，并因此造成人员伤亡。由于核辐射灾害的叠加与叠加效应，给日本福岛县乃至整个日本的社会、经济、生态带来灾难性影响，而且波及邻近的国家和地区。

在当前条件下，瘟疫爆发与蔓延是一种重要的人为地震次生灾害。防疫灭病是重大地震灾害后的一项重要防灾减灾救灾任务，灾后只要为灾民创造基本生活条件、医疗条件和防灾条件，采取有效措施普遍、深入开展防疫灭病工作，就能有效控制瘟疫发生。1976 年唐山地震后出现肠道传染病苗头，由于果断采取防疫灭病措施，"大灾之后无大疫"。而 2010 年海地地震因救援迟缓、无力，爆发霍乱，50 余万人患病，7000 多人死亡。

还应当指出，地震复合灾害还能与其他自然灾害组合成广义复合灾害（见图 4-5）。例如：地震复合灾害与暴雨复合，不仅存在灾害的叠加性，还存在灾害的叠加效应。如果重大山地地震复合灾害发生时伴发暴雨，地震灾区不仅可能发生水灾，还可能诱发或加剧山体滑坡、泥石流，甚至造成水库、河流决堤。1948 年日本福井地震后因暴雨九头龙川决堤，又遭美军空袭，扩大了地震灾情。

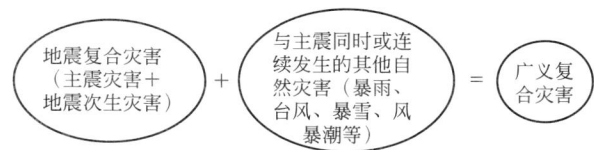

图 4-5　地震复合灾害的广义复合灾害

日本在研究日本东京湾北部地震防灾战略时，死亡人数的估算考虑了主震与余震（含室内家具、电器的翻倒、落下、移动）、地质灾害（滑坡、泥石流等）、火灾、交通事故、水泥预制板墙翻倒与建筑室外落物死亡。

4.2.3　主要紧急救援对策

紧急救援是重大地震灾害发生后最初几天的救援活动。主要救援任务是扒救废墟中的灾民，确保灾民基本生活条件，医治伤病员特别是重伤员，预防、减少次生灾害，维护社会稳定与灾区安全，保障交通畅通等。紧急救援程序的救援任务最急迫，救援时效性最强。城镇必须形成能够抵御复合灾害的能力。为此，编制城镇应急救援规划时应以复合灾害的灾害严重程度为基础，准备、储备各类救援资源。

（1）立足于复合灾害估算避难人数

一次重大地震灾害的避难者人数是规划城镇避难场所系统，储备与配置救援资源，安置灾民等抗震救灾活动的重要依据。估算避难者人数时，不能只考虑主震与余震造成的建筑物与生命线系统破坏，还应考虑地震次生灾害的影响。我国地域辽阔，各地域可能发生的地震次生灾害及其强度可能有较大差异。根据已经发生的重大地震灾害，平原地震的次生灾害主要是余震（唐山地震当天滦县商家林发生 7.1 级余震）、火灾（日本关东地震、阪神地震大量住宅烧失）、水灾（郯城地震灾区一些城镇被大水淹没），沿海地区可能发生海啸（印尼印度洋地震伴生海啸 20 余万人死亡），北方还可能伴有暴雪（日本长野县北部地震雪崩、暴雨、泥石流，新县中越地震大雨、大雪）。山地地震的次生灾害则主要是地质灾害，汶川地震、芦山地震、彝良地震等出现大量滑坡、泥石流、落石等。

如果一个城镇发生重大地震灾害时，除余震之外，很可能伴有火灾、滑坡和泥石流、水灾、海啸或风暴潮、台风等灾害，估算的避难人数应是各个灾害避难人数之和。东日本地震避难高峰期重灾区（岩手县、宫城县和福岛县）的避难人数 40 余万，其中发生核电站爆炸的福岛县截止 2013 年 6 月还有 151208 人在县内或县外避难。避难人数之多，避难时间之长，避难地域之广，相当罕见。出现这种现象的主要原因是震前福岛县的防震减灾规划没有考虑核电站核泄漏和海啸次生灾害，规划的避难场所数量与应急救援必需品供不应求，给救援带来诸多困难。

（2）准备、储备的救援资源满足复合灾害需求

通常，重大地震复合灾害的灾情都比较严重。伤亡人数、避难人数与受灾人数多，部分居民埋压在地震废墟中急待扒救，伤员尤其是重伤员必须快速救治；灾区面积大，灾情地域分布复杂；重灾区的灾民丧失基本生活条件、医疗条件和防灾条件；灾区的通信设施、交通设施受到不同程度破坏，准确掌握灾情及其分布以及应急救援资源的调运难度大；紧急救援需求的物资品种多，数量大，且需

求的时间紧迫。

因此，必须立足于灾区当地储备的紧急救援物资。目前，我国紧急救援物资的储备方式基本上是仓储。从紧急救援的角度看，这是一种比较落后的储备方式，一旦储备仓库遭受严重破坏或发生交通瓶颈，仓储的救援物资将丧失紧急救援功能。应当摈弃这种单一的储备方式，采用多种储备途径。例如：与当地企业、大型超市或商场签订灾时生产、供应救援物资合同，一旦发生重大地震复合灾害按合同规定的时间、品种、数量与质量、运送目的地供应紧急救援物资；提倡家庭储备，可用避难便携袋（箱）储备1～3天全家人的生活必需品、常用药物等，灾时随身携带；在避难场所设小型紧急救援物资储备库，震后开启，就近利用。此外，城市群的各城市之间还可以协调储备应急救灾物资。

灾时依据灾害轻重开通全部或部分储备途径应对重大地震复合灾害。依据紧急救灾资源需求与满足需求模型，一个市、县储备的救灾资源应满足严重地震复合灾害的需求。应依据城镇发生重大地震复合灾害的避难人数，合理确定依紧急救援物资的品种（食品与饮用水、生活必需品、防灾设施与器材、医疗设施与药品、防疫设施与药品等），科学计算各品种的数量。满足需求包括储备必需的救援物资并确保物流畅通。避难场所是储备灾民宿住和防灾设施的场所，是应急救援物资的重要储备方式。城镇应编制避难场所发展规划，并按规划要求分期分批建设城镇避难场所系统。

最终如4.1中紧急救援要素系统论所述，构建完善的应急救援要素系统，全面应对复合灾害。

4.3 地震灾害急救医学

4.3.1 学科

地震灾害学与急救医学的交叉、渗透、互容、互用萌生交叉学科生长点。基于重大自然灾害紧急救援的丰富经验，新学科的轮廓越来越清晰。

依据新学科形成的基本原理，灾害急救医学的交叉学科构成示意如图4-6所示（用方框示意学科范围）。地震灾害学与医学的学科交叉部位产生地震灾害医学。地震灾害学与急救医学形成地震灾害急救医学，其适用于重大地震灾害发生的初期，重要功能是

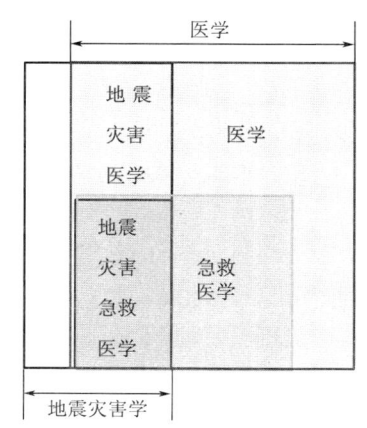

图 4-6 地震急救灾害医学学科构成图

用医学手段急救灾区濒危、重症患者，灾害环境下急救的各个环节（发现伤员、诊断、检伤分类、处置、治疗、护理、运输、抢救）都强调"急"，以提高救活率、治愈率，降低死亡率，减少残疾率。通常，以"黄金 24 小时"和"黄金 72 小时"形容"急"的珍贵性。

各种重大灾害都有急救医学。但因灾害种类不同，急救医学适用的时域延续性与伤病类型也有差异。一场战争从始至终都贯穿着灾害急救医学的急救，急救对象是战争的伤病员；而重大地震灾害则是从地震发生到震后 10 天左右，急救对象主要是因建筑倒塌造成的各类伤者以及次生火灾的烧伤者等。

地震灾害急救医学是地震灾害医学、地震灾害救援医学的重要组成部分。三者是重大灾害环缺一不可的医学学科体系。从学科发挥功能的时域长短看，地震灾害医学＞地震灾害救援医学＞地震灾害急救医学（图 4-7）。

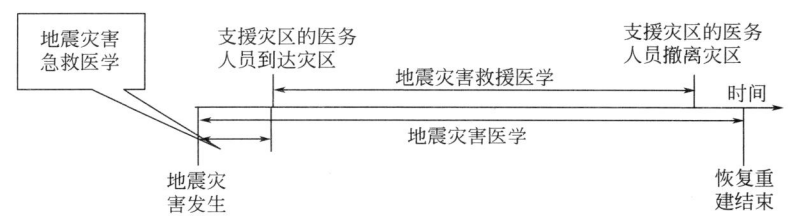

图 4-7　重大地震灾害医学学科体系时域示意图

对于重大地震灾害，灾害急救医学在关键时期（灾害初期），起关键性作用（挽救灾时骤增的濒危、重症患者生命），创建独立的学科有重要理论与实用价值。

还应当指出，地震灾害学、急救医学诸多分支学科的相关内容也融入灾害急救医学。例如：地震灾害管理学、地震灾害救援学、地震灾害防疫学、城市防灾学、建筑防灾学、交通管理学等。急救灾害医学具有比较广域的学科包容性。

近些年来，我国已经具备地震灾害急救医学学科生成的基本特征。2001、2003、2016 年我国先后成立了中国灾害防御协会救援医学会、中国医师协会急救复苏专业委员会、中国灾害防御协会地震紧急救援专业委员会，这些学术组织有效地推动了我国相关学科的科学研究、体系建设、专业教育以及国际合作；创办了《中华灾害医学》、《中华灾害救援医学》、《中国急救复苏与灾害医学杂志》、《中国急救复苏与灾害》等期刊，发表了大量地震灾害急救医学领域的学术论文，促进了学科发展；出版了多部有较高学术影响力的专著，例如：李宗浩的《中国灾害救援医学》、郑静晨的《灾害救援医学》等；武警后勤学院等高等院校设立灾害救援医学系，开设《灾难医学》、《急救与灾难医学》等课程；形成了由专家、教授组成的学术带头人队伍，郑静晨、李宗浩等为新学科的形成与发展做出重要贡献。

4.3.2 特点

从灾害的惨烈程度看，重大地震灾害居各类自然灾害之首。在我国多次重大地震灾害紧急救援中，地震灾害急救医学都发挥了不可替代的作用。以下以唐山地震为例，探讨实施灾害急救医学突显的诸多特点。

（1）灾害的突发性

许多重大地震灾害具有突发性，在几十秒至几分钟的时间内完成主震的能量释放。灾区特别是重灾区陡然从正常的生产生活状态跌入深重的灾难深渊。大量建筑倒塌，集中性地造成千上万甚至几十万人伤亡。灾区医药卫生系统的供需平衡严重破坏，需求量骤增，供不应求。急需灾害急救医学发挥医学急救任务。

（2）人员伤亡惨重

死亡与伤员分别超过万人的部分重大地震灾害如表 4-3 所示。

死亡与伤员超过万人的部分重大地震灾害　　　　　表 4-3

地震名称	发生时间	死亡人数（含失踪）	受伤人数
日本关东地震	1923	16514	35560
云南通海地震	1970	15621	26783
河北唐山地震	1976	242469	175797（重伤）
日本阪神地震	1995	10683	33109
四川汶川地震	2008	87200	375000

表 4-3 所示的 5 次地震突显出重大地震灾害人员伤亡的惨重性。像唐山地震死亡 242469 人，重伤 175797 人。灾害急救医学的主要担当是紧急救治伤员；清尸防疫，预防瘟病发生与蔓延。

（3）受伤率高，伤病种类多

唐山市区的居民受伤率高达 34%；重灾区的重伤员率（重伤员占伤员总数的百分比）为 28.8%；骨折占伤员总数的 60% 多，软组织损伤占 1/4；截瘫伤员仅唐山市就有 1814 人；完全性饥饿伤害比较多。由此可以看出，重大地震灾害伤员数量多、伤情十分复杂，医治难度大，需要较多的医务人员实施多学科综合诊断、治疗。

（4）伤员分布地域广

唐山地震唐山灾区重伤员的地域分布如表 4-4 所示。

唐山地震唐山灾区重伤员的地域分布　　　　　表 4-4

市县	重伤人数	市县	重伤人数	市县	重伤人数	市县	重伤人数
唐山市	82000	滦县	9191	昌黎县	2767	唐海县	1845

续表

市县	重伤人数	市县	重伤人数	市县	重伤人数	市县	重伤人数
丰南县	25240	滦南县	7280	遵化县	2063	乐亭县	1629
丰润县	17588	玉田县	6198	迁安县	1969	迁西县	209

表 4-4 中各县市的重伤员共 157979 人，陆地面积为 $13742km^2$，平均 $1km^2$ 有 11.5 重伤员。在重大地震灾害环境下，给医务人员快速到达急救"第一现场"、伤员收容点以及运送重伤员带来更大的困难。而且，需求更多的医务人员与运送力量。

（5）灾区医药卫生系统严重破坏

震前唐山灾区有各类医疗卫生机构 1126 个，医务人员 19868 人，病床 14920 张，建筑面积 45 万平方米。地震中 1901 名医务人员震亡，其中唐山市 1038 人。医疗卫生机构建筑物震毁近 40 万平方米。损失病床 11057 张。1149 台（件）大型医疗设备破坏。因此，灾区的灾害医学资源小于或者远远小于实际需求。震后全国军民鼎力支援，向灾区派遣 2 万多名医护人员，并为灾区调拨大量医疗设备和药品，对急救重伤员、控制瘟病蔓延起了决定性作用。

此外，重大灾害初期，可能随时发生次生灾害，急救环境风险度高；实施灾害急救医学分为现场、向医院运输途中和院内三个阶段等。

4.3.3　功能

基于灾害急救医学的学科属性、实施的特点，探讨灾害急救医学的重要功能。

（1）挽救濒危、重症患者

这是灾害急救医学的重要功能。重大地震灾害初期，濒危、危重患者多、伤情繁杂、"第一现场"地域分布广，急救条件差。在这样的环境下"救死扶伤"，时间紧，任务重，可谓"时间就是生命"。唐山地震、汶川地震等重大地震灾害，灾害急救医学都发挥了重要作用，挽救了数以万计濒危、危重患者（头颅损伤、脊柱骨盆骨折、内脏破裂等）的生命。重大地震灾害条件下的灾害急救医学急救与平时医院急诊科室的急救医学急救存在质与量的区别。

（2）改善灾区医药卫生系统灾时的供需失衡状态

重大地震灾害发生前，灾区的医药卫生系统基本处于供需平衡状态。灾害发生后，系统遭受严重破坏，供的功能减弱；集中性突增大量伤员，需的强度骤增。因此，供需失衡，需大于甚至远大于供。实施灾害急救医学，可以有效改善这种失衡状态。具体措施是紧急派遣适量医务人员支援灾区，增加灾区的急救灾害医学资源；并把部分伤员运送到非灾区医院治疗，减轻灾区灾害急救医学资源供不应求的压力。

（3）救护灾害弱者

灾害弱者主要指"老、弱、病、残、孕"，这是灾害急救医学必须关注的弱势群体。灾害急救医学的功能是为患者特别是老年人提供因灾停用的高血压、心脏病、糖尿病等药物；处置、更换人工器官；急救重症患者；为严重应激反应者，提供看护、监护、治疗、心理咨询；在灾害弱者集中的场所设置灾害弱者医学管理站；孕妇护理、接生等。

（4）杜绝瘟病蔓延

重大自然灾害尤其是地震灾害可能造成上万甚至几十万人死亡，清尸防疫十分紧迫，特别是夏季如不及时处置，大量腐尸可能成为疫病发生源。唐山地震唐山市区 10 万具遇难者尸体 8 个公墓深葬。唐山地震发生后，曾出现肠炎、痢疾等传染病疫情，由于采取有效措施—供应达标的饮用水（提倡饮用沸水），大规模接种菌苗、疫苗，消灭蚊蝇，大搞环境卫生等，疫情未蔓延。这是唐山地震"大灾无大疫"的根本保障。灾区防疫灭病宜早、准、狠。近些年我国发生多次重大地震灾害，均无瘟病蔓延。主要原因是从实施灾害急救医学开始就高度重视防疫灭病，并且有专业化、程序化、标准化、大众化的发展趋势。

4.4　综合防范能力基本要素（防、避、救）理论

4.4.1　重大地震灾害的基本特性

（1）可防性、可避性与可救性

可防性通过防灾规划把灾害损失控制在城市可承受的范围内。防灾规划与城市规划有机结合，依据城市的灾种、灾情与经济实力，采取适当的防灾措施，灾时尽可能减少人员伤亡、经济损失和生态破坏。可防性的理想状态是"零灾期望"。编研防灾规划应坚持"预防第一"的原则。

可避性是灾时为城市居民创造躲避灾害的安全空间。规划建设城市避难场所与远程避难系统，制定避难标准，灾时发布避难劝告与避难指示，把灾民引导到指定的避难场所安全避难。

可救性则是规划必要的救援资源、救援程序、救援措施，通过自救、他救与公救，解救灾时已经受到或将要受到危难的民众，为灾民创造基本生活条件、灾害急救医学条件、防疫条件，缩短灾害的延续性，逐步恢复正常的生产生活，建设比灾前更美好的城市。

可防性、可避性、可救性是防灾规划的基本依据，也是"人定胜天"的思想认识基础。

（2）灾情分布规律性

重大自然灾害通常有重灾区、轻灾区以及轻重灾区之间的过渡区。防灾减灾救灾的重点是重灾区，并兼顾过渡区与轻灾区。城市直下型重大地震灾害的重灾区通常位于震中附近，唐山地震重灾区分布在地震烈度 X 度、XI 度地域，VII～IX 度是过渡区，VI 度是轻灾区。

（3）可预报预警性与突发性

有些地震有临震预报的可能，像海城地震。预报预警是灾害发生前预知灾害将要发生的信息，在城市正常生活条件下完成防灾减灾救灾部署，可防性、可避性、可救性的透明度高，可以更有效的组织指挥防、避、救。

唐山地震、汶川地震等则是突发性灾害，防灾减灾救灾是在重大灾害已经发生的艰难条件下展开，不仅需要消耗更多的人力物力资源，还要克服千难万险，方能完成紧急救援与恢复重建任务。因此，灾害突发性向可预报预警性转换有巨大的防灾减灾救灾效果。

（4）延续性

无论是突发性的还是可预报预警性的重大地震灾害，对城市的破坏和影响都不会在极短时间内消失。重大地震灾害都要经过紧急救援与恢复重建，新的城市方在地震废墟上兴起。也就是说，城市重大地震灾害具有时间上的延续性，延续时间越长，灾害破坏的影响时域越大，缩短灾害延续时间是制定城镇防灾规划必须考虑的要点之一。重大地震灾害后城市生命线系统的恢复、建设简易城市等都是灾害具有延续性的重要表现，重建完成后，城市的灾害痕迹消失（不含灾害纪念设施），延续性结束。

（5）复合性

城市有可能同时或连续发生多种灾害，产生复合灾害。复合灾害示例见表 4-5。

复合灾害的类型与主要复合灾种　　　　　　　　　　　表 4-5

复合灾害的类型	示例	主要复合灾种
原生灾害与其次生灾害复合	东日本地震	地震主震、余震、海啸、火灾、核污染、地质灾害、垃圾灾害
	汶川地震	地震主震、余震、滑坡、泥石流、山体落石、堰塞湖
	华县地震	地震主震、余震、火灾、水灾、瘟疫、饥荒
同种原生灾害复合	美国"哈维"、"厄玛"飓风	风灾、水灾（短时间内相继发生）
几种原生灾害复合	墨西哥地震、"凯蒂娅"飓风	地震主震、余震、风灾、水灾
原生灾害与人为灾害	海地地震	地震主震、余震、抢劫与哄抢商店、霍乱
	菲律宾"海燕"台风	风灾、水灾、抢劫与哄抢商店

复合的各种灾害具有叠加性并产生叠加效果，加剧灾情。能够抵御复合灾害

是防灾规划的重要规划目标。

4.4.2 基本要素与要点

基于上述地震灾害的基本特性，综合防范能力必须具备防、避、救三要素，并细分到诸多要点。

（1）防

防是防止灾害损失惨重的灾害发生。依据城市的灾害种类、强度、经济实力与实际需求，适当提高城市建筑与生命线系统的抗震设防水准；合理规划城市用地，不在可能发生山体滑坡、泥石流、落石的山崖下、斜坡上，容易发生严重液化的场地以及低洼地、海啸大潮袭击区内规划建设居民区和重要城市设施；易燃易爆危险品的生产厂、存储仓库以及严重污染源必须远离市区；坚持"以人为本"、"民生第一"、"预防为主"的基本原则，采取有效措施，阻挡、减弱各种重大灾害的袭击，维护城市居民的人身与财产安全。

强化城镇抗御重大地震灾害的综合防范能力，是城市防灾减灾救灾的关键性措施。城市必须有适度的抗震设防，构筑城市安全的发展环境、生活环境、生态环境，换言之，若城市防灾设防达到"零灾期望"水准，必"有害无灾"。唐山地震之所以死亡 24 万余人，主要是大多数建筑设施没有抗震设防，部分虽有设防（地震烈度Ⅵ度）但水准过低。为实现抗震规划目标，必须创建城市防灾的宣传教育长效机制，提高居民的防灾意识、能力、协作防震精神，采取有效措施提高城市人民政府、企事业单位和市民协作联动防灾能力；城市必须储备紧急救援必需的人力资源与物力资源，为缩短灾害的延续性奠定基础；采用现代高新技术建立准确性、速变性高的灾害信息系统和灾害预测监控系统等，形成坚韧的城市综合防范能力。

（2）避

首要的是规划城市避难场所系统，而且系统中必须规划各种防灾设施（住宿区、安全避难道路、紧急救援物资储备仓库、医务室或门诊部、消防用品、厕所、广播站等），灾害发生时随即启用，为灾民创造基本生活条件、简易的医疗条件。必要时规划远程避难系统，灾前居民乘交通工具到非灾区避难，灾后重返家园。避难应当在抗灾指挥机构的组织下有序进行。灾时海陆空的交通管制、台风发生前渔船进港避风等也是避的不可忽视内容。

（3）救

规划设立城市灾害组织指挥系统，规划建设紧急救援物资储备系统、急救灾害医学系统（在重大灾害紧急救援条件下，合理配置灾区的医务人员、医疗设施与药品，有能力急救伤病员尤其是重症患者，预防瘟病爆发），抢险救援系统（人力资源与设施）。城市应当通过多种途径提高居民的自救意识、勇气、技能以及他救的志愿性、自发性、自律性和自主先行性。

防、避、救三要素又各自包含若干要点，要素与要点构成城市防灾规划的基本框架。

4.4.3　要点示例

每座城市都有各自的灾害属性与防灾能力——可能发生的灾害种类及其复合程度、建筑与生命线系统的抗震设防水准、地理位置与地质环境、城市居民的防灾减灾救灾教育与实践程度、城市中心区与郊区的灾情地域分布等。因此，不同城市的防震要点选项或多或少的存在差异。防、避、救三要素及其各自的要点示例如图 4-8 所示。

分析图 4-8 可知，要点分为综合防范能力必备与可选两类。

（1）必备要点

① 城市抗震组织机构——第一必备要点，其功能是领导、组织、指挥防、避、救，并采用现代高新技术建立地震灾害情报系统和灾害预测监控系统，创立城市防灾宣传教育长效机制，组织指挥避难等；

② 避难场所系统，是必不可少的要点，在紧急救援程序为灾民创造基本生活条件与简易医疗条件，其功能还可以延续到恢复重建过程中；

③ 人力物力资源储备，这是救援的基础与保障，其中的每一个要点都对救援特别是紧急救援阶段起极其重要的作用，而且储备的资源可以为各类灾害共享；

④ 各个要点形成有组织领导、有效、有序救援的综合能力，这些要点已经是重大地震灾害救援过程程序化的基本内容，缺一不可；

⑤ 城市用地的防震布局是防灾减灾救灾的重要举措；

⑥ 建设美好的城市环境是确保居民健康，防灾减灾必不可少的重要举措。

（2）可选要点

主要是灾种及其灾情的选择。可以根据城市灾害的历史、现状与中长期预报并参考我国各类灾害分布图，选择城市可能发生的灾害种类与灾情。我国地震断裂带的分布图如图 4-9 所示。位于地震断裂带上的城市发生地震灾害的几率高；我国东南部尤其是沿海地区容易发生洪涝灾害。此外，台风主要发生台湾省、海南省和东南沿海省份；暴雪是黑龙江、内蒙古自治区、新疆维吾尔自治区三省区北部部分城市的重要灾种之一。选择城市灾种时，必须充分考虑复合灾害，像台风伴随暴雨，暴雨引发洪涝、滑坡、泥石流；重大地震灾害伴生地质灾害、火灾、海啸、瘟疫。城市设防水准也是重要选择要点，设防过低不起防灾作用或防灾功能甚微；设防过高，必较多的增加人力物力投入和管理力度。应根据城市的历史灾情记载与中长期灾害预报等合理选择设防水准。

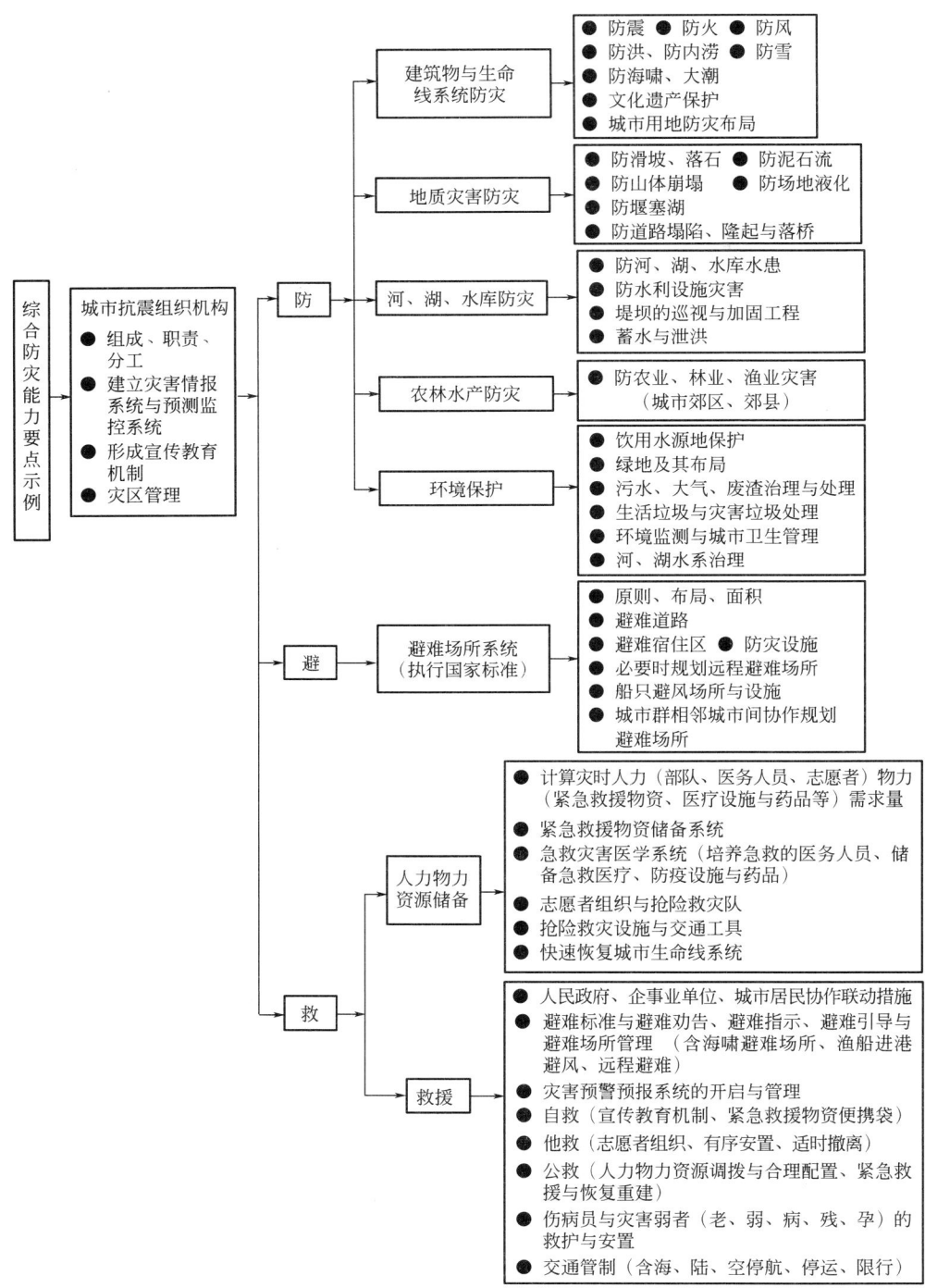

图4-8 城镇综合防灾能力要点示例图

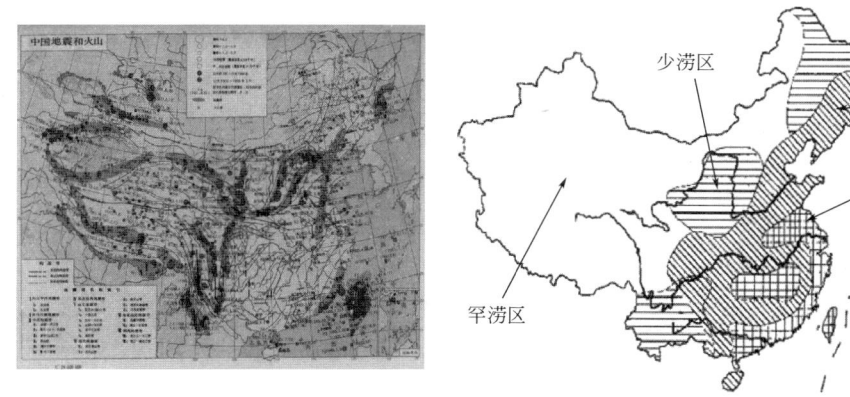

图 4-9　我国地震断裂带分布图与洪涝灾害地域分布图

　　基于重大地震灾害的基本特性，编研防灾规划的规划要素与规划要点，突出防灾减灾救灾的组织指挥性、有效性、有序性和针对性；明确指出防、避、救三要素及必备规划要点的不可或缺性以及合理选择可选要点的必要性；防灾规划的基本框架清晰，规划要素与规划要点完备；对编制防灾规划有启示与参考价值。

4.5　地震垃圾灾害论

　　唐山地震、汶川地震、日本阪神地震、东日本地震等重大地震灾害都发生了严重的垃圾灾害。地震垃圾灾害是地震复合灾害、地震环境灾害的重要组成部分，是地震灾害学的重要研究领域。

　　坚持"预防为主"的基本原则，树立震后救治向震前预防转换的新理念，城市建筑适度抗震设防可以大幅度减少地震垃圾，是消除地震垃圾灾害有效的预防措施。

4.5.1　地震垃圾的基本特性

　　（1）海量性

　　每次重大地震灾害，伴随大量建筑倒塌，都产生海量垃圾。部分重大地震灾害的垃圾量如表 4-6 所示。

重大地震灾害的垃圾数量　　　　　　　　　　　　　　　　表 4-6

地震名称	发生年份	震级	垃圾数量（t）	备注
唐山地震	1976	7.8	0.2×10^8	路南、路北区
汶川地震	2008	8.0	1.15×10^8	5 市 1 州
东日本地震	2010	9.0	0.22528×10^8	37 个市町村
阪神地震	1995	7.3	0.15×10^8	

显然，在统计的地域范围内，这 4 次地震产生的垃圾少则千万吨，多则上亿吨。量变引发质变，少量、零散的垃圾造成环境污染，而突发产生的海量垃圾则是产生垃圾灾害的根源。

（2）突发性

一座城市产生垃圾灾害可以归纳为积累型与突发型两种模式（如图 4-10 所示）。累积型是平时城市垃圾管理不善，随时间推移，垃圾量逐步积累，造成严重污染，产生恶劣后果。突发型是因突发重大地震灾害，在极短的时间内，伴随大量建筑倒塌和发生海啸等次生灾害，骤然产生海量的地震垃圾。地震垃圾的突发性与城市大量建筑倒塌的突发性密切相关。正是这种突发性，灾区特别是重灾区的民众突发性地跌入灾难深渊。

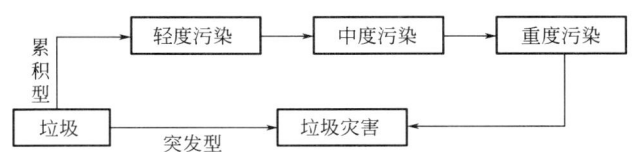

图 4-10　城市垃圾灾害的两种类型示意图

累积型的垃圾灾害，通过提高环境卫生管理水平，可以减弱甚至消除。而欲消除突发型的垃圾灾害，只能震前适度提高城市建筑的抗震设防水准。

（3）扩散性

地震垃圾具有向水面、地面、大气的扩散性。图 4-11（a）是向大气扩散的示例。潮湿、易分解、腐败的垃圾在适宜的温度下，冒白烟，散臭气。垃圾水面扩散，从一个地域漂浮到其他地域，如图 4-11（b）所示。地震垃圾向地面扩散，污染土壤以及周边环境，垃圾中的液体污染物渗入土壤，水溶性污染物不仅污染土壤，还随水流流入洼地、湖泊、河流和海洋，扩大污染范围。地震垃圾的扩散性有可能引发次生灾害。

（a）　　　　　　　　　　　　　　（b）

图 4-11　地震垃圾扩散示例图

（a）大气扩散；（b）水面扩散

（4）灾害性

突发的海量的地震垃圾给震后自救、他救、公救带来极大困难。堵塞道路，严重影响急救车、救援车辆通行，阻碍紧急救援；地震垃圾覆盖着大量易腐败物、污染物、易燃物，吸含着大量液体废弃物、排泄物，容易引发次生灾害；沿海、沿江、沿湖地域的地震垃圾污染水系；大量腐败性垃圾散发恶臭，污染大气环境，危害灾区民众健康；运输、处理海量垃圾，时间紧迫，任务繁重，难度大，可谓灾难性负担。

4.5.2　地震垃圾的类型

从减轻、消除地震垃圾灾害的视野看，地震垃圾可以划分为以下 6 类。

（1）腐败性垃圾

主要是动物尸体、腐肉、变质的水产品和蛋类等，在潮湿、闷热的环境下，容易腐烂变质，并通过扩散或动物传播成为瘟病发生源。唐山地震后，从地震废墟中清理出冷冻仓库废墟下已经腐烂变质的猪肉 2500t、羊肉 100t 和鱼虾蛋类 150t。2001 年印度古吉拉特邦地震，由于未及时掩埋遇难者尸体，腐尸遍野，又有大量老鼠、苍蝇为传播媒体，爆发瘟疫。

（2）可燃性垃圾

其来源于建筑倒塌产生的木材、塑料以及化工厂的易燃易爆产品与原料等。若遇火源，容易发生地震次生火灾。东日本地震可燃性垃圾引发大火的示例如图 4-12 所示。日本关东地震木质建筑与可燃性垃圾连烧 3 天，烧死 52187 万多人，其中一个被服厂烧死 3.8 万人。

图 4-12　可燃性垃圾引发大火示例图

（3）核辐射污染垃圾

东日本地震福岛核电站爆炸，发生严重的核泄漏事件。核电站附近的垃圾遭受核辐射污染。核辐射污染垃圾数量大，难处理，并给当地居民带来诸多烦恼、忧虑、担心。震后 5 年福岛县还有 4 万多人在县外避难。

（4）漂浮性垃圾

主要特征是能漂浮在水面，并随水流移动。构成物大多是木材、塑料等。沿海、沿江、沿湖城镇发生重大地震灾害，容易产生这类垃圾。东日本地震约 150 万 t 地震垃圾冲入太平洋，部分漂浮性垃圾顺着水流漂洋过海，到达加拿大、美国西海岸，污染海洋与所到地域。

（5）砖石混凝土垃圾

主要是混凝土、砖石瓦块、玻璃、沙土等。唐山地震、汶川地震等地震灾害的垃圾主要是建筑垃圾。通常，这是数量最大的一类垃圾。处理的基本路向是资源再生、废物利用。

（6）医疗垃圾

平时，医疗垃圾有严格的管理制度。但重大地震灾害发生后，医疗垃圾可能被埋压在建筑废墟下，如果不及时处理，有可能引发传染病或其他疾病。

上述 6 种垃圾中，必须优先处理腐败性垃圾、医疗垃圾以及核辐射污染垃圾。

4.5.3 震前预防

（1）建筑抗震设防

从震后救治向震前预防转变，是提升抵御重大地震灾害综合防范能力的重要对策。这种防灾减灾救灾的新理念，符合我国经济社会发展的基本国情以及"预防为主"的基本原则。近些年来，我国防灾城市的研究融入了这种新理念。

防灾城市的重要特征是城市建筑有适度的灾害设防水准，遭遇灾害设防水准下的重大灾害时，"有害无灾"，即使重大灾害超过城市的设防水准，也将明显减轻灾情，"大害小灾"。唐山地震重灾区的建筑基本倒塌，产生 0.2×10^8 t 垃圾，死亡 24 万余人，17 万多人重伤，根本原因在于大部分建筑没有抗震设防，部分建筑虽有设防，但水准过低（地震烈度Ⅵ度）。

2008 年汶川地震的烈度分布图如图 4-13 所示。如果震前灾区建筑按地震烈度Ⅷ设防，灾区地域面积大约减少九成，只有地震烈度 Ⅹ、Ⅺ 度的地域是灾区，而且灾区的灾情明显减轻。

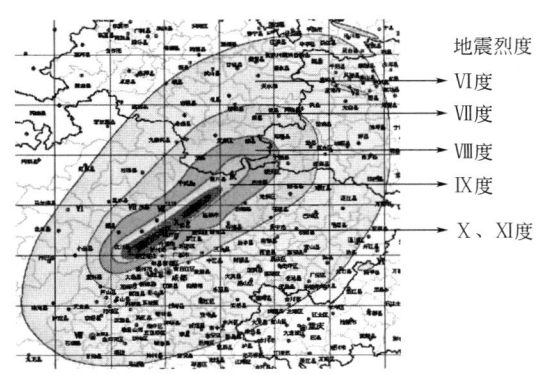

地震烈度
Ⅵ度
Ⅶ度
Ⅷ度
Ⅸ度
Ⅹ、Ⅺ度

图 4-13　汶川地震的烈度分布图

依据平均震害指数（表 4-7）分析，按Ⅷ度设防，设其平均震害指数与地震烈度Ⅵ度相当，并遵循平均震害指数。则地震烈度Ⅸ、Ⅹ、Ⅺ度的平均震害指数的均值分别为 0.08、0.11、0.13，相当于建筑无抗震设防与加固的条件下，遭受地震烈度Ⅵ、Ⅶ的地震灾害，建筑物只发生轻度破坏（局部破坏，开裂，小修或不需要修理可继续使用），不出现中等破坏（结构破坏，需要修复才能使用）、严重破坏（结构严重破坏，局部倒塌，修复困难），更不会出现大多数建筑倒塌与普遍倒塌。

由上述分析可知，建筑适度抗震设防，可以有效减少灾区的地域面积，明显减轻灾区灾情。由于抗震设防的建筑只发生轻度破坏，大幅度减少建筑倒塌与人员伤亡，地震垃圾量锐减，可有效消除地震垃圾灾害。

平均震害指数表 表 4-7

地震烈度	平均震害指数	倍比均值
Ⅵ	0-0.1	（均值.05）
Ⅶ	0.11-0.3	
Ⅷ	0.31-0.5	Ⅸ/Ⅷ＝1.53
Ⅸ	0.51-0.7	Ⅹ/Ⅸ＝1.34
Ⅹ	0.71-0.9	Ⅺ/Ⅹ＝1.20
Ⅺ	0.91-1.0	

还应当强调指出，对于核电站等重要设施，在决策抗震设防水准时，必须达到"零灾期望"（有害无灾）的要求，即能够抗御选址处可能发生的最大地震烈度的地震。避免东日本地震核电站爆炸的悲剧重演。

（2）室内家具类固定

重大地震灾害发生时，在地震力的强烈作用下，室内的家具类（家具、电器等）发生多种震害形态。地震时由于家具类移动、翻倒、撞击、落下，造成人员伤亡，并产生大量可燃性、漂浮性垃圾。

据对日本东京湾地震的推测，室内家具类翻倒、落下将致伤 54501 人，占受伤总人数的 34.2%，仅次于建筑倒塌。

如果用固定器件把家具类固定在地面、墙面，地震时，家具类不发生位移，不仅减少室内人员伤亡，即使建筑倒塌，家具类垃圾与建筑垃圾连接在一起，不产生漂浮性垃圾。

（3）"大震不倒，中震可修，小震不坏"的新认识

"大震不倒，中震可修，小震不坏"是城市建筑抗震设防的基本原则。这一原则不仅减少人员伤亡和经济损失，还可以大幅度降低垃圾数量和因地震垃圾产生的次生灾害。地震垃圾由海量变成少量、微量，发生地震垃圾灾害的几率骤减。

4.6 抗震救援指挥与组织机构模型

该模型如图 4-14 所示。

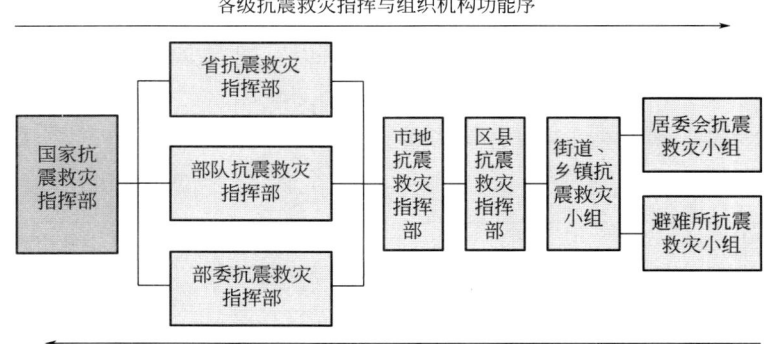

图 4-14 抗震救援指挥与组织机构模型图

　　抗震救援指挥机构包括国家抗震救援指挥部，省、部委和部队抗震救援指挥机构，地市与区县抗震指挥机构。抗震救援组织机构则为街道（乡镇）、居委会和避难所抗震救援小组。

　　各级抗震救援指挥与组织机构功能序从左向右依序给出了国家、省和各部委、部队以及市地、区县的抗震指挥机构，街道（乡镇）、居委会、避难场所的抗震救援组织机构。明确了各级抗震救援指挥与组织机构及其抗震减灾功能。国家抗震救援指挥部负责灾区灾情及其分布、救援资源需求与需求满足度等相关信息的收集、分析，根据灾区的实际救援需求，调动部队（海、陆、空、警察、消防）的救援人力资源快速进入、合理配置在灾区，履行部队支援灾区的救援任务；与省（市、自治区）和各部委抗震救援指挥部协调，从国家级、省级储备库调拨抗震救援物资并快速运往灾区，着眼于抗震救援大局合理配置救援资源；市地、区县抗震指挥机构依据当地灾情和上级抗震救援组织机构指挥，利用当地可能利用的抗震救援资源，指挥当地居民全面开展抗震救援工作。街道（乡镇）、居委会和避难所抗震救援小组，负责当地灾情调查并快速报告上级抗震救援机构，组织扒救地震废墟中的居民，协助医疗机构医治、转移重伤员，组织避难行动，收发各类救援物资，确保避难生活安全。各抗震救援小组在抗震救援第一线开展抗震救援活动，特别在自救与他救阶段起重要的组织与号召作用；执行上级指挥机构的抗震减灾指示与意图，积极参与公救活动，为支援灾区的部队、医务人员、工程技术人员和志愿者创造抗震救援环境。

与各级抗震救援指挥与组织机构功能序相反，灾情、救援资源需求与需求满足度的反馈序则从抗震救援的基层组织开始逐级传递给国家抗震救援指挥机构。上级抗震救援指挥机构指挥抗震救援的前提与基础是全面掌握灾情及其分布（包括街道、居委会和避难所抗震救援小组实地调查的信息）、灾区救援资源自给的满足度、国家和各省部委救援资源的现状与调动、调拨的可能性，交通运输条件等各方面的信息。灾情、救援资源需求与需求满足度的反馈序是各级抗震救援指挥部合理配置救援资源的重要信息渠道。

抗震救援指挥与组织机构模型明确了从国家到基层的各个抗震救援指挥与组织系统。多次重大地震灾害震后救援的实践表明，科学构建这个系统极为重要。像唐山地震、汶川地震那样的重大地震灾害，之所以取得抗震救援的全面胜利，取决于党中央、国务院与中央军委的英明决策与各级抗震救援机构的科学指挥与组织；取决于举全国之力、集全国军民的鼎力救援；取决于抗震精神。

各级抗震救援指挥机构和抗震减灾小组应为常设机构。根据综合防灾的理念，常设机构负责各种严重灾害的救援。

历史的教训值得注意。凡灾后抗震救援机构不健全，救援行动迟缓，救援资源匮乏或配置失衡，都给抗震救援带来不良后果。

4.7　救援物资资源需求与满足需求模型

救援资源需求是指地震灾区为紧急应对严重灾害，急需的救援人力资源和物资资源。地震灾区救援资源需求取决于地震灾害的严重程度和灾害的地域分布、有无次生灾害及其灾害种类与严重程度、建筑抗震设防水准以及居民的抗震救援意识与能力、救援物资资源的储备能力及其储备形式、震后的社会治安形势与对救援物资资源的保卫、保护与利用能力等。

救援资源需求与满足需求是灾区救援资源供需的两个方面。灾后救援资源需求是灾区完成救援任务必需的基本救援资源需求，满足需求才能确保完成应急救援程序抗震救援的各项任务—及时（尤其是"黄金 24 小时"或"黄金 72 小时"）扒救废墟中的群众，及时医治伤病员特别是重伤员，保障受灾居民的基本生活条件和生活环境，处理遇难者尸体，恢复城市生命线系统，为恢复重建奠定基础。重大地震灾害后，灾区特别是极震区，因人员伤亡、建筑倒塌与严重破坏、经济损失惨重，只利用灾区可利用的救援人力资源与物资资源难以满足救援的实际需求，全国军民必须适时支援、调拨适量的救援资源。

救援资源需求与满足需求模型如图 4-15 所示。该模型描述了救援资源供求的平衡关系。如果图中，A＋B＝C，供满足求，经合理配置，救援资源正好能应对紧急救援程序救援的需求，这是一种理想状态；如果 A＋B＜C，则供不应求，即使合理配置救援资源，也难以取得良好的救援效果，而若 A＋B≪C，很有可能延误救援，因救援物资资源严重不足，进一步发生次生灾害，华县地震之所以死亡 80 余万人，就是处于这种状态；如果 A＋B≫C，虽然供大于求，但有可能造成救援资源的浪费，也可能出现"供非所求"现象—供给的救援资源并非灾区救援所求。

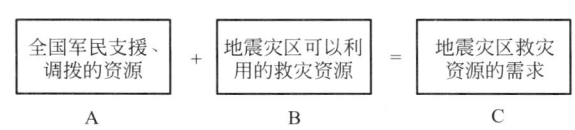

图 4-15　救援物资资源需求与满足需求模型

重大地震灾害发生后，极震区处于严重灾害状态下，各级抗震救援指挥机构和抗震救援组织必须为灾区居民提供必需的救援，坚持"以人为本"、"民生第一"、"有百分之一的希望就要做百分之百的努力"等原则，千方百计减少灾害损失，并为建设简易城市、灾后恢复重建与发展奠定基础。但严重灾害环境下，救援资源的支援、调动调拨、运输与配置并非易事，需要较多的人力资源、物资资源投入，且有时遇到道路中断或受严重次生灾害（山体滑坡、泥石流与落石等）的威胁，必须十分珍惜各类救援资源。

救援资源需求与满足需求模型图的重要贡献是明确了灾区救援资源的需求与满足度的关系。最理想的实际状态是满足度为 100％，即 A＋B＝C。不应当出现A＋B≪C 或者 A＋B≫C，即满足度远小于或远大于 100％ 的状态，救援资源供需失衡与严重失衡。A＋B≫C，供远大于求，这样的供需关系，不仅浪费大量救援资源，对灾区也是沉重的负担。相反，A＋B≪C 供远小于求，不能满足救援的实际需求。

4.8　地震烈度分布同心圆模型

4.8.1　依据

重大地震灾害发生后，配置应急救援资源的主要依据是灾区灾情的严重程度及其分布（通常用等烈度线描述）。地震烈度是地震时某一地区的地面和各类建筑物遭受到一次地震影响的强弱程度。一个地区的烈度，不仅与这次地震的释放能量（即震级）、震源深度、距离震中的远近、方向有关，还取决于地震波传播途径中的工程地质条件和建筑物的抗震特性。

《中国历史强震目录》（公元前 23 世纪～公元 1911 年）共收录的 1034 次地震灾害以及其后防水的地震灾害，有些绘制了地震烈度分布图。图 4-16 是其中

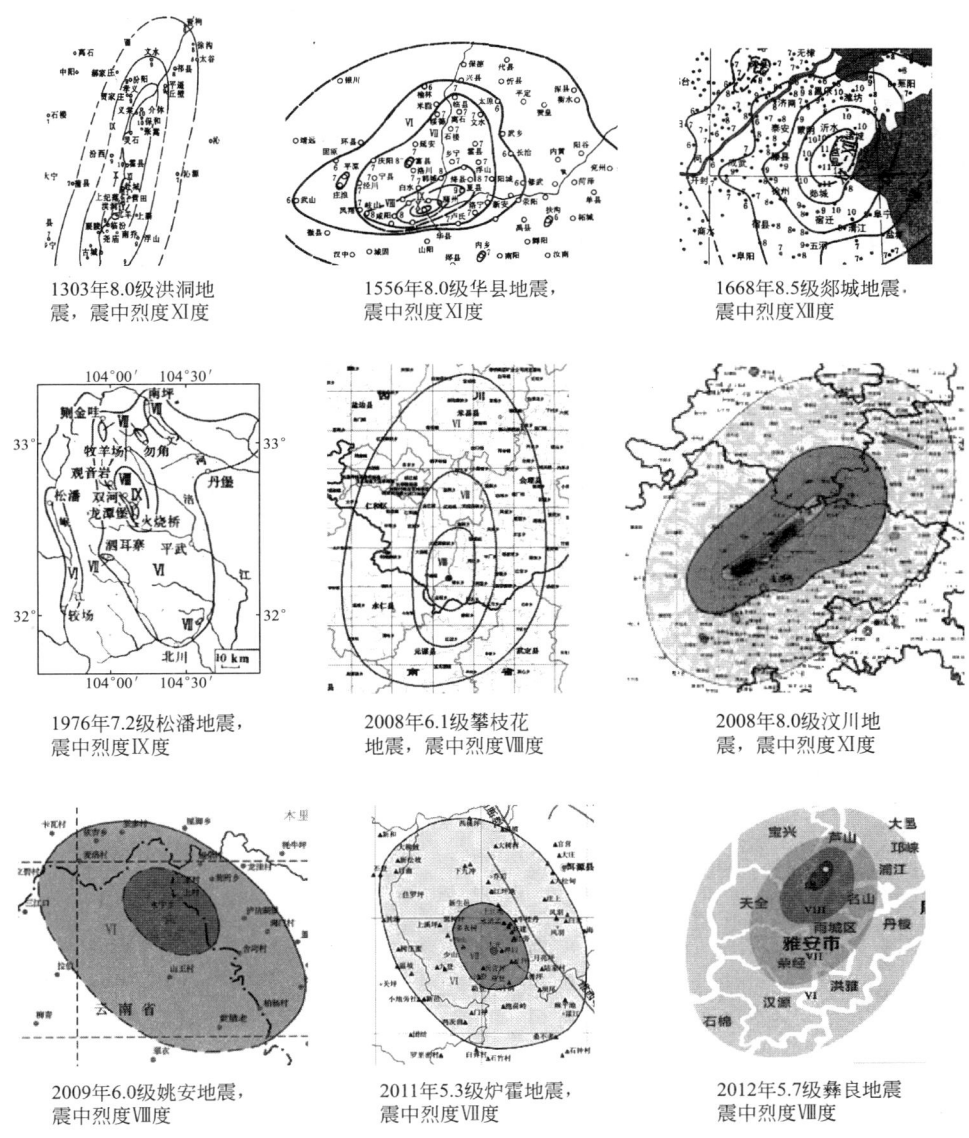

图 4-16　地震等烈度线与震中烈度

的 9 次地震灾害的等烈度线和震中烈度图。特别应当强调指出，国内外所有地震灾害的等烈度线分布，具有大致相同的规律。这是建立同心圆模型的基本依据。

由于国内外重大地震灾害的地震烈度分布图都符合同心圆模型，因此该模型具有普遍的理论意义与实用价值。而且可以预见，未来发生的任何一次重大地震灾害都可以适用于同心圆模型。

4.8.2 基本规律

从图 4-16 可以看出，我国不同年代、不同地区重大地震灾害的等烈度线遵循以下规律。

(1) 等烈度线大体呈三种形状

其一，大体呈同心圆分布，例如唐山地震、郯县地震、海源地震、邢台地震、攀枝花地震、姚安地震、洱源地震等；其二，基本呈同心椭圆分布，例如：汶川地震、平罗地震、洪洞地震、炉霍——道孚地震、理塘地震、彝良地震、芦山地震等；其三，大致是同心椭圆与同心圆的混合型分布，例如：华县地震，地震烈度高的地域大体呈同心椭圆，地震烈度较低的地域大体为同心圆。《中国历史强震目录》的 404 个图例中，凡是绘制的等烈度线均符合以上三种类型。这是提出救援资源配置同心圆模型的实践基础。特别是图 4-16 中 7 级以上地震，灾情严重，震亡人数多，需求的救援力度大，同心圆模型具有更高的指导作用。

(2) 地震等烈度线从大向小的分布严格遵守以下规律，即同心圆或同心椭圆的圆心（城市直下型地震一般为震中）附近最大，是重大地震灾害的极震区，然后向四周递减。即灾害严重程度极震区最大，是重灾区，随着地震烈度向外依次降低，逐步经过渡区过渡到轻灾区、非灾区。一次重大地震灾害，救援的重点是地震烈度 Ⅹ、Ⅺ、Ⅻ度的地域，其次是Ⅸ、Ⅷ、Ⅶ度地域。Ⅶ区的一部分地域应为轻灾区、Ⅵ度以下是非灾区。

(3) 大多数重大地震灾害的等烈度线都有断层方向效应，在断裂的方向上震害更严重、重灾区的区域更大，等烈度线呈同心椭圆分布或有呈现同心椭圆分布的倾向。例如：汶川地震呈同心椭圆分布，唐山地震在唐山断层（北东向）有椭圆长轴分布的倾向。

(4) 由于受震级、震源深度、地震断层的走向以及地震波传播过程中的地质条件、建筑抗震设防能力等多种因素综合影响，不同的地震灾害等烈度线的分布不同。但总体规律呈同心圆分布。

(5) 重大地震灾害重灾区的大致面积

据估算，郯城地震Ⅻ度地域的面积约 4000km²，Ⅺ度地域约 13000km²，Ⅹ度地域约 30000km²；华县地震Ⅺ～Ⅻ度地域约 100km²，Ⅹ度地域约 6000km²。重大地震灾害的重灾区地域面积较大，需求的救援资源较多，且不同的重大地震灾害，重灾区的面积相差较大。

4.8.3 示例

(1) 唐山地震

在唐山地震的等烈度图上绘制 4 个同心圆，最大的同心圆面积基本覆盖了重灾区和部分轻灾区（图 4-17）。位于震中的第一个小圆覆盖了 XI 度地域，其外的第二个同心圆与第一个同心圆之间的部分则基本覆盖了 X 度地域，第三个同心圆与第二个同心圆之间的部分、第四个同心圆与第三个同心圆之间的部分则覆盖了 IX、VIII 度的大部分地域。前 2 个同心圆覆盖的地域是应急救援资源配置的核心，其次是第 2 个～第 4 个同心圆覆盖的地域。这表明，利用同心圆模型可以判别地震灾区的灾情分布，为应急救援资源配置提供初步依据。如果在第四个同心圆之外再画两个同心椭圆，里面的一个基本覆盖了地震烈度 VII-XI 度的地域；而最外面的椭圆则覆盖了 VI-VII 度的地域。这表明，用 6 个同心圆（两个同心椭圆）可以把唐山地震灾区划分为地震烈度 X、XI 度的地域，IX、VIII、VII 度地域和 VI 度地域。比较清晰地划分出重灾区、过渡区、轻灾区和非灾区。

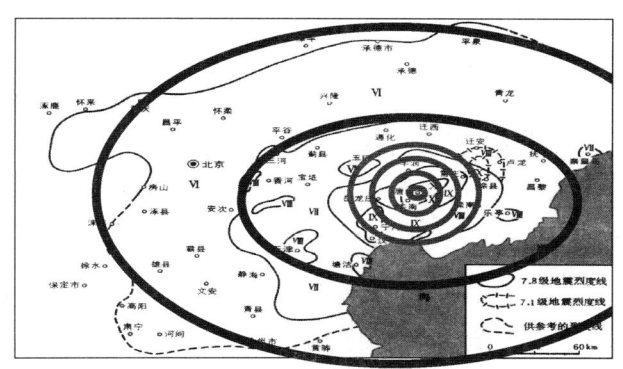

图 4-17　唐山地震等烈度线分布及同心圆示意图

（2）鲁甸地震

鲁甸地震后中国地震局工程力学研究所绘制了地震烈度分布图（见图 4-18）。等烈度线基本呈同心圆分布。第一个圆内是极震区，烈度 IX 度；第一个圆和第二

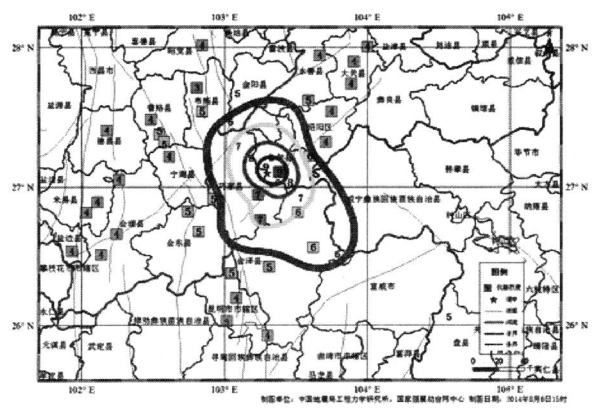

图 4-18　鲁甸地震烈度分布图

个圆之间部分为烈度Ⅷ度分布区；第三个圆与第二个圆之间部分烈度Ⅶ；第四个圆与第三个圆之间部分烈度Ⅵ度；再向外依次是Ⅴ、Ⅳ度区。能够清晰地划分出重灾区、轻灾区和非灾区。对应急救援有重要的定位、导向作用。图中，Ⅸ度区总面积约90km²，位于云南省鲁甸县龙头山镇、火德红镇和巧家县包谷垴乡，共3个乡镇；Ⅷ度区总面积约290km²，包括云南省鲁甸、巧家、会泽县的7个乡镇；Ⅶ度区总面积1580km²，覆盖鲁甸、巧家、会泽县的16个乡镇；Ⅵ度区总面积约8390km²，涉及云南、四川、贵州共10个县，其中云南省面积约6530km²。

4.8.4　模型的功能

综上所述，重大地震灾害应急救援资源配置同心圆模型是以地震烈度为灾害轻重程度的判据，判断地震灾害的地域分布规律。地震烈度以震中为圆心呈同心圆或同心椭圆分布。震中附近地震烈度最高，灾情最重，向外（远离震中）地震烈度递减，灾情逐步减轻。配置救援资源时，应以震中附近（高地震烈度地域）的地域为配置重点或核心。

严重灾害发生后，在已知震级、震源深度、震中和对灾区灾情初步勘察的情况下，利用地震烈度同心圆模型配置应急救援资源，符合救援资源配置地域上求准、时间上求快、供需上求平衡等特点。而且，利用同心圆模型配置应急救援资源，实践基础雄厚，可操作性强，时效性好。如果应急救援资源配置中发现有偏差，可以及时调整。

地震烈度同心圆模型对震后救援的最大贡献是揭示了重灾区、轻灾区、从重灾区过渡到轻灾区的过渡区、非灾区的基本分布规律；依据地震烈度分布图能够比较准确地判断应急救援的重点地域，为快速决策救援资源的合理配置提供依据；通过地震烈度分布图可以初步确定灾区与非灾区的地域界线，非灾区无需应急救援，轻灾区依据本地的资源有可能抗御灾害，即使需要救援资源的支持，也不是救援的重点，明确灾区不同地域的不同救援力度；一次重大地震灾害的地震烈度分布图可在震后较短时间内完成，对快速决策应急救援起重要作用。

4.9　理性认识对救援程序与救援程序化的实用价值

上述的紧急救援要素系统论、复合灾害理论、地震灾害急救医学、综合防范能力基本要素（防、避、救）理论、地震垃圾灾害论、抗震救援指挥与组织机构模型、救援物资资源需求与满足需求模型、地震烈度分布同心圆模型等理性认识，是本书作者在重大地震灾害社会学的实证研究中，总结、归纳、升华出的理性认识，对重大地震灾害救援程序与救援程序化有重要的实用价值（表4-8）。

理性认识的实用价值　　　　　　　　　　　　　　　　表 4-8

理性认识	实用价值
紧急救援要素系统论	构建完善的应急救援要素系统是有效实施地震灾害救援程序与救援程序化的重要保障。而且,应急救援要素系统中的各个要素都具有不容忽视的救援功能。缺少或削弱任何一个要素,都会影响甚至严重影响应救援效果
复合灾害理论	编制城镇救援规划,必须以复合灾害为基础,构建能够抗复合灾害的能力,灾后为灾民创造基本生活条件、医疗条件和防灾条件,完成救援任务。采取有效的防灾减灾措施,减少地震复合灾害、广义复合灾害的构成灾害种数,降低、消除各构成灾害的叠加性与叠加效应,提高城镇抗复合灾害的能力,是研究地震复合灾害减灾对策的基本原则
地震灾害急救医学	挽救濒危、重症患者,改善灾区医药卫生系统灾时的供需失衡状态,救护灾害弱者,杜绝瘟病蔓延
地震垃圾灾害论	指明重大地震灾害垃圾的特点、类别,消除、减轻地震灾害垃圾的关键是震前预防,城镇建筑有适度的抗震设防水准
抗震救援指挥与组织机构模型	抗震救援指挥与组织机构模型明确了从国家到基层的各个抗震救援指挥与组织系统。多次重大地震灾害震后救援的实践表明,科学构建这个系统极为重要。像唐山地震、汶川地震那样的重大地震灾害,所以取得抗震救援的全面胜利,取决于党中央、国务院与中央军委的英明决策与各级抗震救援机构的科学指挥与组织;取决于举全国之力、集全国军民的鼎力救援;取决于抗震精神
救援物资资源需求与满足需求模型	救援资源需求与满足需求是灾区救援资源供需的两个方面。灾后救援资源需求是灾区完成救援任务必需的基本救援资源需求,满足需求才能确保完成各救援程序的各项任务——及时扒救废墟中的群众,及时医治伤病员特别是重伤员,保障受灾居民的基本生活条件和生活环境,处理遇难者尸体,恢复城市生命线系统,为恢复重建奠定基础。重大地震灾害后,灾区特别是极震区,因人员伤亡、建筑倒塌与严重破坏,经济损失惨重,只利用灾区可利用的救援人力资源与物资资源难以满足救援的实际需求,全国军民必须适时支援、调拨适量的救援资源。救援资源需求与满足需求模型的重要贡献是明确了灾区救援资源的需求与满足度的关系。最理想的实际状态是满足度为 100%
地震烈度分布同心圆模型	揭示了重灾区、轻灾区、从重灾区过渡到轻灾区的过渡区、非灾区的基本分布规律;可比较准确地判断应急救援的重点地域,为快速决策救援资源的合理配置提供依据;通过该模型能够初步确定灾区与非灾区的地域界线,明确灾区不同地域的不同救援力度;一次重大地震灾害的地震烈度分布图可在震后较短时间内完成,对快速决策紧急救援起重要作用

　　上述理性认识的实用价值贯穿于重大地震灾害救援的各个程序,并为救援程序化提供理论依据。

　　应当强调指出,这些理性认识来源于唐山地震、汶川地震、芦山地震、台湾集集地震以及东日本地震、阪神地震、关东地震等多次重大地震灾害的实证研究，是重大地震灾害救援经验与教训的总结、综合、分析基础上的理性升华；普遍适用于按照救援程序救援的国内外重大地震灾害。

这些理性认识符合习近平主席"增强忧患意识、责任意识，坚持以防为主、防抗救相结合，坚持常态减灾和非常态救灾相统一，努力实现从注重灾后救助向注重灾前预防转变，从应对单一灾种向综合减灾转变，从减少灾害损失向减轻灾害风险转变，全面提升全社会抵御自然灾害的综合防范能力"的重要指示。

第 5 章　救援程序与程序化决策的相关问题

重大地震灾害救援程序化不仅需要基础理论的指导、基础知识的支撑、紧急救援程序与救援过程总体程序的综合与深化，还应当知晓救援程序的相关问题。特别是避难场所、灾害弱者、室内家具地震次生灾害及其防御对策、地震灾害情报的实用性及其提高途径、地震灾害死者死因分析与思考、救援物流瓶颈与对策、地震灾害艺术以及"零灾期望"等。这些相关问题贯穿于救援过程的各个程序，在救援程序化决策中起举足轻重的作用。救援程序相关问题的主要作用如表 5-1 所示。

救援程序部分相关问题的主要作用　　　　　　　　　　　　表 5-1

相关问题	应用的程序	主要作用
避难场所	预防、紧急救援、恢复	紧急救援要素系统的重要组成部分、储备救援资源的重要场所、综合防灾功能；储备灾时可快速利用的宿住空间、各种防灾设施和部分紧急救援物资；中心避难场所可以设置抗震救灾指挥机构,支援灾区的部队、医务人员、工程抢险技术人员和志愿者的宿营地,医疗队的临时医院、紧急救援物资资源储备与分发处以及用于较长时间避难的固定避难场所等;重大地震灾害发生后,随即开启避难场所系统,供避难者安全避难
灾害弱者	紧急救援、恢复、重建各个程序	灾害弱者具有情报弱势、行动弱势、灾害适应弱势等特征。在重大地震灾害中,死伤者多,在救援的各个阶段都需要救治、看护与生活需求保障;灾害弱者的避难行动与避难生活大多需要人员看护,应营造一定的助残条件、生活条件与环境,格外关心身体安全与健康状况;灾时供应必需的医疗设施与药品、生活与生理用品、助残工具、情报手段以及相应措施的具体化、类分化对于制定灾害弱者救援规划有重要意义
室内家具次生灾害	预防	震前,室内家具类(各种家具与电器),采取固定措施,防止重地震灾害引发的激烈摇晃使之快速移动、翻倒、落下,减少人员伤亡和经济损失
地震灾害情报	预防、紧急救援、恢复、重建各个程序	震前,规划建设地震灾害情报系统,灾时收集、传递灾害动因情报、受灾情报、危险程度与预警情报、行动指示情报、安危情报、生活情报、避难情报、救援物资情报、卫生防疫情报、恢复重建情报

相关问题	应用的程序	主要作用
救援物流瓶颈	预防、紧急救援、恢复	救援物流瓶颈是因地震灾害物流系统产生严重的局部障碍，不能正常运行，或处于中断状态。多途径储备救灾物资，提高储备仓库和道路设施的抗震设防水准，确保城市生命线系统畅通，开设航空物流
地震灾害死因分析	预防、紧急救援、恢复	采取有效措施减少人员伤亡
地震灾害艺术	紧急救援、恢复、重建	地震灾害艺术的地震灾害的重要组成部分。是传播地震灾害文化的重要手段与途径。摄影艺术、书画艺术、建筑艺术、纪念碑造型艺术等是重大地震灾害艺术的重要形式

5.1　避难场所

重大地震灾害往往造成房屋倒塌和严重破坏、生命线系统瘫痪、居民丧失基本的居住环境和居住条件，造成成千上万，甚至几十万、几百万、上千万人暂时或者较长时间内无家可归。为确保无家可归者安全避难，城镇必须坚持"以人为本"、"民生第一"和"预防为主"的防灾基本原则，完善防灾结构，提高防灾能力，规划建设城镇避难场所系统。所谓"系统"是发生重大地震灾害时，满足城镇居民安全避难需求，分布地域合理的各类避难场所的综合。

地震灾害的救援史表明，我国历史上的一些重大地震灾害之所以灾情惨重，灾后"露宿"，没有"栖身之所"是主要原因之一。近数十年来，我国重视城镇避难场所建设，确保灾民安全避难。特别是各城镇编制的避难场所发展规划，对城镇普及性地规划建设避难场所起重要推动作用。汶川地震70万套彩钢保温板过渡安置房的建设，大幅度提高了避难场所的防灾功能，并为今后城市避难场所的规划建设起示范性作用。

5.1.1　功能

我国在避难场所规划设计、防灾功能等领域取得了丰硕的研究成果。近些年来，本书作者深入研究了地震灾害避难场所的防灾功能，提出了一些新的见解。

地震灾害应急救援要素系统如图4-1所示。该系统是灾后紧急救援阶段重要救援要素的有机组合。每种要素都影响紧急救援进程与效果。通过各要素的综合作用，为灾区创造基本生活条件、医疗防疫条件和防灾条件。

避难场所是紧急救援衣、食、住、医的四要素之一。主要功能是为失去住宅的灾民提供宿住空间，作为避难生活的重要栖身之所。

避难场所具有居住和室内生活条件，防震、防风雨、御寒暑功能，可进行多种基本生活活动。唐山地震的主要避难场所是简易房，灾后共搭建 40 余万间，直到灾后 10 年恢复重建基本结束，简易房才逐步消失。

5.1.2　储备救援资源的重要场所

紧急救援资源的储备方式包括仓储、企业和商场储备（签订灾时供应合同）、家庭储备、城市群各城市间协作协调储备和避难场所储备等。

避难场所的储备功能特性鲜明，具有其他紧急救援要素不能或难以替代的作用。主要有三种功能，即储备灾时可快速利用的宿住空间、各种防灾设施和部分紧急救援物资。

凡规划建成的避难场所，无论是开放型（防灾公园、广场、体育场、空地等）还是封闭型（体育馆、各类建筑的室内空间等），都有满足避难需求的宿住面积（有效避难面积）。一旦发生重大地震灾害，在开放型避难场所的开放空间搭建帐篷、简易房等，在封闭型避难场所的封闭空间整理出宿住处，供灾民避难。

避难场所灾前配置各类防灾设施（指挥机构以及医疗、信息、食品与饮用水、照明、消防、环卫、洗浴、临时厕所、标识、直升机坪、停车场等），灾后快速启用，创造比较完备的防灾条件。可有效预防瘟疫等地震次生灾害，为安全避难奠定宿住基础。

各避难场所设小型储备库，储备灾时必需的紧急救援物资，根据需要随时开启，就近供应。这种储备方式符合紧急救援物资供应求快、求近、求实效的紧急救援基本原则。

5.1.3　综合防灾功能

中心避难场所（每个城市设一个或少数几个）具有相当完备的综合防灾功能。因其面积大（一般 50ha 以上），可以设置抗震救灾指挥机构，支援灾区的部队、医务人员、工程抢险技术人员和志愿者的宿营地，医疗队的临时医院、紧急救援物资资源储备与分发处以及用于较长时间避难的固定避难场所等。一个中心避难场所可容多种紧急救援要素，强化救援的指挥、协调与防灾能力。

5.1.4　类型演变

我国防灾避难所的历史沿革是露宿→"架木为棚，结草为屋"（窝棚）→简易房、帐篷→过渡安置房。各类避难场所及其防灾功能如表 5-2 所示。

避难场所类型与防灾功能

表 5-2

类型	主要特性与防灾功能	图例
露宿	是重大地震灾害发生后,灾民在室外露天或野外荒郊避难。是一种原始的危险的避难方式。对一次具体地震灾害而言,也是初始的避难方式。我国历史上多次重大地震灾害人员伤亡惨重,一个主要原因是"庇身无宇"长期露宿或逃荒。近些年,许多严重灾害后,由于城镇没有规划建设避难场所,一些无家可归者只能暂时露宿,或经住宅建筑安全鉴定后返回住宅,或搬入临时开辟的避难场所。灾后在紧急避难场所临时避难可采用露天方式。	 旧社会灾民露宿荒
窝棚	窝棚是灾时,用于临时避难的简陋小屋。用草、草帘、芦苇、苇席、木杆和遮蔽物等搭建。"架木为棚,结草为庐"是避难场所从露宿向住宿的初始转化。虽然结构简单,避难空间狭窄,避难环境、避难条件差,难耐次生灾害的侵袭,但材料易得,搭建容易,且防震,有初步的防风雨、避日晒和居住功能。用于作紧急避难所,有一定的防灾作用。相对于灾后露宿而言,窝棚是防灾避难场所的发展与进步,为灾民提供稍安全的避难空间。但窝棚只能在严重灾害后短期使用,取而代之的应当是简易房、帐篷等。	 旧社会的避难窝棚
简易房	简易房是简易的房屋建筑。和窝棚相比,具有更高一些的防灾功能,更宽裕一些的生活空间和更长一些的使用寿命。是我国一种重要的中长期防灾避难所。1966年邢台地震、1976年唐山地震等重大地震灾害后,普遍兴建大量简易房供灾民避难。唐山地震规划建设的简易房设门、窗、居室,有生活活动空间,可以生火取暖、做饭,防风雨,避日晒等。并有防震、防雨、防风、防火、防寒等功能。是救援与恢复重建阶段灾民的主要生活空间,恢复重建结束,灾民全部搬进正式住宅,简易房的避难功能结束。	 唐山地震成片的简易房
防灾帐篷	历史上西藏牧民过着游牧生活,不断迁徙,居无定所,为了御风避寒,创造了携带方便的住所—帐篷。邢台地震、海城地震和唐山地震时,国内生产帐篷的企业很少,只在抗震指挥机构、部队驻地和医疗机构搭建少量帐篷。地震灾害后较大规模搭建帐篷村,始于九江地震。九江地震发生后,仅瑞昌市就向灾民发放救灾帐篷10740顶。特别是四川汶川大地震,一个月运抵四川灾区的帐篷高达137.9万顶,数量之多,是我国地震灾害史上前所未有的。防灾帐篷可以灾前生产、储备,平时成捆存放;构造部件采用组装式,占用空间小,重量轻,便于运输;能够制成多种类型和规格,可用于多灾种或多目的的防灾。帐篷用于紧急避难所,不另用建筑材料,调运方便,组装快捷,具有窝棚和简易房的防灾功能。汶川地震、玉树地震建成多个帐篷村。	 汶川地震的一个帐篷村

续表

类型	主要特性与防灾功能	图例
过渡安置房	汶川大地震灾区兴建了百万套过渡安置房。其中彩钢过渡安置房经过建筑设计研究机构正式设计,材质具有良好的防灾和耐用性能,是值得推广的中长期避难所。根据国务院汶川地震抗震救灾总指挥部的决定,汶川灾区建 100 万套过渡安置房。要求每套过渡安置房的面积 15～20m²,材质选用轻钢结构或符合抗震和使用要求的其他材料,配置照明设施,使用期确保 3 年。平均每 50 套过渡安置房建一个集中供水点、一个公共卫生间、一个垃圾收集点。集中供水点设置遮雨棚,满足洗衣、洗漱、炊事需要。卫生间分设淋浴设施和厕所,并配化粪池和无障碍设施。平均每 1000 套安置过渡房建一所小学、一个医疗所、一个零售商店平均每 2000 套过渡安置房建一所中学。汶川大地震灾区的过渡安置房外窗的材质为塑钢。并且,进行用地内的总平面设计、建筑设计、结构设计、给排水设计、采暖通风设计、电气设计、消防设计、管理机构建筑设计和环境设计等。有合理的设计程序、完善的防灾设施和必需的生活设施以及教育设施、医疗设施、卫生设施等。在过渡安置房中,彩钢过渡安置房具有更高的防灾功能,更好的生活条件与环境,是未来中长期避难所的发展方向	 汶川地震过渡安置房

分析表 5-2 可知:

(1) 我国地震灾害避难场所类型的历史沿革主线是开放型

露宿、窝棚、简易房、帐篷和过渡安置房都是利用开放空间的避难场所。这表明我国城镇建筑的抗震设防水准普遍偏低,重大地震灾害后往往倒塌或严重破坏,丧失宿住功能,不能用作避难场所。汶川地震后,绵阳体育馆数万人避难,开创了我国封闭型避难场所收容大量灾民避难的先河。建筑抗震设防水准比较高的国家则较多利用体育馆、学校教室、办公室等作为避难场所。

(2) 从汶川地震开始规划建设的过渡安置房已经达到较高的防灾水准

可以和日本的轻钢骨结构预制件临时住宅(中长期避难所)相媲美。而经济欠发达国家的避难场所则多为窝棚和自行搭建的简易帐篷(图 5-1),处于避难场所发展的初期阶段。从重大地震灾害后避难场所的主体类型可以判断一个国家的防灾能力和社会经济发展状况。

(3) 一次重大地震灾害后,避难场所类型会逐步变化

例如:汶川地震是先露宿(室外或开放型紧急避难场所),再窝棚、简易房或帐篷,最后迁入过渡安置房;唐山地震则是露宿→窝棚或自建简易房→规划设计的简易房。这种变化显示出避难场所的防灾功能逐步提高、完善。

2010年海地地震 　　　2005年巴基斯坦南亚地震 　　　1923年日本关东地震

图5-1　部分国家地震灾害的避难场所（窝棚、帐篷）

（4）随着我国城镇建筑抗震设防水准的不断提高，封闭型避难场所必逐步增加，将有更多体育馆、学校教室、办公室等抗震设防水准高的建筑用作避难场所。

我国避难场所规划建设与利用管理经验丰富，历史教训深重。许多城镇已经编制避难场所防灾规划，并建成了部分避难场所。过渡安置房的防灾功能已经达到较高水准，但尚有部分城镇没有规划建设防灾避难场所；规划建设了避难场所的城镇，避难场所的数量、规模以及防灾设施的建设和物资储备还远不能满足重大灾害发生后的实际避难需求。城镇建设防灾功能完善的避难场所系统尚需时日。

5.1.5　山地城镇防灾避难场所的安全设计

我国约2/3的国土是山地。山地多发地震，20世纪50年代以来，我国大陆发生7级以上地震20次，山地地震占70％。山地地震主要发生在我国西部地区（四川、云南、西藏、甘肃等），像潘松地震、龙陵地震、汶川地震、玉树地震、盈江地震、彝良地震、九寨沟地震等。山地城镇经济发展相对滞后，建筑与公共设施抗震能力较低，又易于发生严重地质次生灾害，每次严重地震灾害都有可能造成大量房屋建筑倒塌或严重破坏，产生数以万计甚至千万计的无家可归者和有家难归者，必须有效地组织避难疏散，创造避难疏散的安全环境与基本生活条件，避难人群能够通过避难道路安全到达避难场所，并在避难场所安全渡过避难生活。目前，我国部分山地城镇正在或将要编制避难场所发展规划，并开始建设防灾避难场所。在这种态势下，探讨山地地震灾害避难场所安全设计的原则、要点与安全要素，对于优化设计方案，改善城镇防灾结构，提高居民避难生活的安全性，有重要导向作用。

1. 山地地震灾害的主要特点

山地地震灾害的特点有别于平原地震、近海地震，主要区别点在于容易引发严重次生地质灾害，堵塞交通，城镇防灾公共设施抗震能力脆弱等。

（1）复合型灾害

山地地震灾害是主震、余震、地质灾害型的复合灾害。主震是灾害的"元凶"，次生灾害加重、扩大、延伸主震灾害。例如：汶川地震沿龙门山断裂带形成长350km、宽50km的地表破裂带，触发了1万多处崩塌、滑坡、泥石流等地质灾害，由此造成约2万人死亡（占地震死亡人数的20％左右），仅北川县老县城就因山体滑坡导致1600多人死亡。次生地质灾害发生在主震以后，对震后居民避难疏散产生较大的威胁。因此，避难场所类型的选择，避难道路以及避难所的规划设计，防灾设施的设置都必须充分考虑次生地质灾害，避让次生地质灾害的威胁区（灾害发生点以及土石滑动、流动和石块滚落的区域）。躲避次生地质灾害是山地地震灾害城镇避难场所设计的一大特点与重要的安全保障。

（2）交通堵塞

山地城镇的对外交通大多依山傍水或沿山谷建设，主要交通设施是沿山脚修建的山间公路，且有的城镇只有一条外连公路，一旦被滑坡、泥石流和落石阻断，造成对外的交通瘫痪。汶川地震后多条山间公路因山体滑坡中断交通，严重影响紧急救援。彝良地震时，因山体滑坡、落石，给避难疏散与救援造成很大的困难。因此，山地城镇的避难方式宜采用本城镇就近避难，不能考虑远程避难（沿山间公路到较远的非灾害、轻灾区避难）。而且在本城镇就近避难的避难道路，也必须不受地震次生地质灾害的威胁。就近避难缩短避难行动的时程，是确保安全避难疏散的重要措施。

2. 城镇防灾公共设施抗震能力脆弱

有些既建山地城镇的建筑抗震设防水准低，公共设施防灾能力脆弱。重大地震灾害往往造成大量建筑倒塌或严重破坏，公共设施损坏。因此，为了确保避难疏散安全，各个避难场所必须依据其防灾功能，设计各种必备的防灾设施。固定避难场所的主要防灾设施及其功能如表5-3所示。

避难场所的防灾设施及其功能　　　　　　　　　　　表5-3

防灾设施	主要设施	功能
宿住设施	帐篷或帐篷村、简易房、过渡安置房等。	避难人员的宿住,避难生活的主要场所和活动空间
避难道路	城镇内外的公路与街道等	从避难起点到避难场所的道路、绿道、桥梁
供水设施	开水房、浴池、洗漱室、消防水站等	满足避难人员用水与消防用水需求
医疗机构	医院、诊所、医疗救助站等	收治、转运伤病员,卫生防疫等
应急厕所	水冲式与非水冲式、流动式、简易马桶等	排泄
救灾物资储备仓库	城镇及其辖区的储备仓库、避难场所储备仓库	储备灾时必需的生活用品、医疗用品、抢险机械等
直升机停机坪	直升机	运送重伤员、紧急物资和来灾区的人员等

注：此外还有避难指挥管理室、停车场、商店或超市、食品供应处、救灾物资储存与分发空间等。

所谓强化防灾设施，主要是指各种防灾设施必须齐全、配套，设施质量符合抗震要求，平时按照管理规程维护管理，灾时能及时启用，并快速形成综合防灾能力，满足安全避难需求。防灾设施的设计失误，必造成避难疏散的安全隐患。

3. 安全设计的基本原则

"以人为本"，保护居民生命和身体安全是设计城镇避难场所的基本宗旨。设计的各个环节、措施、理念都应充分体现这一基本宗旨，把确保避难疏散安全置于设计的首要地位。当其他设计要素与安全设计发生矛盾时，优先考虑安全设计。坚持"预防为主，防、抗、避、救相结合"的方针和因地制宜、经济适用、"平灾结合"、强化城镇防灾功能与防灾结构、方便避难疏散以及统筹规划设计等原则。综合、融合城镇灾害应急管理的应急行动理论、灾害情报理论、应急组织指挥理论、城市安全理论与生态环境理论等，构建城镇避难疏散管理的基本理论框架和实践指针。强调城镇避难场所设计的规范性，特别是新近编制的国家标准《城镇防灾避难场所设计规范》在设计中的主导作用，确保避难场所设计的规范性、安全性和可靠性。

4. 安全设计要点

（1）合理选用防灾避难场所类型

按空间类型可以分为开放空间避难场所和封闭空间避难场所。前者主要有公园绿地、城镇空地、广场、体育场和操场等，利用其中的开放空间搭建宿住场所，供避难人群度过避难生活。封闭空间避难场所则利用体育馆、学校教室等各类房屋建筑，避难者在既有的封闭空间内避难。根据我国多次山地地震的避难实践，大多选择开放空间避难场所。例如：玉树地震后在该县的赛马场搭建帐篷村，供6700户居民避难；汶川地震后避难疏散的灾民多达1500万，在山间空地搭建诸多帐篷村、过渡安置房，用作临时避难场所；云南彝良地震的避难场所主要利用县城内的人民广场和罗炳辉广场等。我国山地城镇的建筑抗震能力比较低，在强烈的地震作用下，容易倒塌或严重破坏。所以，在当前的情况下，一般不选用封闭空间避难场所。封闭空间用作避难场所的成功示例，是汶川地震时绵阳市的九洲体育馆收容了4万余人避难。

从目前山地城镇的避难场所资源分析，宜选择开放空间避难场所，特别是城镇公园、广场、空地等。主要优点是这些场所没有建筑倒塌等次生灾害的威胁，投资少，见效快，在较短的时间内即可形成基本的避难生活条件与安全避难环境。从长远的角度看，在城镇长期避难场所发展规划中，应逐步增加封闭空间避难场所的数量，特别是把中小学校教室、体育馆、医院等建设成能够抗拒当地最大地震灾害的避难场所。即使发生严重地震灾害，封闭空间避难场所的倒塌或严重破坏为"零"，灾后腾空内部，既可用作避难场所，且有较高的安全避难性能。展望未来，随着社会经济的蓬勃发展与城镇防灾能力的逐步提高，地震灾害建筑物的"零倒塌"、震灾损失的"零死亡"、城镇居民的"零避难"有可能成为现实。

（2）避让次生灾害威胁区

地震灾害的风险分析图如图 5-2 所示。在损失发生概率高、损失额比较大的风险领域，采取避让手段，可以化险为夷。对于山地地震次生的滑坡、泥石流等灾害而言，用工程技术的、经济的手段阻挡数以万吨甚至更大量的土石滑落体，不是不可能，就是难度极大。而采用避让手段，即，不在地质灾害威胁区设计、建设避难场所，就可以躲避灾害，避难场所始终处于安全状态。为避难人群创造安全的避难条件与环境。

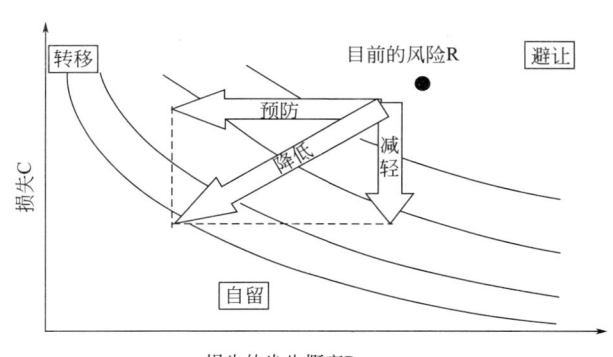

图 5-2　地震灾害的风险分析图

（3）防火设计

防火设计的示意见图 5-3。在避难场所周边可能发生火灾的部位设宽至少 30m 的防火隔离带。如果是防灾公园，在其周边栽植防火树林带。防火隔离带位于周边环境与避难场所之间，形成 A 区、B 区和 C 区的"三区"布局。由于 B 区的隔离，周边环境发生火灾时，火焰不能延烧到避难场所内部，也大幅度降低火焰热辐射对避难场所内避难人员的威胁。

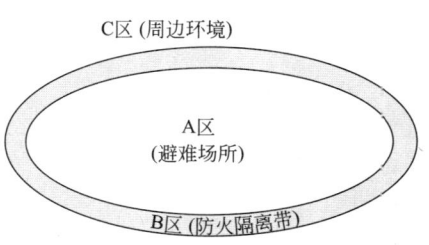

图 5-3　避难场所防火设计示意图

防火设计是安全设计的重要内容。有些地震灾害的次生火灾造成的损失相当严重，像日本关东大地震，死亡的 10 余万人中，5 成以上是次生火灾造成；我国海城地震，地震次生火灾烧死的人数超过主震震亡的人数。

（4）储备必备的救灾物资

山地地震容易发生次生地质灾害，堵塞交通，阻断救援道路，或对灾后救援行动构成严重威胁。因此，山地地震城镇避难疏散与紧急救援应立足于本城镇的抗震救灾能力。在设计的防灾设施中，救灾物资储备仓库显得格外重要。城镇有关部门应根据灾时的实际需求，分级（城镇级、辖区级、避难场所级）设置救灾物资储备仓库，并规定储备物品的种类、数量，制定管理制度。确保灾后紧急救援时期城镇居民的基本生活与医疗条件。也可以与大型超市、商场签订合同，灾后由商家紧急提供部分救援物资，特别是饮用水、食品、衣物、御寒物品、常用药物等。对灾后救灾物资紧缺及其影响因素应有充分的认识，例如：2011年东日本大地震时，震后一个月，交通堵塞地区的避难人员仍严重缺少食品与御寒物资。

（5）设置直升机停机坪

地震灾害发生后，直升机坪对于抢险救灾有重要意义。鉴于山地城镇对外交通多为山间公路，又容易发生次生地质灾害，灾后的重伤员外运，紧急抢险救灾物资的运输，有可能受阻。而直升机空运速度快，占地面积小，不受次生灾害的影响，符合灾后救援的紧急性与急迫性要求。唐山地震时，空运对灾后紧急救援起了重要作用。

5. 安全设计示例分析

近些年来，我国部分山地城镇编制了城镇总体建设发展规划和避难场所发展规划，其中图5-4是其中的一个示例。这是一个山城、江城，具有山地城镇的典型地形、地貌特点—依山傍水。对比这两个图，可以看出城镇避难场所的类型、分布地域与总体建设规划的关系。

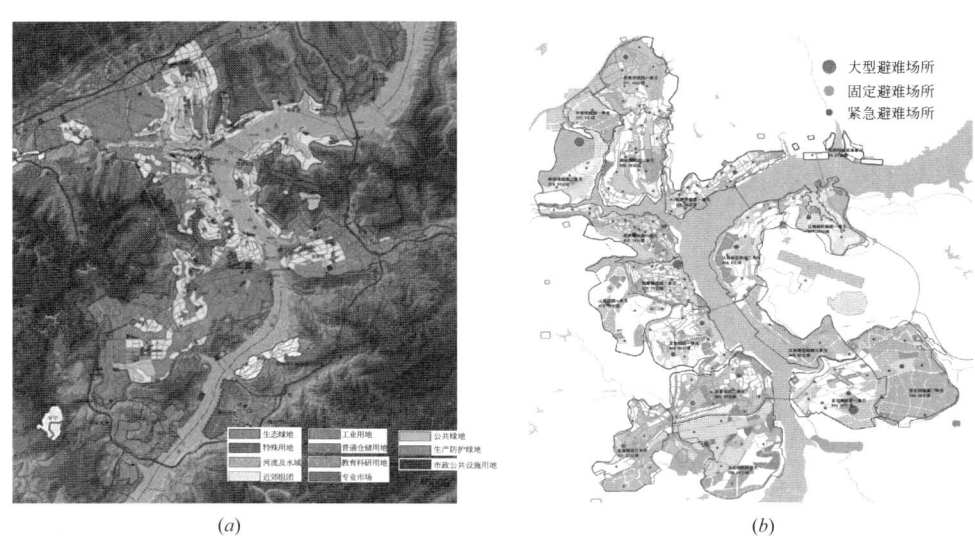

(a)　　　　　　　　　　　　　　(b)

图5-4　某山城总体建设规划（a）与避难场所规划图（b）

从设计要求的角度看，以下几个方面凸显出安全设计的理念。

（1）多类型设计

该山城规划了 18 个固定避难场所（其中有 3 个规模较大，可选择 1 个用作中心避难场所），121 个紧急避难场所。避难场所的结构体系由中心、固定和紧急三种类型避难场所组成。不同类型避难场所的防灾功能不同（表 5-4）。

不同类型避难场所的防灾功能　　　　　　　　　　　　　　　表 5-4

类型	防灾功能
中心	设置城镇抗震救灾指挥机构、伤病员医疗与转运中心、支援灾区的工程技术人员、医疗队等的宿营地、直升机停机坪、救灾物资储备仓库及分发场所等，且交通通达性好。
固定	设置各种防灾设施，收容避难人员较长时间（数月）避难，确保避难生活的基本条件与环境。
紧急	设置照明、用水、应急厕所等应急设施，是避难人员转移到固定避难场所的中转站。

中心避难场所是城镇抗震防灾的指挥、医疗和交通中心，救灾物资接收、调拨与分发中心，对抗震救灾与避难疏散的组织、指挥起核心作用。固定避难场所为居民较长时间避难提供安全保障—宿住与基本生活保障、医疗保障等。紧急避难场所是临时性的避难设施，灾后短时间内收容附近的避难人员，然后转移到固定避难场所。这样的结构体系，体现了以中心避难场所为救援核心，居民按照避难起点→紧急避难场所→固定避难场所的时序避难为基本规律，也是安全避难的经验总结与理性升华；这样的结构体系，符合避难场所设计的安全势理论与避难疏散过程理论，避难安全势由低向高发展，从避难场所类型上创造安全避难的条件与环境。

（2）多场地设计

对比图 5-4 的两个图，不难看出，避难场所主要选择在城镇公园、广场、体育场、学校。场地选择的多样性，有助于各类避难场所比较均衡地分布在市区，居民可以就近避难，缩短避难的时间与路程，减少避难途中发生次生灾害的几率，是确保避难安全的重要措施之一。

（3）交通安全设计

图 5-4 所示的山城有环城高速公路与市区连通。市区内 3 个规模较大的避难场所，各有 4 个以上的出入口，其他固定避难场所和紧急避难场所至少各有 2 个出入口，各出入口与街区道路连通。江上有 3 座公路桥，并有轮渡码头。距城区约 15km 有飞机场。形成城市内外以及避难场所内外畅通的交通网。为居民避难疏散，救援物资车辆与消防车通行创造了良好的交通条件。

（4）避让次生灾害设计

避难场所避让地震断层、地质灾害威胁地区、危险品生产工厂与储备仓库、场地严重液化地区、洪水泛滥地区、泄洪区以及高压线走廊等区域。临江的避难场所还应当考虑因地质灾害江河形成堰塞湖的可能性，一旦因此引发水位高涨，可能威胁避难场所的安全。

从安全设计的角度看，在避难场所发展规划图中，应标注出公安、消防与医疗机构的位置与分布。因为这些是确保避难安全的重要因素。

设计山地城镇避难场所必须遵循安全设计的基本原则，"以人为本"，为城镇居民支撑起灾时安全的保护伞。依据山地地震灾害的特点，特别是多发地质次生灾害，交通容易瘫痪，影响应急救援，制定安全设计要点。衡量一座山城避难场所系统设计安全性高低的主要依据是避难场所类型与场地类型选择，交通的安全设计以及避让次生灾害等。

5.1.6 城镇地震避难所的规划原则与要点

城镇地震避难所是居民为躲避地震灾害暂时栖身与救援部门集中救援的重要场所。按照避难的功能，避难所划分为紧急避难所和固定避难所。紧急避难所是指城市建筑物附近的小面积空地或公共设施，包括小公园、小花园、小广场、专业绿地以及抗震能力强的公共设施，其抗震减灾的主要功能是供邻近建筑物内的人群临时避难，也是居民家人在建筑物附近集合并转移到固定避难所的过渡性场所。固定避难所则为面积较大、人员容置较多的公园、广场、操场、体育场、停车场、寺庙、空地、绿化隔离地区等，震后一般都搭建临时建筑或帐篷，是供灾民较长时间避难和集中性救援。

1. 规划的重要意义

在我国的地震灾害史上，部分地震灾害有建避难所的记载。1830 年河北磁县地震后，临漳县"各于居旁隙地架木为棚，结草为庐，合家聚处。""搭席棚是时官民用席甚夥遭胥役往邻邑各处采买。署内外因公用席两万数千张。""署中房屋尽倒，集夫备除积土碎石，择隙地或倒房之墓搭席棚数十处，以为道府厅及大小委员办公栖息之用。"1679 年三河平谷地震，康熙皇帝离开宫殿住进帐篷。1730 年北京西北郊地震，雍正皇帝也移住宫殿外的帐篷。但大多数地震"人甚恐，多露宿"、"哮哭惊声日夜不绝，民皆露宿"、"兵民口食无资，栖身无所"、"人民流散"，"瘟痢随作"，"人俱死，无收瘗者"。

新中国成立以后，党和人民政府十分关心地震灾害的救援、恢复与重建。据调查，1966 年河北邢台地震后，搭建防震棚的人数占调查者的 83.6%；6.8 级和 7.2 级地震的地震烈度Ⅸ度区搭建防震棚者占总人口的 90% 以上。1976 年唐山大地震后，灾区群众就地取材，90% 以上的灾民在公园、操场、空地、建筑物废墟旁搭建防震棚。

但是，必须指出，由于避难所没有规划，给抗震救灾带来许多困难。唐山大地震时，北京数百万人，在没有疏散避难规划和避难场地比较紧张的情况下，离开住宅避难，避难秩序相当混乱。仅中山公园、天坛公园和陶然亭公园就涌入

17.4 万人。大街小巷搭满了防震棚，造成城市生产、生活、交通较长时间无序、治安、消防管理也十分困难，严重干扰了首都各项功能的正常运转。位于地震中心的唐山市区，95% 以上的房屋倒塌，几十万居民成为无家可归者，公园、操场、空地、道路、建筑物废墟旁处处都有防震棚。由于没有规划，不仅给抗震救灾管理带来很大的困难，也存在较大的次生灾害致灾潜势。例如：有些防震棚搭建在地震断层、岩溶塌陷区、采煤采空地之上或附近；有些防震棚被废墟包围，没有消防和救灾通道；有些防震棚没有防火隔离带等。还应当指出，由于没有规划，许多防震棚搭建在恢复重建的建筑用地上，给恢复、重建搬迁倒面等带来诸多的麻烦。

由上述分析可知，规划地震避难所对居民安全避难、震后有效救援以及恢复重建都有重要意义。

2. 规划的主要原则

（1）就近避难原则

所有避难人员应就近按规划确定的避难所避难。为方便就近避难，避难所应比较均匀地分布在城区。

（2）适用性原则

每位避难者的有效避难面积：紧急避难所应为 $1\sim2m^2$、固定避难所应在 $2m^2$ 以上；每个避难所的用地一般应大于 $10^3 m^2$，中型固定避难所应在 $10^4 m^2$ 以上，大型的则应大于 $5\times10^4 m^2$；紧急避难所的服务半径为 500m 左右，步行大约 10 分钟之内可以到达，固定避难所为 3000m 左右，步行大约 1 小时之内可以到达。

（3）安全性原则

避难所应当避开地震活断层、岩溶塌陷区、矿山采空区和场地容易发生液化的地区以及地震次生灾害源；优先选择在易于搭建临时建筑或帐篷，易于进行救灾活动的平坦、空旷、交通环境好的安全地域。而且为避难所创造良好的防火、治安、卫生、防疫条件。每个避难所都应当进行安全性评价。

（4）"平灾结合"原则

城镇地震避难所，平时用于教育、体育、文娱和其他生活、生产活动，平时由避难所的所有权人或者授权管理者管理，地震灾害发生后转换为避难所，地震主管部门应协同居民委员会、灾害物资储备库等为实现转换作必要的准备工作。

（5）步行原则

居民到避难所避难一般步行而至。因为重大地震灾害发生后，避难所用地比较紧张，内部一般不设停车场，较多的私人汽车进入避难所，将给避难所管理带来困难。而且地震灾害发生后，城市道路不同程度地遭受破坏，且道路上人多、车多，避难路线甚至城市道路一般都很拥堵，乘坐私人汽车避难有可能消耗更多的时间，冒更大的风险。

（6）有利于救援原则

地震避难所必须设救灾物资装卸、堆放与发放的空间，医务人员和警卫人员的工作与生活场所以及各类道路、防火隔离带与配套设施的用地。在规划避难用地时，应当为抗震救灾指挥机构、重伤员急救中心等重要部门以及支援灾区的部队、抢险救灾人员、医疗队等留出空地。在紧急避难所，还应当留有重伤员休息、医治以及地震遇难者暂时停尸的场所。

（7）家喻户晓原则

通过平时的宣传教育与避难演习，居民们掌握安全避难的方法、措施与注意事项，知晓在灾后混乱的情况下如何安全地离开住所，经过什么避难路线，到达哪个避难所避难以及应当遵守的与避难相关的法律法规和规章制度。居民应有安全避难的意识、演习实践以及遵纪守法的自觉性。

（8）灵活性原则

地震灾害具有突发性和与其他次生灾害的并发、连发性，震后的实际灾情与规划设定的灾情往往有较大的差异，震后有可能修正原来规划的避难方案，根据震后的具体灾情组织避难。

3. 规划的基本要点

（1）按照城市人口总体发展计划，确定不同年份（每隔 5 年）的城市居住人口总数。

（2）依据不同的地震烈度和建筑物的抗震性能，计算建筑毁坏率，推算不同年份震时伤亡人数、无家可归者人数。按照总有效避难面积，各类道路、防火隔离带以及其他用地的需求，计算避难所的总需求面积。

（3）按照避难所的规划原则，选择、确定可以作为避难所的各类学校（大学、中学、小学、幼儿园）、公共与专业绿地、操场与体育场、广场、空地和设施等。逐个列表给出避难所名称、面积、容纳的人数、所在位置、收容居民的地理范围。如果避难所的总面积少于总需求面积，应增加避难所数量。新建城市或建设新的住宅区必须规划满足要求的避难所用地。

（4）规划避难所避难路线，作为灾民从住宅到紧急避难所或从紧急避难所转移到固定避难所的道路。紧急避难所的避难路线宽度 5～12m 或更宽，固定避难所则应宽于 15m。在避难所内应设救灾通道，紧急避难所 8～15m 或更宽，固定避难所应宽于 15m。由于地震灾害发生后人流、车流密度都很大，为确保人员安全与交通畅通，避难路线与救灾通道不宜混用，而且在人流、车流高峰期实施交通管制，在避难路线与救灾通道交叉处设岗指挥交通。

（5）规划避难所防火安全带。紧急避难所防火安全带的宽度 10～15m，固定避难所应宽于 25m。大型避难所内应划分区块，区块之间亦应设防火隔离带。防火隔离带可以是空地、河流、耐火建筑以及绿化带等。如果避难所周围有木制建筑物群且风速较大，应当加宽防火隔离带。

（6）规划避难所标识牌的数量与位置。在各避难所附近道路的醒目处，设置各种类型的避难所标识牌，标明避难所名称、具体位置和前往的方向。也可以在标识牌上绘制出避难所内部的区划图。

（7）绘制城市避难所分布图。在城市规划图中，明确标出各避难所的具体位置、服务范围、疏散路线以及与邻近避难所的交通联系；抗震救灾指挥部、重伤员急救中心、抢险救灾物资库之间以及它们与飞机场、火车站、河海码头、汽车站的主要道路以及各个避难所标识牌的位置。

（8）规划各个避难所需求的情报通信设施、能源与照明设施、生活用水储备设施、临时厕所、垃圾存放与运输设施、储备仓库，是否需要设立直升机停机坪、停车场等。

（9）避难所物资与人员保障规划。依据地震地点、震级、灾害范围、地震伤亡人数、无家可归者人数、房屋倒塌与道路破坏状况等，计算救灾物资与救灾人员的最小需求量。

（10）在城市数据库系统中建立避难所数据库。在城市综合防灾管理系统中设避难所子系统，灾害发生后利用现代化手段组织、指挥灾民避难。必须确保灾后抗震救灾指挥中心与避难所、避难引导人员的通讯联系。

（11）制定避难所管理与使用的规章制度。确定重大地震灾害发生后避难所的功能转换办法，启用避难所的原则、时间以及启用的准备工作。避难人员应当听从抗震救灾指挥部的统一指挥和避难引导人员的引导，按照先后顺序和预先确定的人均有效面积进住避难所，严格遵守灾时的法律法规和各种规章制度，公安部门应加强灾后的治安管理，维护避难秩序。避难所管理人员应当对避难所的避难人员，逐人登记，掌握避难人员的数量、分布以及户籍数据。定期对避难所消毒，严防疫病发生。

（12）制订避难的宣传教育与避难演习规划，可以和城市防灾减灾教育与演习同时进行。使居民知晓应当去的规划确定的避难所、安全的避难路线以及避难所的主要功能和相关的规章制度。

（13）选择一个面积大、人员容置多、交通便利、通讯畅通、抗震救灾环境好的避难所作为中心避难所，由城市抗震救灾指挥部集中掌握使用，可以用作抗震救灾指挥中心、重伤员急救中心、外援人员休息地等。特别是抗震救灾指挥中心担负灾区抗震救灾的组织指挥工作，下设若干办事机构，需要较大的办公、生活与存放交通工具的场地；重伤员急救中心，往来车辆较多，一般会救治大量重伤员，应当设较宽的救灾道路、适用的停车场与医疗救护空间。在抗震救灾指挥中心、重伤员急救中心可以设直升机停机坪。依据唐山抗震救灾的经验，抗震救灾指挥中心可以设在飞机场。

（14）制订每个避难所的具体开放方案。包括收容人数与避难人员密度，服务范围与开放空间比例，避难栖身场所的布局，防火隔离带、消防、救灾道路的宽度与分布，救灾物资装卸、堆放、发放场所以及医疗人员、警卫人员工作与生活的场所，城市生命线系统以及配备设施的分布与满足率，流动厕所与垃圾堆放处以及受到严重火灾威胁时的撤退路线等。

（15）制定关闭避难所的办法。一般的地震灾害，随着震后时间的推移，避难所的人员会越来越少，应当适时减少避难所数量，经妥善安排，最终完全关闭避难所。对于住宅基本严重破坏的地震灾害，应在避难所的基础上，规划建设条件更好的简易房，逐步使灾民结束避难所的避难生活。

4. 避难场所的安全评价

安全性是选择避难场所的首要条件。应当对城市避难所逐个进行安全评价，主要内容包括地震地质环境评价、自然环境评价和人工环境评价。

（1）地震地质环境

避难场所应避开地震活断层、岩溶塌陷区、矿山采空区和场地容易发生液化的地区以及地震次生灾害源，远离地震滑坡区，不在未来的地震震中地带等。像唐山市采煤塌陷区面积大，有的地域现在仍在塌陷，避难场所应避开尚在塌陷的地域。

（2）自然环境

避难场所不会被地震次生水灾（决堤）淹没，不受海啸袭击；地势平坦、开阔；北方的避难所应避开风口、有防寒措施，南方的避难所应避开烂泥地、低洼地以及沟渠和水塘较多的地带。

（3）人工环境

避难场所必须远离易燃易爆物品生产工厂与仓库、高压输电线路、有可能震毁的建筑物；有较好的交通环境，有较高的生命线供应保证能力以及必需的配套设施，应考虑防火隔离带以及消防设施与消防通道是否符合避难所的要求，有无突发次生灾害的应急撤退路线，有无伤病人员及时治疗与转移的能力。避难场所内应禁放烟花爆竹。

5.1.7 城市防灾公园

1. 我国的城市防灾公园

防灾公园是重要的城镇防灾避难场所。我国许多城镇规划建设的避难场所，首选防灾公园，而且避难场所系统中大多是防灾公园。2003年我国建成了第一个防灾公园——北京市元大都城垣遗址公园。目前，我国各省、直辖市、自治区首府几乎都规划建设了防灾公园。图5-5、表5-5是部分省市区首府的防灾公园示例。

北京元大都城垣遗址公园

南宁市南湖公园

石家庄市水上公园

昆明市宝海公园

福州市温泉公园

图 5-5　部分省市区首府的防灾公园

部分省市区首府的防灾公园一览表　　　　　　　　表 5-5

省市区首府	防灾公园示例	省市区首府	防灾公园示例	省市区首府	防灾公园示例
北京市	元大都城垣遗址公园	上海市	大连路绿地	重庆市	花卉园
天津市	长虹公园	广州市	晓港公园	石家庄市	水上公园
南宁市	南湖公园	昆明市	宝海公园	兰州市	小西湖公园
成都市	塔子山公园	沈阳市	中山公园	太原市	迎泽公园
银川市	中山公园	西安市	长乐公园	南京市	南湖公园
长沙市	烈士陵园	合肥市	天鹅湖公园	呼和浩特市	满都海公园
哈尔滨市	平房公园	长春市	长春公园	武汉市	中山公园
南昌市	孺子亭公园	贵阳市	河滨公园	济南市	泉城公园
福州市	温泉公园	郑州市	人民公园		

2. 城市公园在抗震减灾中的重要地位

　　所谓防灾公园,是发生重大地震灾害并引发严重次生灾害时,为了保护民众的生命财产、强化大城市防灾结构而建设的,起广域防灾据点、避难场地和避难道路作用的城市公园、绿地。也就是说,防灾公园是防灾功能特别强的城市公园和工业区、居民区之间的减灾绿化带。

　　防灾公园不仅可以作紧急避难场所,各类防灾公园还能自成防灾系统,而且中心防灾公园又是抗震救灾的指挥中心、紧急救援中心、重伤员抢救与转运中心，在避难场所中起更重要的防灾减灾救灾作用。城市公园的防灾地位是在重大地震灾害发生时居民避难疏散的实践中逐步形成的，而且随着经验教训的积累，到20世纪90年代初提出了防灾公园的概念。

日本是地震灾害多发国，在历次重大地震灾害中城市公园都发挥了重要的避难疏散作用。1923年日本关东大地震，上野公园有50万左右的居民避难，芝公园大约有5万人，深川清住公园有5千人左右，这3个公园的避难人数约占当时东京市避难总人数的一半。1946年，日本南海地震，新宇佐町的6000名灾民于地震当日到附近的山林里避难。日本阪神大地震，31万多人在1100多个避难所避难，其中神户市有27个公园为居民紧急避难场所。日本对城市公园重要性的认识不断加深。1973年，在日本《城市绿地保全法》中把城市公园列入"防灾系统"；1986年制定了"紧急建设防灾绿地计划"，把城市公园确定为具有"避难地功能"的场所；1993年，在《城市公园法实施令》中首次把灾时用作避难场所和避难通道的城市公园称作防灾公园。日本规划建设防灾公园的一个突出的原因是多次重大地震灾害后都发生了严重的次生火灾，并造成惨重的人员伤亡。

我国城市发生地震时，城市公园是重要的紧急避难场所。1976年唐山大地震，位于地震中心的唐山市区，数万名居民在凤凰山公园、人民公园（现大钊公园）等公园绿地搭建窝棚或简易房作为固定避难场所，这些公园的部分地域还暂时用作地震遇难者的墓地（几个月后移至市郊的指定地点）。在这次地震中，北京市仅中山公园、天坛公园和陶然亭公园就涌入17.4万人避难。1999年我国台湾省集集地震时，丰原市、大里市和东势镇共有4.4万多人疏散在51个避难所避难，其中公园的避难面积占1/3左右，东势镇在公园绿地避难的人员占避难总人员的56.3%。

由于城市公园都有一定的减灾功能，而且面积比较大，有充足的绿地、水流和自由空间，与外界的交通条件也比较好，是震后居民紧急避难比较理想的场所。无论是1995年日本阪神地震，还是1999年我国台湾省集集地震，在各类紧急避难场所中，城市公园避难的人数仅少于各类学校，居第二位。应把城市公园改造成防灾公园或规划建设新的防灾公园，以大幅度增强城市的防灾减灾救灾功能。

3. 防灾公园的减灾功能

防灾公园的作用决定防灾公园的减灾功能。防灾公园的主要作用是发生地震等自然灾害或其他突发事件时用作紧急避难场所（包括固定避难场所、临时固定场所和避难道路等）、灾害对策据点（包括救灾指挥中心、医疗救护中心、通信设施及其管理中心、抢险救灾物资储备中心、运输车辆基地、综合减灾或避难疏散教育与演习场所以及救灾部队的营地等）和防灾、减灾、救灾（延迟或防止火灾蔓延、缓和或防止山崩等灾害）的场所。

为了发挥上述作用，必须赋予防灾公园如下减灾功能。

（1）避难以及确保避难人员基本生活条件功能

同其他紧急避难场所一样，防灾公园的第一功能是为居民提供避难场所，并确保避难人员的基本生活条件。防灾公园必须有一定规模的可供居民避难的绿地或自由空间，中心防灾公园的面积应 $>5 \times 10^4 m^2$，固定紧急避难防灾公园的面积应大于 $10^4 m^2$（最好在 $10 \times 10^4 m^2$ 以上）；防灾公园内必须能够搭建供避难人员栖身的窝棚、简易房、防震棚、帐篷村；有紧急提供被褥、衣物、食品、饮用水、生理用品和其他生活必需品的储备和供给能力；有备用的应急电源、供电网络、照明和供水设施；按规定设置一定数量的临时厕所；提供居民交流信息与晾晒衣物的空间等。

（2）防灾、减灾、救灾功能

紧急避难疏散是在灾害发生时把居民从灾害程度高的住宅、工作场所或其他场所紧急撤离，并安置到预定的更安全的避难场所。防灾公园必须避开地震活断层、岩溶塌陷区、矿山采空区和场地容易发生液化的地区，以及次生灾害源（特别是火灾、水灾、海啸、滑坡或山崩等）。防灾公园与周边环境之间设防火隔离带，各避难栖身场所之间设防火通道和消防通道；充分利用公园内的湖泊、水流、水池作消防水源，配置有可靠水源的消防栓。严格控制公园的火源，并在有可能发生火灾的场所配置满足需求的消防器材。公安部门必须努力营造震后的安全环境与条件。应当对防灾公园逐个进行地质环境评价、自然环境评价和人工环境评价，确保居民避难的绝对安全。关于避难场所的安全问题，有许多严重的教训应当吸取。例如：1923 年日本关东地震，死亡的十几万人中，有一半左右是在避难过程中死于火灾；1975 年我国海城地震，直接震亡 1300 人，而震后两个月内因防震棚发生火灾造成 424 人死亡，为直接震亡人数的 1/3。

（3）情报收集与传递功能

一旦发生严重的地震灾害，不仅造成人员伤亡与财产损失，而且产生大量无家可归者和企盼避难的人群，必须紧急组织避难疏散。但是欲合理地、准确地指挥避难疏散，抗震救灾指挥部门必须及时开启防灾公园的指挥系统和通信系统，尽快地掌握地震灾害的早期综合情报，做出避难疏散的决策和具体实施措施。为此，防灾公园系统必须建立以中心防灾公园为核心的抗震抗灾能力强的现代化灾害应急通信系统，确保防灾公园与临近各社区、单位之间，中心防灾公园与固定防灾公园之间，防灾公园与其他紧急避难所之间，避难疏散指挥人员与疏导人员之间的通信联络畅通无阻，有实时上情下达和下情反馈的通信能力。

为了及时掌握避难疏散的各种信息，可以像北京元大都城垣遗址公园那样，在防灾公园内安装监控装置。通常，防灾公园内设有广播设施，能及时地把有关避难疏散的情报传递给避难者。防灾公园内还应当为避难人员安装电话，以便与外界沟通安危信息，减少非灾区的亲属等盲目进入灾区。在网络环境下，充分利用信息网络收集与传递灾情情报，往往会收到事半功倍的效果。日本阪神大地震后，神户市外国语大学通过因特网向外地发布了地震和受灾情况的文字与图文信息，神户大学利用因特网传递留学生安危信息与灾情情报，都收到较好的社会效果。

（4）医疗、救护功能

重大地震灾害会造成不同程度的人员伤亡。1976 年唐山大地震震亡 24 万余人，重伤 17 万余人；1999 年我国台湾省集集地震死亡 2400 多人，受伤送医 10000 多人。因此，震灾发生后，及时抢救伤员特别是重伤员是一项十分紧迫的任务。震后应当在临时防灾公园设医疗点，固定防灾公园设医疗站，中心防灾公园设紧急医疗抢救中心。后者收治各医疗点、医疗站送来的危重伤员。

（5）运输基地功能

灾害发生后，将重伤员从受伤地点送往医院或转运外地治疗，救灾物资和居民生活必需品的紧急调运，抢险救灾部队和其他救援人员进入灾区或在灾区内实施救灾救援活动，政府要员到灾区视察，外国救援人员往来灾区或新闻记者到灾区采访，其他人员进出灾区等一般都需要乘坐各种交通工具。这些交通工具的重要活动地点是包括防灾公园在内的各类紧急避难场所。因此，具有救灾指挥中心功能的防灾公园应当设大型机动车停车场和直升机坪，固定紧急避难场所应设中小型机动车停车场，各类防灾公园和其他紧急避难场所之间及其内部必须有满足机动车辆通行的道路和出入口。

北京元大都城垣遗址公园有应急避难指挥中心、应急避难疏散区、应急供水装置、应急供电网、应急简易厕所、应急物资储备用房、应急直升机坪、应急消防设施、应急监控、应急广播等 10 种紧急避难功能，减灾功能基本齐全，具备了比较完整的防灾公园形象。

提高减灾功能是今后防灾公园研究与实践的重要课题。应当广泛应用高新科技成果，强化减灾功能。例如，在建立城市综合防灾数据库、城市综合防灾知识决策系统时，设防灾公园子系统；充分运用卫星通讯、飞机通信、有线与无线通信等多种通信手段构筑立体的现代通信网络；发挥因特网在收集、传递灾害情报中的作用；有效地使用太阳能作照明设施的能源等。我国应当在更多的城市建立更多的防灾公园和紧急避难场所，设立管理防灾公园系统的办事机构，加强日常与灾时的管理，使其发挥更大的防灾减灾作用。

4. 防灾公园的规划设计

城市防灾公园不仅具备一般城市公园的游憩设施，还依据城市防灾要求，设置功能比较齐全的防灾设施。一般城市公园赋予必备的防灾功能可以改造成防灾公园。

近些年来，随着城市综合防灾事业的发展，防灾公园呈现蓬勃发展态势。我国是规划建设防灾公园比较早的国家。2003 年北京市建成了我国第一个防灾公园—元大都城垣遗址公园，随后又有海淀公园等防灾公园问世。日本最早提出建设防灾公园的理念，已经建成兵库县三木防灾公园、大阪府久宝寺绿地、市川市大洲防灾公园和名古屋稻永公园等城市防灾公园。

"平灾结合"是规划设计防灾公园的基本原则。平时利用游憩设施供市民、游人观赏、休憩；灾时启用防灾设施，供市民避难。游憩设施和防灾设施的和谐与整合是防灾公园的重要设计思想，通过和谐设计使一个公园具有一般城市公园和防灾公园的双重功能。防灾公园是同时具有游憩功能和防灾功能的城市公园。

（1）避难所与公园广场、绿地的整合设计

防灾公园必须实现避难所与公园广场、绿地的和谐设计。平时是公园广场、绿地，灾时启动防灾设施，转化成避难所。公园广场、绿地的防灾功能划分、避难所的布局、灾时向防灾公园的转化程序是和谐设计的要点。

防灾公园的规模是影响避难所与公园广场、绿地和谐设计的重要因素。面积小于 0.1 公顷的防灾公园只能用作紧急避难所，其内不设避难空间设施；1 公顷以上的用作固定避难所，是居民避难的主要场所；大于 50 公顷的用作中心固定避难所，其内设直升机坪、抗震救灾指挥中心、医疗救治中心、救援部队营地与运输车辆基地等。

避难道路是避难场所的重要组成部分。必须和谐设计平灾共用满足防灾要求的避难道路、救援资源运输道路和消防道路，为平时游人活动和灾后救援、安全避难提供良好的交通环境。

公园广场不宜大面积用钢筋混凝土硬化，应当保持松软的地面或栽植较矮的花草，为搭设帐篷等避难空间设施提供方便。

（2）公园树木与防火树林带的整合设计

能够防止、减缓火灾延烧，减轻建筑物落物引发的灾害，对市民避难生活起辅助作用的植被称为防灾植被。规划防灾公园的防灾植被带时，需按照公园外围的拟生火源以及火灾发生后延烧的环境、气象条件等设定火灾规模，相应地规划防灾植被带的构成。防灾植被带一般设在公园四周，平时是绿地景观，公园外围发生火灾时起防火作用。

从公园外围火灾现场到避难疏散场所的地域，可以划分为火灾危险区、防火植被带和避难所（图 5-6）。通过防火植被带隔离火源与避难所，确保发生严重火灾后，不受或减轻火灾对避难所的威胁。

根据火灾规模设计防火植树带的树种、宽度与高度。宜选择火焰遮蔽率高、抗火性能强的树种构建防火树林带。防火植被带的植被也可以采用草坪等，但和防火树林带比较，应当适当提高植被带的宽度。

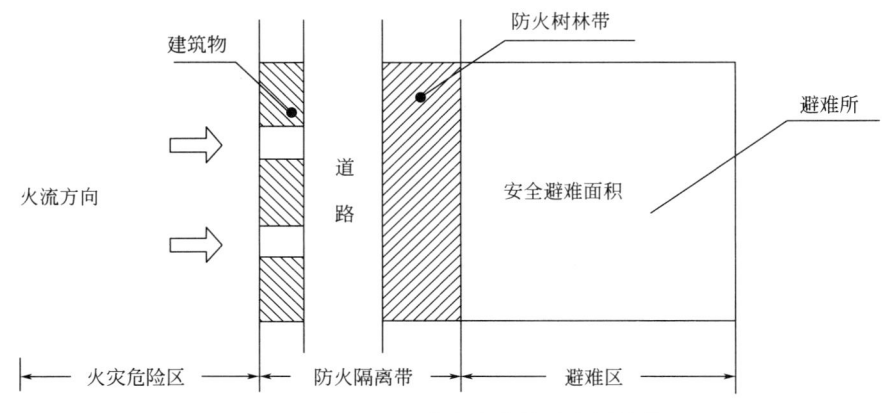

图 5-6 公园一侧发生火灾的防火树林带

设计防火树林带时，依据城市公园技术标准的关于景观施工设计与植被的相关规定，特别注意树种（应选择遮蔽率高的树木，常绿树、树叶肉质厚的植物大多防火能力高）、规格（树高、树冠等）、密度与配植（遮蔽率、景观、视野等）。植被密度、栽植方法与遮蔽率的关系如表 5-6 所示。

植被密度、栽植方法与遮蔽率   表 5-6

树木间距	排列方式	列数与遮蔽率（括号内的数据）		
		一列	二列	三列
0	正列	○○○ （73.5%）	○○○ ○○○ （89.2%）	○○○ ○○○ ○○○ （94.5%）
	错列		○○○ ○ ○ （94.5%）	○ ○ ○○○ （94.6%）
半个树身	正列	○○○ （47.8%）	○○○ ○○○ （67.6%）	○○○ ○○○ （78.4%）
	错列		○○○ ○ ○ （86.5%）	○ ○ ○○○ （95.6%）

续表

树木间距	排列方式	列数与遮蔽率(括号内的数据)		
		一列	二列	三列
一个树身	正列	○○○ (24.3%)	○○○ ○○○ (40.6%)	○○○ ○○○ ○○○ (48.7%)
	错列		○○○ ○○ (56.8%)	○○○ ○○ ○○○ (91.9%)

（3）水景设施与抗灾用水设施的整合设计

防灾公园的抗灾用水设施主要有抗震贮水槽、水井、洒水装置等。

抗震贮水槽贮备避难初期避难居民使用的饮用水、生活用水。灾时城市给水系统瘫痪时，启用抗灾贮水槽。和谐设计的一个重要思路是抗震贮水槽与平时的城市供水系统相通，成为系统的一个组成部分。灾时，关闭抗灾贮水槽出水口，槽内贮存的水量能够满足避难者的应急需求，即贮存避难者 3 天的饮用水。

公园的水井平时提供生活用水，灾时用作饮用水等。水池、水流平时是公园景观，并提供消防用水，生活用水，浇灌植被用水。灾时，用作消防用水、洒水装置用水。

灾时，电力系统可能暂时瘫痪，各类用水设施宜设置人工抽水泵，采用电动泵时，储备相应的电源。如果用水设施提供饮用水，视水质，确定是否安装灭菌、过滤装置。

（4）广播设施、通信设施、发电设施与照明设施的平灾整合设计

广播设施平时为休闲者和游人提供与游园有关的各种信息，灾时给避难者提供灾情情报。和谐设计是由平时广播线路和灾时广播线路组成的广播设施系统。在公园管理机构内安装麦克风，园路、公园进出口和灾时的避难疏散场所用地配置一定数量的扬声器。严重地震灾害发生时，启用灾时广播线路，为避难者提供避难行动与避难生活信息。

和谐设计通信系统时，应充分考虑严重地震灾害发生后平时通用的通信系统有可能遭受严重破坏而瘫痪。因此，在平灾结合的通信系统中宜设置包括卫星通信、航空通信等现代通信手段在内的灾时通信系统，确保灾时信息畅通。通信系统应当具有抗灾性能，并有备用电源。在信息网络环境下，应当充分发挥信息网络的抗震减灾功能。

平灾结合的公园电力系统，应积极采用太阳能、风能等自然能源发电，这是公园电力系统和谐设计的新理念。这样的系统不会因为城市供电系统瘫痪而中断公园电源和照明用电。避难所室内外的照明系统原则上部分或全部使用平时的照明系统，设置电源转换器，严重地震灾害发生后，把照明系统切换到灾时电源上。灾时照明重于平时照明。严重地震灾害发生后，如果没有照明设施，夜间避难者摸黑避难或在黑暗中渡过避难生活，必然带来诸多安全隐患，行动困难和避难者心理上的恐慌。手电筒是一种使用极为方便的电源，防灾公园宜储备一定数量的手电筒和对应型号的电池。

（5）公园仓库与抗灾减灾资源物资储备仓库的整合设计

抗灾减灾资源物资储备仓库可以设在防灾公园内，也可以设在城市灾害物资储备仓库及其分库或者大型商场的仓库等。储存灾时急需的食品、帐篷、衣物、药品、医疗设备以及发电设备与照明电源等。公园仓库可以适量储备一些平灾都能使用的物品，如锹镐、手推车等。

大型仓库宜采用钢筋混凝土结构，确保严重地震灾害时不倒塌，不发生严重破坏。夏天排风、降温、减湿。储备的物资，凡有保质期的，应适时进入商品流通和实用环节，确保各类物品灾时安全使用。

（6）公园入口形态与外围形态的整合设计

灾时，避难者通过公园出入口进入防灾公园避难，各种救援车辆通过出入口运送救援物资、重伤员。设计防灾公园时，应当设计防灾公园的避难人数与完成避难的时间，避难者顺畅入园的入口尺寸，公园入口车道数量等。而且，公园入口至少有一处可以进出残疾人轮椅，道路不能有过陡的斜坡，有条件的城市避难道路宜设盲道。入口护栏易于拆除，以便灾时扩宽入口通道，便于避难人流或车辆通行。

防灾公园的外围形态应当创造避难者顺畅进入公园内部避难的环境与条件。

公园附近的避难者希望从公园外围的任何部位进入公园避难，而且避难中遇到火灾等灾害时，有畅通的撤退出口。通常，公园的外围设有护栏、栏石、围墙，设计的形态应方便避难者出入。

（7）厕所的平灾整合设计

严重地震灾害往往造成给排水系统瘫痪，平时使用的水冲厕所不能使用。在这种情况下，应当为避难者开启临时厕所，并由专人管理。

有与平时厕所兼用型和临时设置型等多种类型。

依据公园的具体情况选择合适类型。确定大小便的处理方法。若下水系统有排水功能，大小便可直接排入下水系统。

日本阪神大地震时，神户市内的水冲厕所因供水中断不能使用，虽然建了临时厕所，但数量不足、卫生状况恶化、残疾人难以利用等弊端显露的十分深刻。

对灾时厕所的要求如图 5-7 所示。

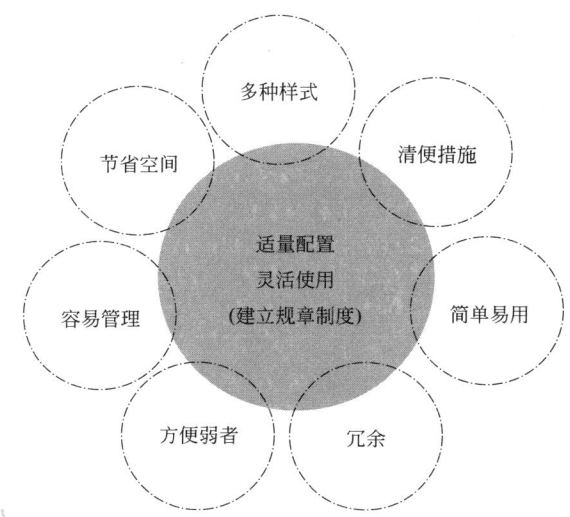

图 5-7 设置灾时厕所应考虑的主要因素

（8）管理机构的平灾整合设计

防灾公园平时由城市园林部门管理，灾时则由城市园林部门和城市综合防灾指挥机构双重管理。平时负责公园的管理事宜，灾时，按照综合防灾的要求，启用防灾设施，为灾民提供避难疏散场所，参与避难行动和避难生活的管理与运营。

防灾公园管理机构的建筑物宜采用抗震能力强、防火性能高的钢筋混凝土结构，形态上与公园景观相协调。管理机构昼夜有人值班，值班人员熟悉防灾公园的管理业务与启动程序。

目前，规划防灾公园已经是城市总体规划、城市综合防灾规划以及城市园林规划的重要内容。随着城市化和城市综合防灾事业的蓬勃发展，规划设计防灾公园的城市和各个城市的防灾公园数量将与日俱增。研究公园游憩设施与防灾设施平灾和谐设计恰逢其时，有重要的理论价值和实用意义。同一个公园，平时是一般城市公园，灾时是防灾公园，具有很高的防灾效益、安全效益、环境效益、经济效益和城市土地利用效益。

5.城市防灾公园的安全评价

城市公园是地震、水灾、海啸等严重灾害的重要避难场所。为确保居民避难安全，必须进行安全评价。

（1）防灾公园安全评价的必要性

避震疏散是临灾预报发布后或灾害发生时把居民从危险性大的住所或活动场

所紧急撤离并安置到预定的更安全的场所。避震疏散的主要目的是灾害发生后减少、消除居民的危险性，提高、确保居民的安全性。避难是受灾人群从不安全的场所向更安全的场所转移。因此，应当对防灾公园的安全性进行科学评价，得出满足避难疏散安全性要求的确切结论。如果防灾公园不具备更安全的条件，也就失去了到防灾公园避难的必要性。

影响防灾公园安全性的因素比较多。为确保防灾公园的安全性，必须充分研究安全保障体系、环境、防灾减灾设施与措施、防火性能与消防能力、避难人员基本生活保障、医疗与防疫条件、灾后救援活动功能以及避难疏散途中的安全等。由于防灾公园安全性影响因素的多元化、复杂化，不进行安全评价，单凭主观判断不可能得出准确的结论。

安全评价为进一步采取安全措施提供依据。避难疏散必须克服盲目性、不确定性、无序性、危险性，提高科学性、准确性、规划性、有序性、安全性。通过安全评价发现问题，健全安全措施，消除隐患。

历史的经验值得记取。1975 年我国海城地震，直接震亡 1300 人，而震后两个月内就因防震棚发生火灾造成 424 人死亡，接近直接震亡人数的 1/3。1923 年关东大地震，220 处大火连续燃烧 3 天，70% 的居民房屋烧失，地震中死亡的 14 万人中，50% 左右死于次生火灾。关东大地震大火的熄灭，除了消防灭火外，自然熄火也是主要原因。公园绿地起了延缓大火燃烧速度与防止燃烧的作用，60% 的大火自然熄火于广场、山崖和包括公园绿地在内的自由空间。因此，防灾公园必须进行安全评价。

（2）安全评价的主要内容

① 环境安全评价

已如前述，包括地质环境、自然环境和人工环境安全评价。

② 规模安全评价

规模决定防灾公园的类型与避难的安全性。总面积 50hm² 以上的中心防灾公园，内设救灾指挥机构、中心医疗机构、救灾部队的营地、直升机坪、大型汽车停车场和居民避难区等，即使公园四周发生严重火灾，位于公园中心避难区的避难人群依然安全。

固定防灾公园供避难者较长时间避难。若总面积 25hm²，公园两边发生严重火灾，避难者受到火灾威胁时，向无火灾的两边转移，避难人群有安全保障；若总面积 10hm²，公园一边发生严重火灾，避难者也有安全保障。

总面积 1hm² 以下的临时防灾公园主要用作避难者临时避难或作避难的道路，各个家庭或单位的避难者在临时防灾公园集合后向固定防灾公园或其他紧急避难所转移。与固定防灾公园、中心防灾公园比较，临时防灾公园的安全性低，不适宜作固定防灾公园。

公园规模也是影响避难者人均有效避难面积的重要因素。根据国内外地震避难实践，固定避难每位避难者的平均有效避难面积应在 $2m^2$ 以上，最少不能低于 $1m^2$。人均有效避难面积适宜，不仅给避难者提供更大的活动空间和良好的卫生防疫条件，也便于安全疏散和管理，特别是防灾公园突发次生灾害避难人群需要紧急撤离时有更高的安全性。

公园的规模决定公园的服务半径大小。临时防灾公园的服务半径 500m 左右，步行大约 10min 之内可以到达；固定防灾公园 3000m 左右，步行大约 1 小时之内可以到达。半径越大，避难者到达防灾公园的时间越长，避难途中的危险性越大。

③ 设施安全评价

防灾设施是防灾公园具有防灾功能的基础与保障，也是确保避难者安全避难最重要的条件之一。主要防灾设施有情报设施（灾时广播设备、通信设备和标识、情报设备）、水设施（抗灾贮水槽、灾时用水井、散水设备以及水池、水流等）、能源与照明设施（各种备用电源与太阳能照明设备）、防灾树林等植被、灾后用厕所、救灾物资储备仓库（内存确保居民基本生活条件的紧急救灾物资，例如灾后居民 3 天所需的饮用水，每天不能少于 3kg 等）以及公园内的道路与广场（包括直升机坪）等；应当充分开发普通公园设施（景观设施、休闲设施、运动场所、教育设施、管理设施、餐饮设施、停车场等）的防灾与救援功能。规划防灾设施应当考虑防灾减灾性能、美观与安全，有利于平时利用，方便残疾人与伤病员，充分利用太阳能发电和电器设备的备用手工启动，易于检修与管理等。

④ 道路安全评价

防灾公园的道路分为两种：一种是从居民住宅到临时防灾公园再到固定防灾公园的避难疏散道路；另一种是固定防灾公园或中心防灾公园内部的避难疏散道路、消防通道。临时防灾公园内外的避震疏散道路宽 8～12m 或更宽，固定防灾公园内外的避震疏散路线则应宽于 15m。按照城市消防要求规划建设消防通道，绘制各防灾公园以及各个避难疏散场所之间的避难疏散道路图；疏散道路两侧的建筑物倒塌后废墟不应覆盖避难道路，避难疏散道路两边应有防火措施。

城市街道应当成相互贯通的网络状，即使部分街道堵塞，也可以通过迂回线路到达目的地，不影响居民避震疏散和抢险救援工作的展开；街道狭窄的老城区在旧城改造时，应当增辟干道，拓宽路面，裁弯取直，打通丁字路，形成网络道路系统；由于地震灾害发生后人流、车流密度都很大，为确保人员安全与交通畅通，避难路线与救灾通道不宜混用，而且在人流、车流高峰期实施交通管制，在避震疏散道路与救灾通道交叉处设岗指挥交通；建筑物倒塌后废墟的高度按建筑物高度的 1/2 计算；避难疏散道路应当避开易燃建筑物和可能发生的火源。此外，还应当对安全指挥体系、应急保障体系和应急防范体系进行安全评价。

6. 构建防灾公园体系

中心防灾公园、固定防灾公园和临时防灾公园形成防灾系统，充分发挥各类公园的综合防灾功能，是安全避难的重要保证，也是防灾公园安全评价不容忽视的内容。

各类防灾公园在灾后不同的避难时序发挥不同的作用。灾害发生后，住宅中的居民或正在上班的职员从住宅或工作场所紧急到邻近的临时防灾公园避难，这些避难场所应具有防火的安全保障，并能提供急需的部分救灾物资，随后，集体或以家庭、单位为单元通过避难道路转移到固定防灾公园或中心防灾公园。防灾隔离绿地的主要防灾作用是地震次生火灾发生后，减少或消除灾害对避难人群的生命财产威胁。防灾公园的规模越大，容纳的避难者人数越多，人均有效避难面积越大，越有利于救灾物资集中性储备，救灾设施与设备的集中性配置，也有利于对避难者的集中性救援和避难者的安全生活。综合利用各类防灾公园的功能可以形成综合安全防灾体系或综合防灾安全链，最大限度地发挥防灾公园的防灾功能。

防灾公园的防灾系统具有以下特点：

① 充分发挥各类防灾公园的防灾作用

突出中心防灾公园在安全避难中的中心地位，确定了固定防灾公园的固定避难场地的功能，明确了临时防灾公园的主要用途是供避难者临时避难或作安全避难通道，这样的功能划分符合震后居民避难疏散的时序性、安全性，有利于有组织的、有序的避难疏散和集中性的救援。

② 分级配置、按需配置抗震救灾设施、设备与物资

防灾隔离带不设抗震救灾设施，只作避难者暂时停留的场所；临时防灾公园不仅设消防设施，还可以紧急供应居民急需的部分物品与饮用水；固定防灾公园则设消防设施、广播通信设施、储备仓库和抗震贮水槽等震后救援的设施与物资，为较长时间避难提供基本生活条件和安全保障。

③ 符合避难疏散的基本规律

严重地震灾害发生后，扒救埋压在废墟中的灾民和避难疏散是两项极其紧急的任务，通常是先扒救，再避难疏散，或者两者同时进行，如果是临震预报则只组织避难疏散。无论是哪种情况，居民必须在住宅附近的绿地或空地上集合，家人团聚或居民聚齐后，经由预先确定的安全避难道路，到固定避难场所避难。依序由临时防灾公园→固定防灾公园或中心防灾公园的转移过程符合避难疏散的基本规律，有较高的科学性、可行性和安全性。

④ 满足避难疏散的安全要求

防灾公园防灾系统的居民避难疏散过程是从数量多的临时防灾公园向数量少的固定防灾公园转移，避难圈和避难道路是预先确定的，又经过防灾减灾的教育

与演习，可以消除避难居民避难疏散的恐慌心理、不安全感。

7. 日本防灾公园的类型、作用与配置原则

（1）日本防灾公园的由来

日本是地震灾害多发国，有丰富的震后避难疏散经验。早在江户时代（1603～1867 年）地震灾害或火灾后就建设救援窝棚（御救小屋）救助灾民。

1923 年关东大地震，220 处大火连续燃烧 3 天，70％的居民房屋烧毁，地震中死亡的 14 万人中，50％左右死于次生火灾。关东大地震大火熄灭的主要原因一是消防灭火，二是自然熄火。公园绿地起了延缓燃烧速度与防止燃烧的作用，60％的大火熄火于广场、山崖和包括公园绿地在内的自由空间。震后在上野公园避难的有 50 万人左右，在芝公园和深川清住公园避难的各有 5 万人左右，仅这三个公园的避难人数就占东京市避难总人数的一半左右。在公园避难使许多人幸免于难。依据这次地震的深刻教训，日本一直把合理建设城市公园绿地作为抗震减灾的基本方针之一。

1947 年日本颁布了《灾害救助法》，在这个法令的第二十三条规定了包括"提供收容设施（含紧急临时住宅）"等救助内容。1956 年日本政府制定了《城市公园法》，开始用法律的手段管理公园。1973 年在《城市绿地保全法》中把城市公园列入"防灾系统"，进一步明确了公园的防灾机能。1986 年制定了"紧急建设防灾绿地计划"，把城市公园确定为具有"避难地功能"的场所。1972 年以后，日本实施了六个"建设城市公园规划"，力图加强城市的防灾结构，扩大城市公园的绿地面积，使之成为灾害发生后保护居民生命财产的安全避难地。1993 年在日本的《城市公园法实施令》中，把公园确定为"紧急救灾对策必需的设施"，并且首次把灾时用作避难场所和避难通道的城市公园称作防灾公园。

1995 年阪神大地震后，神户市的 1250 个大小公园在抗震救灾中发挥了重要作用，进一步提高了规划建设城市防灾公园的认识。1999 年出版了《防公园规划·设计指南》，2000 年又出版了《防公园技术便览》，全面论述了防灾公园的规划、设计与建设中的相关问题。而且开始在一些城市规划、设计、建设防灾公园。

（2）日本防灾公园的类型与作用

防灾公园的定义是："由于地震灾害引发市区发生火灾等次生灾害时，为了保护国民的生命财产、强化大城市地域等城市的防灾构造而建设的广域防灾据点、避难场地和避难道路作用的城市公园和缓冲绿地。"也就是说，防灾公园是防灾机能特别高的公园。依据其规模和机能可以划分为 6 种类型（如表 5-7 所示）。

一座城市应当合理配置各种类型的防灾公园。通常，配置一个具有广域防灾据点机能的防灾公园作为中心防灾公园，适量建设具有广域避难场地机能的防灾公园，合理布局、规划建设其他类型的防灾公园。

防灾公园的类型、作用与规模 表 5-7

序号	类型	作用	规模
1	具有广域防灾据点机能的城市公园	发生了大地震和次生火灾后，主要用作广域的恢复、重建活动据点的城市公园	面积 50ha 以上
2	具有广域避难场地机能的城市公园	发生了大地震和次生火灾后，用作广域避难场地的城市公园。而且，依据震害的状况、防灾设施的配置，有时也起广域防灾据点的作用	面积 10ha 以上
3	具有紧急避难场地机能的城市公园	大地震和火灾等灾害发生时，供作临时避难的城市公园	面积 1ha 以上
4	具有避难道路机能的城市公园	用作去广域避难场地或其他安全场所避难的绿道	宽 10m 以上
5	隔离石油联合企业等与其邻近一般市区的缓冲绿地	以防止灾害为主要目标的作为缓冲绿地的城市公园	
6	邻近的有防灾活动据点机能的城市公园	作为邻近防灾活动据点的城市公园	面积 500m² 以上

分析表 5-7 可知，防灾公园的主要作用是：

① 提供避难场所（临时避难场所、最终避难场所和避难道路）

临时避难场所包括紧急避难场所（灾害发生后，为了躲避余震以及建筑物、住宅倒塌及其落物造成的危害，居民紧急在附近的城市公园避难的场所）、临时集合场所或避难中转地（地震次生火灾发生并蔓延后，必须把居民集合起来，经安全的避难道路，转移到最终避难场所—具有广域避难场所机能的防灾公园或其他避难疏散场所）；最终避难场所，也称固定避难场所，是居民较长时间避难的场所，能够给避难者提供基本的生活条件和安全保障；避难道路为居民避难提供安全通道。

② 作抗震防灾的据点

震后开展救援活动和指挥恢复重建活动的据点，进行防灾演习与抗震减灾知识教育的场所。

③ 防止灾害，减轻灾害

减轻或防止火灾的发生与蔓延，减轻或防止易燃易爆物品发生爆炸造成的灾害，减轻或防止山崩等引发的灾害。此外，防灾公园还应当有助于消防、救灾、情报收集与传递、运输等活动的开展。还应当指出，防灾公园的机能与其规模大小有关，而且随震后的时序而变化，居民在防灾公园等避难场所的避难生活结束后，防灾公园转换成普通公园，防灾机能处于潜在状态。

（3）配置原则

① 综合防灾、统筹规划原则

除了防灾公园以外，广场、体育场、操场、停车场、学校、人防工程、避震避难据点、寺庙、自由空地等都可以选作避难场所。配置防灾公园应当着眼于各类避难场所的综合防灾、统筹规划。城市规划部门应当与抗震减灾指挥机构、市政、园林、教育、体育、文物等部门共同协商，悉心谋划各类城市地震避难场所及其合理分布，明确各个避难场所应当分担的任务，形成城市避难场所或防灾公园的防灾系统。确保各类避难场所的总面积和各种防灾减灾设施能够满足城市居民避难的需求。确定每个避难场所的名称、面积、可以容纳的人数、所在位置、收容居民的地理范围（避难圈）以及各个避难场所间的通讯与道路联系。制定普通公园改造成防灾公园以及新建防灾公园的规划。研究充分发挥各类防灾公园机能的措施，例如：在居民住宅区建设小花园、小公园、小广场和专业绿地等；在中心防灾公园设抗震救灾指挥中心、医疗抢救中心、重伤员外运中心、通信设施系统、救灾物资仓库、直升机场、救援部队的营地等。但防灾公园只是地震避难场所中的一种，只有充分发挥各类避难场所的防灾机能，才能取得更好的综合防灾效果。

② 与城市规划的整合原则

防灾公园配置应当符合城市总体规划和综合防灾规划的要求。防灾公园占地面积比较大，类型比较多，是附近居民的重要避难场所，通常又是抗震救灾指挥中心等的所在地，应当成为城市总体规划和综合防灾规划中不容忽视的内容。城市防灾公园必须规划建设，而且与城市总体规划和城市综合防灾规划整合。关东大地震时，由于震前没有避难场所的规划，面积 $626200m^2$ 的上野公园在震后慌乱无序的情况下，数小时内涌入灾民 50 万，人均占有面积只有 $1.25m^2$。"到午后 4 时左右，偌大的公园内已经无立锥之地。"给居民避难与避难安全管理带来极大的麻烦。唐山大地震时我国也发生过类似的现象，地震灾害发生后，北京数百万人，在没有避难疏散规划和避难场地比较紧张的情况下，离开住宅避难。仅中山公园、天坛公园和陶然亭公园就涌入 17.4 万人。大街小巷搭满了防震棚，造成城市生产、生活、交通较长时间无序，治安、消防管理也十分困难，严重干扰了首都各项功能的正常运转。因此，配置防灾公园必须明确各自的避难圈，引导居民按照预定的避难圈避难。防止有的避难场所人员爆满，形成避难的安全隐患；而有的避难场所人员较少，不能充分发挥避难场所的作用。

③ 普通公园改造成防灾公园

普通公园内一般都有面积较大的可利用的自由空间以及不同规模的树林带、草坪、水池、水流和其他可用于防灾减灾的设施。如果依据防灾减灾的实际需求，在普通公园的基础上附加必要的防灾减灾机能（增设防灾减灾设施、避难道路、防火隔离带、抢险救灾物资仓库等），可以改造成防灾减灾功能比较齐全的防灾公园。实施普通公园改造原则，不仅可以大幅度降低避难场所的用地，而且由于能够充分利用普通公园原有的防灾减灾功能，还可以明显减少建设投资。但新建城市或城市建筑向郊区大规模延伸，应当规划配置防灾公园或其他避难场所。

④ 配置的安全性

配置防灾公园，必须避开地震活断层、岩溶塌陷区、矿山采空区和场地容易发生液化的地区以及地震次生灾害源。园内应有易于搭建临时建筑或帐篷、易于进行避难与救援活动的平坦、空旷、交通条件好的安全地域。而且灾害发生后，应当为防灾公园创造必要的防火、治安、卫生、防疫条件。安全性是配置防灾公园的首要条件。应当对防灾公园逐个进行安全评价，确保居民避难的绝对安全性。

此外，还应坚持"平灾结合"原则，平时用作普通公园，供居民、旅游者休闲、观赏或开展体育、文娱活动，由防灾公园的所有权人或者授权管理者管理，地震灾害发生后启动公园的避难与救援机能，发挥防灾公园的作用。

5.2 灾害弱者

5.2.1 灾害弱者概况

具体地讲，灾害弱者主要是指"老、弱、病、残、孕"，不懂地震灾区通用语言的游人以及醉汉等也可视为灾害弱者。这些人不能或难以获取、传递灾害情报，在本人人身安全受到即将发生的重大地震灾害及其次生灾害威胁时，没有察觉能力或察觉困难，即使有察觉也不能或难以采取适当的避难措施。灾害弱者是抗御灾害的弱势群体（接收、传递、理解、处理灾害情报的弱势，躲避灾害、避难、自力生活的行动弱势，重灾环境、避难条件的适应弱势），在制定城市防灾规划，决策防灾措施时，应特别予以关注。

有的国家把灾害弱者划分为两部分。一部分是避难行动需求特别援助者，这些人在灾害发生后或面临灾害威胁时难以自行避难，必须施以援助才能快速、成功避难；另一部分是需要考虑援助者。从援助的力度看，前者强于后者。主要包括鳏寡孤独、卧床不起、痴呆以及留守的老人，残疾人（盲人、聋哑人、肢体残疾、智力残疾、神经病患者等），重病患者、平时需要人工透析者、吸氧者等，乳幼儿（特别是低年级的儿童），孕产妇，灾时受伤者，不懂灾区语言且不熟悉当地生活习惯者，不熟悉灾区地理的旅游者以及流动人口，灾害发生时的醉汉等。

残疾人是灾害弱者的主要组成部分。《中华人民共和国残疾人保障法》规定："残疾人是指在心理、生理、人体结构上，某种组织、功能丧失或者不正常，全部或者部分丧失以正常方式从事某种活动能力的人。残疾人包括视力残疾、听力残疾、言语残疾、肢体残疾、智力残疾、精神残疾、多重残疾和其他残疾的人。""残疾人在政治、经济、文化、社会和家庭生活等方面享有同其他公民平等的权利。残疾人的公民权利和人格尊严受法律保护。"

灾害弱者具有世界性，即无论哪个国家或地区，都有抗御灾害的弱势群体。一些国家 65 岁以上老年人占全国人口的比例及其随时间推移如表 5-8 所示。

一些国家 65 岁以上老年人占全国人口的比例变化表　　表 5-8

国家名称	美国	德国	瑞士	日本	比例（%）
年份	1945	1930	1890	1970	7
	1975	1955	1950	1985	10
	2010	1975	1975	1995	14
	2015	2015	2015	2015	20

分析该表可知，到 2015 年表中 4 国 65 岁以上老人占全国人口的比例达到 20% 左右，即全国约 1/5 人口是 65 岁以上的老年人。1995 年日本的老年人已占总人口的 14%，而德国、瑞士达到这种状态的时间更早（1975 年）。

全世界每年大约出生 790 万残疾儿童，占出生总数的 6%。2006 年日本在宅的身体残疾人为 3483000 人。

我国是灾害弱者人数较多的国家。2012 年中国残联向各地残联下发《关于使用 2010 年末全国残疾人总数及各类、不同残疾等级人数的通知》。根据我国第六次全国人口普查和第二次全国残疾人抽样调查，我国残疾人占全国总人口的比例和各类残疾人占残疾人总人数的比例，推算出我国残疾人总人数及各类、不同等级的残疾人数。2010 年末全国残疾人总数为 8502 万人，其中视力残疾 1263 万人，听力残疾 2054 万人，言语残疾 130 万人，肢体残疾 2472 万人，智力残疾 568 万人，精神残疾 629 万人，多重残疾 1386 万人；重度残疾 2518 万人，中度和轻度残疾人 5984 万人。2014 年末我国残疾人增加到 8700 万。2009 年我国已经进入老年社会，2011 年 60 岁以上的老人 1.78 亿（占我国总人口的 13.3%，下同），需要长期看护的 70 岁以上老人 3250 万（占 2.4%）。2016 年我国 65 岁及其以上的老年人口 1.883 亿。

2016 年我国出生人口 1786 万人，2015 年 0～5 岁的儿童 8397 万人，0～15 岁的儿童约 2.42 亿，城市儿童接近 4000 万。以此推算，仅老年人和儿童就占我国总人口的 1/3。因此，重大地震灾害救援过程中，灾害弱者是不容忽视的弱势人群。

实践表明，和一般居民比较，灾害弱者的抗灾、避灾、防病能力都更脆弱。

据对东日本地震重灾区（岩手、宫城、福岛3县27个町村）的实际调查，人口死亡率（死亡人数占总人口的百分比）为1.03%，而残疾人则为2.06%，后者是前者的2倍；其中，宫城县分别为0.8%和3.5%，后者是前者的4.4倍；汝川町残疾人死亡率高达15%。这说明，在相同的重大地震灾害下，残疾人的死亡率明显高于普通市民。据日本《朝日新闻》东日本地震后1个月（2011年4月9日）调查，岩手、宫城、福岛3县死亡的9362人中，65岁以上的耄耋老人5132人，占54.8%。

有些老年人因地震灾害避难生活孤苦，过于劳累，加之地震灾害应激反应，避难过程中容易孤独死。阪神地震后，从2000年到2009年每年都有几十名老人孤独死，10年间死亡866人（男575人，女291人）。东日本地震3周年时，地震灾害关联死3076人，其中福岛县1691人、宫城县889人，岩手县441人，关联死者基本上是老年人。

在居住老年人比较多的设施中，老年人死亡人数多（表5-9）。显然，养老院、老人保健所等场所，老年人死亡的人数多。

东日本地震重灾区老年人住所死亡人数统计表　　　　　表5-9

县名	有人死亡的设施数	设施内老年人死亡(含失踪)人数				
		养老院	老人保健所	护理所	集体住宅	合计
岩手	8	63	74	0	0	137
宫城	47	205	59	22	37	323
福岛	4	0	33	0	3	36
合计	59	258	166	22	40	496

还应当指出，随着人口增加，各类灾害频发以及残疾人鉴定的日益普及，残疾人人数有逐年增加的趋势。2005年各国大约有6亿人被确定为某种形式的残疾人，到2011年增加到10亿左右。2010年至2050年我国老年残疾人人口的增长趋势如表5-10所示。40年间，60岁及其以上老人从1.73亿增加到4.3亿，后者是前者的2.49倍；60岁以上残疾人人口从4157万增加到10333万，增长6176万。

2010年至2050年我国老年残疾人增长趋势　　　　　表5-10

年份	≥60岁总人口(亿)	≥60岁残疾人口(万)		≥65岁残疾人口(万)		≥80岁残疾人口(万)	
2010	1.73	4157	(3.1)	3320	(2.4)	1044	(0.8)
2015	2.13	5118	(3.6)	3926	(2.8)	1243	(0.9)
2020	2.43	5839	(4.1)	4937	(3.4)	1392	(1.0)

续表

年份	≥60 岁总人口（亿）	≥60 岁残疾人口（万）		≥65 岁残疾人口（万）		≥80 岁残疾人口（万）	
2025	2.91	6993	(4.8)	5630	(3.9)	1541	(1.1)
2030	3.48	8362	(5.8)	6813	(4.7)	1938	(1.3)
2035	3.87	9300	(6.5)	8170	(5.7)	2634	(1.8)
2040	3.98	9564	(6.7)	9065	(6.3)	2932	(2.1)
2045	4.08	9804	(7.0)	9123	(6.5)	3724	(2.6)
2050	4.30	10333	(7.5)	9181	(6.7)	4473	(3.3)

注：括号内的数字是占总人口的百分比。

重大地震灾害是残疾人增加的重要因素。地震伤后的致残率为 20% 左右。玉树地震致残 3500 人，3800 户残疾人的房屋倒塌。唐山地震致使 2652 人成为孤儿，895 人成为孤老，3817 人截瘫，约 12000 人截肢；汶川地震孤儿 558 人，孤老 940 人，孤残 1506 人。

5.2.2　灾害弱者的抗灾弱势及其产生原因

灾害弱者的抗灾弱势如表 5-11 所示。包括情报弱势、行动弱势和适应弱势。

灾害弱者抗灾弱势及其产生原因　　　　　　　　表 5-11

产生弱势的原因	具体弱势
1. 情报弱势	· 对文字、语音、图示、手势等情报，看不见，听不到，反应迟钝，不理解或误解，接收、传递、理解、处理情报困难； · 不能或难以准确理解、判断情报，或需要很长时间才能准确理解、判断，难以应急应对突发事件； · 只用通常的应急情报传递手段，灾害弱者难以接收情报，特别是盲人、聋哑人（包括应急情报、灾后的生活情报等）更甚，应急救援阶段接收情报难度高； · 由于不能用外国语传递灾情情报，不懂灾区语言的人难以理解情报内容，不能接收或固执地反对避难劝告与避难指示； · 外国人、旅游观光者通常不熟悉灾区特有的灾害知识，例如：避难道路与避难场所等。
2. 躲避危险的行动弱势	· 有些灾害弱者不能判断即将发生的危险，有的虽能发现危险但难以行动或行动迟缓，不能及时躲避危险； · 躲避突发事件的能力弱，容易伤亡； · 遇到危险惊慌失措，处理不当，导致伤亡。
3. 行动弱势	· 因体力不支等原因，避难行动迟缓； · 灾害破坏平时的行动环境，灾时比平时的行动障碍更大； · 自家住宅灾时破坏，增加住宅内的行动障碍； · 没有助残工具，行动困难； · 福祉设施等遭受破坏，产生行动障碍。

119

产生弱势的原因	具体弱势
4.生活行动弱势	• 灾后没有医务人员以及药品、医疗设施,难以维持生命与基本生活; • 自家住宅与左邻右舍受灾,生命线系统瘫痪,应急救援阶段不可能恢复平时的生活条件; • 避难场所设施存在无障碍化缺陷,许多避难场所没有灾害弱者必需的盲道、无障碍道路、扶手、坐式水冲厕所,而且福祉避难场所少或者设施不健全,给生活行动带来种种不便。
5.灾害适应弱势	• 产生严重的应激反应,不能采取适当的行动躲避危险; • 重大地震灾害产生的精神障碍加剧心理上的不稳定性; • 缺乏因灾害导致正常生活变化的适应能力,由不适应到适应所需时间较长; • 对传染病的抵抗力弱,许多人容易在避难场所患病; • 在一般人与灾害弱者混居的避难场所,由于不适应避难场所的结构、救援体制以及一般避难者的避难行为,难以渡过混居生活; • 由于文化的差异,外国人难以适应避难场所内的共同生活。

（1）情报弱势

灾害情报具有速生性、速报性、时效性和对灾害情报反应迟钝的严重危害性。

由于大多数重大地震灾害难以临震预报,因此具有突发性特点。灾害情报包括灾时情报与灾后情报。灾时情报在几秒至几分钟的时间内速生,是灾时情报的起始点。灾时情报产生的时间虽短,但有重大情报价值,像地震发生时间、震中位置（经纬度）、震源深度、震级与烈度及其地域分布等,对于判断灾害严重程度,成灾地域范围,重灾区地理位置,决策应急救援等有重要参考意义。在重大地震灾害有震感地域内,居民会有不同程度的震感,震中极震区则可能房倒屋塌,造成人员伤亡与经济损失。震感是地震灾时情报的源头。灾后情报应始于灾民自救—从地震废墟中逃生,并相继他救—扒救家人与左邻右舍的居民。灾后情报的时域较长,可延长到公救,乃至恢复重建。

灾害弱者具有明显的情报弱势。无论是灾时还是灾后,灾害弱者不能或难以获取、传递、理解、处理灾害情报,特别是不能察觉灾害威胁情报,和平常人比较,不能应对或反应迟钝,更容易造成伤亡。不同类型的灾害弱者,情报弱势不同。有的不能接收声音情报,有的不能接收视觉情报;有的不能传递、理解、处理灾害情报;有的则有语言障碍,既不能接收,也不能传递,更无法理解与处理情报。因此,必须对不同的灾害弱者采取不同的情报对策。

（2）行动弱势

所谓行动弱势是灾害弱者的避险（建筑破坏砸、压与从地震废墟中逃生等）、避难行动（从避难起点到避难场所）与避难生活（在避难场所内的避难）、生活自力等行动。行动弱势源于情报弱势，残疾与体力不支，灾害的突发性与抗灾反应的迟钝性，没有助残工具以及看护的缺陷等。行动弱势是重大地震灾害突发时，灾害弱者伤亡人数是一般居民 2 倍多的直接原因。

（3）灾害适应弱势

灾区特别是极震区发生重大地震灾害前后居民的生活条件、医疗条件、防灾条件甚至生存条件骤然发生突变，从平时的正常生活跌至严重灾害状态。为了保命、救命与人身安全，不得不到避难场所避难，有时甚至背井离乡远程避难，避难行动奔波劳累，避难生活难得如意。因此，灾害弱者在生活条件与环境发生巨变后，有些人极不适应，易于生病，产生应激反应，甚至有厌世念头，出现地震灾害关联死、孤独死。灾害适应弱势是重大地震灾害后形成的，伴随着应急救援、恢复重建逐步消失。

灾害情报弱势、行动弱势与适应弱势既有区别，又互相联系，形成灾害弱者的综合抗灾弱势。情报弱势是产生行动弱势的重要原因，不能接收、传递、理解、处理灾害情报，大难临头之时没有或难以采取避难行动；而行动弱势轻则对灾害情报行为上反应迟钝，重则根本没有反应，不可能依据灾害情报的要求采取抗灾行动。情报弱势、行动弱势贯穿灾前与灾后，主要取决于灾害弱者的基本特性；而灾害适应弱势则形成于灾后，一旦灾区的生活条件恢复到灾前水平，不适应弱势应当消失。

针对灾害弱者的情报弱势、行动弱势和适应弱势，制定救援规划，对保护灾害弱者有重要意义。

5.2.3　灾害弱者的主要特征与灾时需求

灾害弱者的主要特征与灾时需求是制定灾害弱者救援规划的基本依据。特征决定需求，需求显现特征。

灾害弱者的主要特征与灾时需求如表 5-12 所示。根据国内外有关灾害弱者的研究成果，表 5-12 汇总的灾害弱者包括老年人（单身、卧床不起者和老年痴呆）、残疾人（盲人、聋哑人、肢体与内脏残疾、智力与精神残疾）、孕产妇与乳幼儿等、外国人以及醉酒者。灾害弱者的类型与弱态多种多样，各自的特征同异混杂。在制定灾害弱者救援规划时，必须综合考虑各种特征及其灾时需求。从主要特征与灾时需求看，救援应包括人力资源与物力资源。

救援灾害弱者的人力资源与救援一般居民的有共性，也有较大的差异。在扒救地震废墟中的埋压者时，灾害弱者与一般居民都是通过他救与公救扒出。但一般居民有从地震废墟中自力逃生的能力，而灾害弱者自力逃生难度较大。灾害弱者的避难行动与避难生活大多需要人员看护，应营造一定的助残条件、生活条件与环境，格外关心身体安全与健康状况。有些灾害弱者因其自身的弱者特征与灾灾害弱者的特征与灾时需求   表 5-12

类别		特征	灾时的需求
老年人	单身	虽然基本上能够自行行动,但与左邻右舍来往甚少,察觉紧急事态的能力微弱	灾时必须确认是否平安以及身体状况,迅速传递灾害情报,劝告、引导避难
	卧床不起者	吃饭、排泄、脱衣穿衣、洗澡等日常生活必须他人护理,自己不能移动	灾害发生后,必须确认是否平安以及身体状况;如果避难,必须准备轮椅、担架等
	痴呆	丧失记忆,常有幻觉,徘徊不定,不能讲述自身的状态,难以自我判断与行动	灾时必须确认是否平安以及身体状况,必须在看护下引导避难
残疾人	盲人	由于眼睛失明没有视觉,不可能观察到自己的安危处境,因此难以快速采取避灾行动,不能像正常人那样应急决策	灾时用声音传递灾情情报,由于没有看护者自身不能避难,避难劝告等必须在人力救援下进行
	耳聋者	不能用声音劝告、引导避难,有的聋哑人虽然有助听器,但作为情报交流手段手语、文字效果更好	传递情报或说明灾情,可通过助听器或采用手语、文字、绘图等手段
	哑人	往往因聋而哑,不能用口语交流情报	同上
	肢体残疾者	因肢体残疾,不能自力行动或行动不便,大多难以自己步行快速避难	灾时应扶持步行或用轮椅等助残设施进行避难行动
	内脏残疾人	由于是心、肾、肝、肺、肠、膀胱、免疫功能等患病,从表面上看,大部分人与一般人无异,能够自力步行,但必须有助残设施、用药或治疗	避难场所需配置氧气瓶,灾时难以坚持继续治疗,从避难场所到医院治疗或大型医疗设施从医院移至避难场所,需配备直升机、车、船等交通工具
	智力残疾人	对应急事态的认识比较简单,随环境变化精神上摇摆不定,有的不能说清自身的状态	引导到环境较好且安全的场所,生活行动上给以救援,尽快恢复福祉设施和活动场所,达到灾前生活水平
	精神障碍者	许多人能够自行判断与行动,通过适当的治疗与服用药物,可以控制病症	减少精神刺激,创造较好的生活环境,通过适当的治疗与服用药物控制病症,掌握患者平时的用药品种,医疗机构提供医药
乳幼儿、儿童		年龄越小,越需要养护	灾害发生后,必须妥善引导避难,因灾家长等不能养育或难以养育时,必须紧急送保育所、幼儿园
孕妇、产妇		许多孕产妇能够自力行动,但难以快速避难	由于怀孕、临产或带新生儿,有些情况下,序配置轮椅或其他交通工具
外国人		许多外国人不懂灾区的通用语言,不能用灾区的通用语言交流灾情情报	应采取多种语言传递灾害情报
醉汉		饮酒过量,神志不清,方向不明,不能自立避难	醒酒药剂,担架

时的应激反应，需要心理医生进行康复治疗。在避难场所，应配置为灾害弱者服务的医疗机构与医务人员，且医务人员的医学学科专业有较强的针对性和综合性。志愿者特别是具有医学知识的专业志愿者是为灾害弱者服务的重要人力资源。对不同类型的灾害弱者采取适宜的情报传递手段与方式，尽可能消除行动、生活、医疗过程中的情报障碍。

救援灾害弱者的物力资源主要包括行动工具（车辆、直升机、船只、轮椅、担架、假肢、手杖等）、医疗设施与药品（共用的与残疾人自带自用的）、生理用品（尿不湿等）、饮食与工具（奶粉与奶瓶、软食与流食等）、生活空间（福祉避难场所、一般避难场所内的灾害弱者避难间与避难区、幼儿园、老年活动中心等）、生活用品（半导体收音机、笔记本电脑、电视、老花镜等）。

还应当指出，救援灾害弱者的一些物力资源具有助残的基本特点，以适应灾害弱者的弱势特征与灾时需求。避难道路应为无障碍通道，无陡坡，轮椅可无障碍地通行避难场所的每个出入口；避难道路宜设盲道，配置有光电显示的指路标识。城市应规划建设福祉避难场所，专供灾害弱者避难，各类防灾设施满足灾害弱者需求；一般避难场所宜开设灾害弱者避难区或避难间，防灾设施考虑灾害弱者的需求。奶粉、软食与流食的主要供应对象是乳幼儿、吞咽食品困难的老年人；月经用纸专供 10 岁到 50 岁的女性需求者；尿不湿则有幼儿与老年人两种类型等。也就是说，灾后应急救援的一些物力资源按照灾害弱者的需求供应，"大家均分，人人有份"的认识是不正确的。供应灾害弱者的与供应一般避难者的，供应女性的与供应男性的，供应重灾区的与供应轻灾区的，供应婴幼儿的与供应成年人的，可能不同。

灾时需求是平时需求的继续，有差别的供应是这种继续的体现。灾害弱者的需求继续大体有两种情况。其一是灾害发生前后的需求一样，像医疗设施与药品、助残工具、无障碍道路等；其二是需求继续发生变化，像从住宅到避难场所避难，饮食的品种、数量减少且供应不及时等。

表 5-13 给出了需要看护者、需要情报救援者灾时必需的物品与技术。这是灾害弱者中抗灾弱势更高的人群。这个人群灾时必需的医疗设施与药品、生活与生理用品、助残工具、情报手段以及相应措施的具体化、分类化对于制定灾害弱者救援规划有重要意义。表中还表明了这个人群的通用物品—水，通用措施—心理康复，显示出通用物品与措施的共用性与重要性。

5.2.4　灾害弱者的灾害应激反应

重大地震灾害发生后，居民从平时的正常生活骤然跌至灾害深渊。灾时，居民亲身感受地震灾害的巨大破坏作用；灾后，居民生活"贫困度"增加，生活环境恶化，无家可归者必须入住避难场所避难。在这些情况下，居民特别是灾害弱

需要看护者灾时必需的物品与相应措施 表 5-13

需要看护对象		必需的物品	相应的措施
需要看护的老人与乳幼儿	护理程度高的老年人	温热的易咽食品,毛毯,卫生用品,避难用的担架与绳带,手提式便器,尿不湿等	日常护理(饮食、穿衣、洗澡、喂药等),行动护理,避难护理(含车载避难),治疗感染病
	有乳幼儿的家庭	奶粉、矿泉水、尿不湿以及卫生用品等	乳幼儿的看管,感染病的预防与治疗
身体需要看护的人	肢体残疾人	轮椅、拐杖、步行器,福祉避难场所,残疾人厕所,避难用的担架与绳带	根据不同类型的残疾与程度,开展日常护理(饮食、穿衣、洗澡、如厕等),看护行动,避难护理(含车载避难)
	重病患者和内脏残疾人	日常服用的药物和医疗用具:膀胱、直肠手术者的人造肛门和导尿管,喉摘除者人工喉,肺病患者氧气瓶等	掌握所需的医疗技术与药品,灾时介绍相关医疗机构(人工透析、导尿、洗肠、药物疗法等),提供移动手段
需要情报援助的人	视力障残疾人	手杖,盲文触摸器,半导体收音机,手机	用声音传递情报,步行护理,避难护理(含用车避难)
	听力残疾人	助听器及其电池,笔谈的纸、笔,呼唤用的笛、蜂鸣器,手机(屏幕显示文字、图像)	手语、笔谈,灾后发行的报刊等
	智力残疾人	随身携带有家庭住址、联络电话的卡片等,手机	灾害发生后使其情绪稳定,并得到周围人群的理解
	神经残疾人	必需的药剂,随身携带有家庭住址、联络电话的卡片	灾后妥善处置、医疗,稳定情绪,周围人群理解
	外国人	有关突发事件的专用语对译机,多种语言的工具书	灾时专用语的翻译

注:1 通用的物品:水;2 通用的措施:心理康复。

者容易引发灾害应激反应。

所谓地震灾害应激反应,是受重大地震灾害的惨烈景象(地震灾害发生时的巨响、火球,地动山摇,建筑倒塌与严重破坏,人员伤亡,火灾、海啸、滑坡、泥石流等次生灾害及其造成的严重后果等)以及家人遇难或伤残的强烈刺激,一些人产生的精神反应障碍。通常,在遭受强烈刺激后数分钟或数小时出现症状,最初患者处于"茫然"状态,且不同程度地产生意识障碍,表情紧张、恐惧,难以进行语言交流,动作杂乱而缺乏目的性,偶有冲动行为等。

灾害弱者是地震灾害应激反应的易发与重症人群。由于应激反应,往往使灾害弱者抗灾弱势更突出，甚至因此猝死。部分灾害弱者的应激反应特征和救援措施如表 5-14 所示。

部分灾害弱者应激反应特征与对应措施　　　　　　　　　表 5-14

类别	应激反应特征	对应措施
老年	记不起时间、季节和场所，即使是以前能够自立的老人，也可能处于谵妄（意识模糊，较短时间内精神错乱）状态。健忘症患者有加重的倾向。对于大难不死有强烈自责感以及不愿与任何人交流的孤独感。感到绝望，甚至拒绝援助	生活上无微不至关心。对于心有疑虑的人耐心解释，消除疑虑。随时细心观察健康状况，一旦发现病情及时医治。尽可能减少灾时环境巨变带来的混乱，创造较和谐的生活环境。注意保护私生活。尊重老年人，使之保持平和的心态。
障碍者	生活环境巨变和灾时的社会混乱造成的应激反应，是正常人数倍。由于获取、传递灾害情报困难，未必及时、全额得到救援。而且，如果离开看护者、监视者，有可能在行动、饮食和排泄等日常生活上发生障碍等	提供准确的灾害情报。改善生活环境，减轻不安感。安排看护、监护人员和医务人员。不同障碍者采取不同的应对措施。例如：精神障碍者安置在单独房间避难，视力障碍者配置拐杖，下肢残疾者配置轮椅，为听力障碍者设置导向牌等
儿童	情绪不稳定，夜间大哭，去黑暗处有恐怖感，出现婴儿退化现象。发生痉挛，紧张，睡眠障碍且做噩梦，注意力不集中，独自一人时有害怕感等	避难场所留出儿童活动空间，安排母亲或亲人看护，分发奶粉等儿童食品、玩具以及尿不湿等，配备医务人员，控制避难所内的温度，预防传染病

表 5-14 表明，灾害弱者的地震灾害应激反应多种多样，为了避难安全，在避难行动与避难生活中，应为灾害弱者配置必需的看护人员、包括心理医生在内的医务人员以及志愿者，逐步消除应激反应和避难障碍，尽快适应避难环境与避难生活。

应激反应是灾害弱者灾害适应弱势的表现。无微不至的关爱与照顾，心理康复治疗，营造灾害条件下适宜的生活环境，有助于缓解、消除应激反应。强烈刺激，过度劳累，生活孤独，悲观厌世等生活环境、避难行动与避难生活、不平衡的心理状态等可强化应激反应，甚至导致地震灾害关联死、孤独死。

5.2.5　灾害弱者的应急救援规划

应急救援规划的时限是灾后 72 小时。因此，规划的人力资源、物力资源应满足灾后第一天至第三天的基本需求。也就是说，应急救援规划是救援规划的一部分，应急的时间虽短，但正是救援的关键时期，适时救援对于减少灾害弱者的应激反应以及人员伤亡起重要作用。

（1）震后灾害弱者所处状态

重大地震灾害发生后，灾害弱者通常处于以下 3 种状态（如图 5-8 所示）。

其一，在建筑未倒塌且生命系统未瘫痪的室内外，有家人看护的少有伤亡，在室内避难或去避难场所避难；其二，被倒塌的建筑埋压在地震废墟中，等待扒救；其三，曾被地震废墟埋压，已被扒救出，等待救援（医治伤者，安置到避难场所避难）。显然，从灾害弱者的地域分布看，应急救援主要集中在避难场所、扒救现场以及自宅。

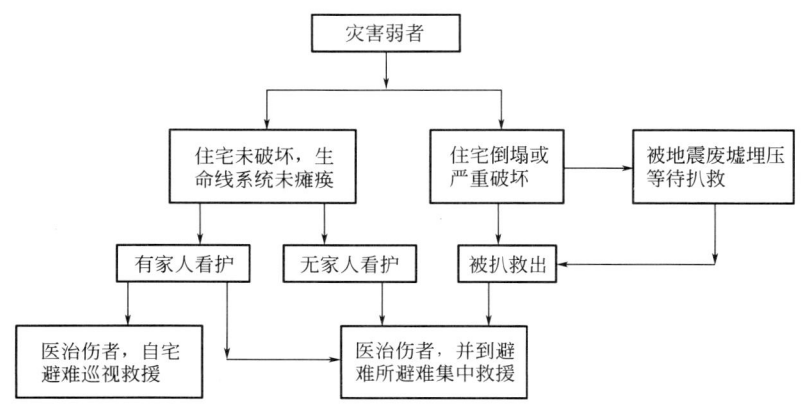

图 5-8　震后灾害弱者所处的状态

（2）灾害弱者的避难过程

重大地震灾害时灾害弱者的避难过程如图 5-9 所示。

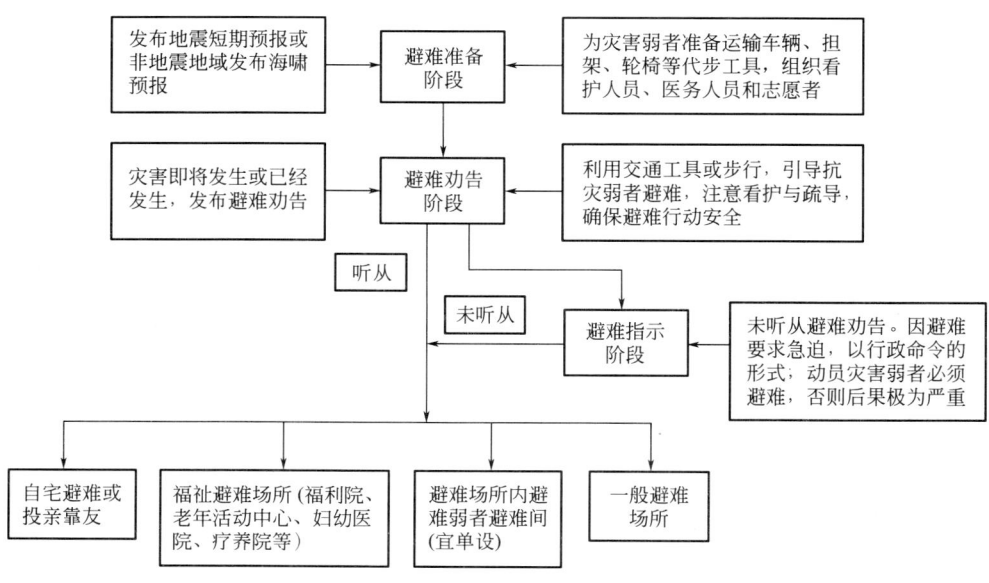

图 5-9　地震灾害避难弱者避难过程示意图

在城市避难场所发展规划、避难规划中，必须设灾害弱者专项救援规划，有必要时，编制灾害弱者避难手册（指南）。其中，避难行动、避难场所与避难生活是必备的内容。而核心问题是人身安全与相应的措施。

（3）应急救援规划

依据图 5-9 所示的避难过程，灾害弱者的避难规划应包括避难场所规划、救灾人力资源规划、救灾物资资源规划、救灾医疗设施与药品规划、灾害情报设施规划等。

灾害弱者救援规划专项中应包括以下规划内容：

（1）避难场所规划

灾害弱者的避难场所有 3 种形式，即福祉避难场所（设在福利院、妇幼医院、老人活动中心）、一般避难场所或在其中设灾害弱者避难间。并且随时间推移，城市规划的福祉避难场所数量与收容能力应逐年增加。

规划灾害弱者专用避难场所有助于对灾害弱者实施集中管理，合理配置医务人员、看护人员、志愿者、救灾物资以及医疗设施与药品等。据 2009 年 4 月日本厚生劳动省的报道，在日本 1777 个市町和东京 23 个区中，指定设福祉避难所 429 个（占 23.8％）。东日本地震时，宫城县、岩手县设福祉避难所 48 个。即大多数日本灾害弱者在一般避难场所与其他居民一起避难。规划避难道路和厕所等设施时，宜采用无障碍设施，满足残疾人的避难需求。例如：设盲道、无障碍通道（确保残疾人的交通工具畅行），厕所、洗漱间距离宿区较近，且道路平直，并设指向标识等。

（2）救援人力资源规划

《中国残疾人使用评定标准》将各类残疾人划分为若干等级。依据福祉避难场所的资源多少，规定等级为重度甚至中度的残疾人配备医务人员、看护人员（亲人、护士和志愿者）。规划避难场所宿住面积时，应考虑看护人员（重度残疾、重病者、临产孕妇、婴幼儿、70 岁以上老人与看护人员的人数比例原则上分别按 1：1 配置）。

从图 5-9 可以看出，配置人力资源贯穿避难准备、避难劝告、避难指示、避难行动以及避难生活的全过程。为灾害弱者配置适量的救援人力资源，是安全避难的基本保障。而且，由于地震灾害应激反应以及孤独老人在避难场所的强烈孤独感，在救援人力资源中有必要配置心理医生和精神康复工作者。

（3）救援生活资源规划

主要有以下几类：

① 代步工具，例如：避难行动中所需的客运车辆、轮椅、手杖、担架、手推车等；

②食品与饮用水，供应的品种与数量和一般避难人员大体相同，但可为婴

儿、耄耋老人提供奶粉、软食品等；

③ 生理与卫生用品，卫生巾、卫生纸、尿不湿、毛巾、刷牙用具等；

④ 衣物与床上用品，毛毯、被褥等；

⑤ 照明与灾害情报接收、发送物品，手电筒、电话、半导体收音机、电视等；

⑥ 导向标识等。

避难人员的救灾资源配置规划中，灾害弱者与其他人应当有所区别。专为灾害弱者配置的交通工具、助残工具、奶粉等，通常只供灾害弱者。

（4）医疗设施与药品

福祉避难场所规划建设医院、诊所，并按相关规定配置避难时的医务人员、医疗设施与药品。一般避难场所如果宿住残疾人，规划的临时医院、诊所，还应满足灾害弱者的医疗需求。

灾害弱者的救援规划是城市避难场所发展规划、避难规划以及其他防灾减灾规划的重要组成部分。各城市根据地震灾害的严重程度、灾害弱者的人数多少、残疾类型以及残疾级别分布、避难场所资源等规划福祉避难场所以及确保灾害弱者安全避难的救援人力资源、物资资源、医疗设施与药品等。城市灾害弱者的救援规划是灾前行为，符合"以人为本"、"民生第一"、"预防为主"的防灾减灾原则，重大地震灾害一旦发生，即可启用福祉避难场所和防灾减灾设施，召集规划的救援人力资源，从救灾物资储备库中调拨救援物力资源，保障灾害弱者避难行动与避难生活安全。

（5）不同类型灾害弱者的救援措施示例

上述的应急救援规划适用于各种类型的灾害弱者。但不同类型的灾害弱者应有不同的救援措施，汇总于表5-15。

不同类型的灾害弱者的救援措施示例　　　　　　　　　　表 5-15

灾害弱者类型	救援措施
老年人	对于必须救援的自宅老年人派遣医务人员、服务人员巡诊、巡视，若无家人看护，劝告避难；行动困难的配置手杖、轮椅；厕所距居室宜近，且坐便；丧失记忆者或痴呆者，除服务人员外，左邻右舍或避难场所同居者也应以关照，防止走失，身上带有家庭住址或所在避难场所名称以及电话号码；独居（含避难场所一个隔间内）老人易孤独死（一种地震害关联死），宜予关爱，心理康复。
盲人	用广播、扩音器等传递音响情报，用盲文提供文字情报；为破损、丢失助残工具者修理、提供手杖，"手杖是盲人行路的眼睛"，可谓重要的助盲工具；临时厕所可设在室内（右图是东日本地震的一个避难所，图左下角是用硬纸片围起的简易厕所），如果设在室外，顺着墙可直达，或沿路设扶手、绳索。

续表

灾害弱者类型	救援措施
聋哑人	根据聋哑人的不同情况,用手语、笔书写、绘图、动作与表情、报刊、光电信息广告牌、附有文字说明的电视画面等传递情报,根据需要可在避难场所配置手语翻译等,文字情报宜简洁、易懂;俗话说"十聋九哑",对于只哑不聋者也可用声音传递情报;助听器等破损、丢失者,应予修复或补发。对于既盲又聋哑的人,应当采取救援盲人、聋哑人的双重救援措施,外出尽可能有人陪伴
肢体残疾者	作为原则,尽可能安排在医疗机构、福祉避难场所内避难;根据残疾的部位和程度配置可以安全利用的临时厕所,而且行动距离尽可能近;配发轮椅等助残工具
肾脏功能障碍者	由于必须定期、连续透析,应入住有透析医疗条件的医疗机构或虽在自宅或避难场所避难但可随时与医疗机构联系入院治疗;如果需要救援人员,可安排巡诊医务人员和助残服务人员
心脏功能障碍者	由于过度劳累或心脏应激反应可能引发呼吸困难或者心肌梗等心脏病发作,因此出现症状立即到医疗机构医治,若需要人力资源救援,可安排巡诊医务人员和助残服务人员
智力障碍、神经障碍	不能与周围的人正常交流,发生纠纷或环境变化的刺激,容易出现精神病态,在避难场所或者安排单间或者隔间居住;避难过程中尽可能由家人照料,替其领取救援的食品与物品;避难期间出入避难场所、如厕等有人陪护
呼吸功能障碍	因肺部、气管疾病,影响氧气与二氧化碳气体的充分交换,容易呼吸困难,应配置氧气瓶;若需要人力资源救援,可安排巡诊医务人员和助残服务人员
膀胱、直肠功能障碍	术后安装人工肛门、人工膀胱,其上附收集屎尿的袋,或铺设尿不湿,必须定期更换屎尿袋,更换后应洗净消毒,厕所必须有冲洗设备,并有所需的消毒剂
小肠功能障碍	影响消化、吸收功能,需要补充营养且难以食用一般的食物,如果需要救援人员,可安排巡诊医务人员和助残服务人员

灾害弱者的构成类型相当复杂。救援措施虽有共性,但若各论又千差万别。具有灾时应急应对难度大,涉及学科范围广(灾害社会学、灾害医药卫生学、灾害工程技术学等),需求人力资源和物力资源多且人力资源专业性强的救援特点。

在制定城市地震灾害应急救援规划时,规划的人力资源与物力资源既要满足避难者生活、医疗、防灾和生存的共性需求,又要考虑灾害弱者的特殊需求。特别是医疗设施与药品的储备与调拨,医务人员的配置,都应关注灾害弱者。在重大地震灾害条件下,如果灾害弱者丧失助残工具,缺医少药,不仅给生活带来不便,还有可能威胁人身安全。

在表 5-15,灾害弱者大多需求助残工具,需要医务人员诊治(含巡诊与心理康复),对临时厕所有不同的要求,采取多种途径传递、接收、理解灾害情报,为残疾人创造助残条件与环境,不同类型的灾害弱者对人力资源、物力资源有共同需求，也有不同需求等。

还应当强调指出，无论平时还是灾时，都必须贯彻执行《中华人民共和国残疾人保障法》，"维护残疾人的合法权益，发展残疾人事业，保障残疾人平等地充分参与社会生活，共享社会物质文化成果。"轻视、歧视、剥夺残疾人的合法权益是违法行为。灾时的救援措施必须符合法律要求。有人认为，应把埋压在地震废墟中的民众划分为三六九等，并按等级给出扒救顺序，灾害弱者兜底，这种认识理论上荒谬，也无法付诸实践。

5.2.6 老龄化社会重大地震灾害老年人的应急救援

目前，世界已有 70 多个国家进入老龄化社会。

2000 年我国老龄化率（65 岁以上人口占总人口的百分比）为 7.1%，成为老龄化国家（老龄化率＞7%）。我国老龄化发展迅速，到 2050 年可能进入超老龄化社会（老龄化率＞20%），老龄化率居世界之首；老年人人口数量多，高龄化、空巢化趋势明显，失能、半失能老人比例高。

老龄化社会出现"老龄化社会型灾害"。老年人是灾害弱者，震后必须应急救援（"黄金 24 小时"），采取有效措施保护老年人。

我国灾害弱者特别是老年人应急救援的研究刚刚起步。2014 年，国际减灾日的主题是"提升抗灾能力就是拯救生命—老年人与减灾"。提示各国重视老年人的防震减灾。

（1）"老龄化社会型灾害"

地震灾害多发国日本是老龄化社会较早的国家。而且，有些地域已经进入超老龄化社会。1995 年日本阪神地震，兵库县的老龄化率为 13%，死亡的 6402 人中 65 岁以上的 3181 人，占死亡总人数的 49.7%，被称为"老龄化社会型灾害"。2011 年东日本地震，56% 的死者年龄高于 65 岁，岩手、宫城、福岛 3 县沿海 37 个市区町村的老龄化率达 29.4%，是"超老龄化社会型灾害"。

还应当指出，重大地震灾害后，老年人易发生震害关连死。据统计，东日本地震 1 年后，1 都 9 县震灾关连死 1632 人（基本是老年人），其中，去避难场所途中与在避难场所生活因身体与精神疲劳死亡的占 50%，医院救治功能破坏耽误早期救治的占 20%。减少老年人震灾关连死，是研究老年人救援不容忽视的课题。

目前，我国北京、天津、上海、重庆、浙江、江苏、四川等 14 个省市区进入老龄化社会，如果在老龄化社会的地域内发生重大地震灾害，将呈现"老龄化社会型灾害"特征。据报道，2008 年汶川地震 65 岁以上受灾老人不低于 350 万，需要紧急安置的不少于 100 万，失去亲人的孤寡老人 3 万。凸显出，我国的一些重大地震灾害后，老年人需要救援的人数多，地域广，应急救援尤为重要。

（2）老年人的自救能力、他救能力与应急救援需求

① 自理能力

自理能力是老年人能够独自完成吃饭、睡眠、如厕、洗澡等的生活能力。常用能够自理者占老年人总数的百分比表示。自理能力越高，不能自理能力越低。图 5-10 是我国老年人不能自理能力的统计结果。显然，年龄越大，自理能力越低。65 岁至 69 岁自理能力 94.9％，90 岁以上则减少到 49.7％。自理能力是重大地震灾害发生时，自救能力与他救能力的基础。

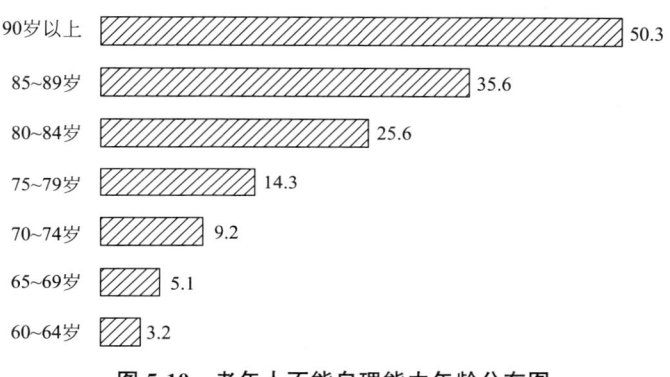

图 5-10　老年人不能自理能力年龄分布图

② 自救能力与他救能力

自救能力、他救能力是有自理能力的老年人参加震后自救与他救的能力。在震后应急救援阶段，自救、他救、公救形成应急救援的综合强势。目前，我国的老年人有些被续聘、返聘，继续在工作岗位上默默耕耘；有些在社区参加各种社会活动，为社区建设发挥余热；有些操劳家务，享天伦之乐，安度晚年。其中，身体健康者，不仅有自理能力，也有一定的自救能力与他救能力。在震灾救援的自救、他救中，起辅助作用。例如：芦山地震一位百岁空巢老年扒砖自救，成功脱险；一位参加过唐山地震救援的 75 岁老人，汶川地震时被批准为志愿者，为青少年做心理辅导；2014 年云南鲁甸地震后，内蒙古一位 82 岁老人步行 3 千米亲自捐款救助灾区。唐山地震类似的事例不胜枚举。

③ 老年人的应急救援需求

老年人是重大地震灾害的弱势群体（接收、传递、理解、处理灾害情报的弱势、躲避灾害、避难生活的行动弱势，重灾环境、避难条件的适应弱势），属"灾害弱者"、"避难弱者"。作为一个群体，他们不能或难以获取、传递灾害情报，在本人人身安全受到即将发生的重大地震灾害及其次生灾害威胁时，没有察觉能力或察觉困难，即使有察觉也不能或难以快速采取适当的应对措施。因此，震后应当应急救援，且有各种应急救援需求。

应急救援需求的要点是营造基本生存条件（从地震废墟中脱险，从次生灾害威胁处转移到安全处）、基本生活条件（有栖身之处，有饭吃，有干净水喝，有御寒衣物，有排泄场所，需要看护者有人护理，有传递灾情的信息设施）、基本医疗条件（伤者、病者得到及时治疗，控制既有的老年常见病，应激反应者有心理医生调治，有效预防瘟病）。满足应急救援需求的程度越高，救援效果越好。

综上所述，老年人即是重大地震灾害的救援对象—救援需求者，其中有自救能力、他救能力的，有可能以高尚的情操、丰富的经验与智慧、高度的责任感参加自救与他救。重大地震灾害时，老年人不仅应当"有所养"、"有所医"；有些人还能参与自救他救—"有所为"，在抗震减灾活动中发挥余热。这是老年人的积极抗震减灾观。认为老年人面对灾害无能为力，甘居弱者，只能等待救援的观点值得商榷。尤其在"黄金24小时"，鲜明地凸显出"时间就是生命"、"时间就是效益"，应急救援可以有效减少人员伤亡。

（3）老年人应急救援措施

① 配置必需的医务人员、看护人员

老年人多发常见病—高血压、糖尿病、痴呆等，重大地震灾害后有可能加重，且可能因地震灾害中断吃药；地震中难免有人受伤、患病，特别是重伤、危急病症，急需救治；老年人易发生应激反应，例如：处于谵妄状态，健忘症患加重，产生强烈自责感和孤独感，感到绝望，甚至拒绝援助。而且，有些老年人生活不能自理，还有部分鳏寡孤独、空巢老人。因此，老年人的应急救援必须有适量的医务人员和看护人员。

医治老年人伤病的地点主要有图5-11所示的3种情况，即在伤病者家中、避难场所以及医院。第一种情况下，医务人员巡视、巡诊难度大，特别是农村老年人分散度高，如果是山区山间道路容易堵塞或有滑坡、泥石流等次生灾害威

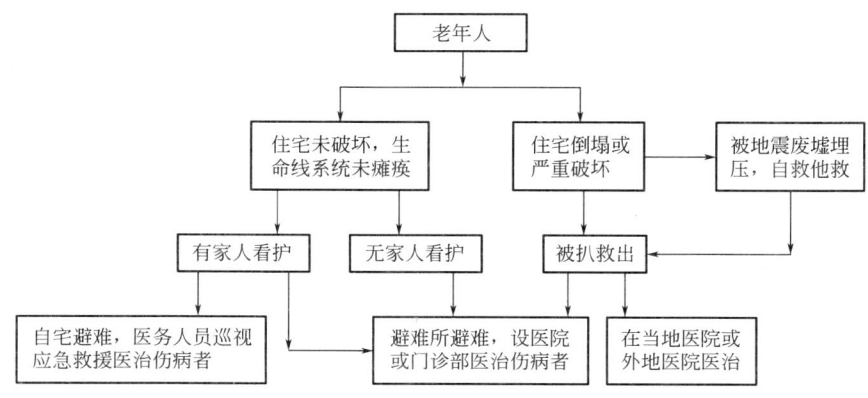

图5-11　医治老年人伤病员的地点分布图

胁，需要较多的医务人员。后两种情况老年人相对集中，可在医院或门诊部医治。

失能、半失能老年人和部分鳏寡孤独、空巢老年人需要或必须看护、护理。无家人看护的由护理人员、志愿者看护。避难场所应当设老年人管理组，专事老年人生活与医疗。

唐山地震全国共派遣医务人员 19767 人，其中，解放军就有 125 个医疗队5400 人；转移到外省市 105589 名伤病员。为灾区伤病员恢复健康做出重要贡献，而且创造了"大灾之后无大疫"的奇迹。

还应当指出，社会的关爱，避难场所的科学规划设计，医务人员的心理康复治疗，对减少老年人震灾关连死起重要作用。

② 储备老年人应急救援物资

储备方式包括各级救灾仓库特别是避难场所储备仓库储备，与企业、商业部门签订供应合同灾时应急供应，家庭储备（便携包、箱）等。避难便携包内有应急救援阶段必需的饮用水、食品、衣物、常用药品等，随身携带，打开包（箱）即可食（使）用。

避难场所、社区储备库距离较近，领取也比较方便。企业商业按灾前签订合同供应应急救援物资的供应终点应是避难场所和社区储备库。储备库距离避难场所越远，方便度越低。

储备老年人应急救援物资应当考虑针对性、适用性。例如：储备老年常见病的药物，软（流）食、奶粉、尿不湿、轮椅、手杖、手电、收音机等。

③ 老年人的防震减灾教育

老年人的居住方式为独居、与家人同居或邻居、居住在老年人服务机构，主要居住在社区。目前，许多社区编制了防灾减灾应急预案，其中教育与演习是不可或缺的内容。社区应组织健康的老年人积极参加。老年人掌握防震减灾的基本知识与实践经验，有助于树立人定胜天、团结协作共渡难关的理念，提高防灾减灾意识，增强自救他救的本领，并可发现、纠正应急救援过程中存在的薄弱环节。教育与演习的组织者，不得以行动迟缓等为由拒绝老年人参加。

④ 老年人服务机构的建设

我国老年人服务机构主要有社会福利院、敬老院、老年公寓、老年康复机构、护理院、临终关怀机构等。服务项目包括：平时的生活照料与康复护理，突发事件发生时的紧急救援。

老年人服务机构的建筑设施应具有较高的抗震性能，确保重大地震灾害不倒塌，室内的家具采取固定或隔震措施，把震灾造成的人员伤亡与经济损失减少到最小。而且，应急救援就在原有建筑设施内进行，按震前的服务项目照常服务。这样，不仅可以利用原有人力资源与物资资源，还能减少避难行动，避免老年人过度疲劳和因避难发生的应激反应。

⑤ 就近避难

所谓就近避难是把老年人安置在距离居住所在地最近的指定避难场所。走较短的道路，用较少的时间即可到达，是减少震灾关连死的重要措施。

为了方便老年人就近避难，住高层楼的，楼层不宜过高，否则因地震停电，从高层步行到底层，老年人容易过度疲劳。而且，避难道路应平坦、无台阶、陡坡、路障；无次生灾害威胁。为就近避难创造安全条件。

我国已经进入老龄化社会，而且老龄化发展速度快，老年人数量及失能、半失能人口多，一旦发生重大地震灾害，老年人是应急救援不容忽视的组成部分。老年人应当树立积极抗震救灾观，有能力的可适当参加自救他救；平时，社区应组织老年人参加防震减灾教育与演习，规划建设老年人服务机构，储备老年人适用的应急救援物资；灾时，配置适量的人力资源、物力资源，为老年人创造生存条件、基本生活条件、防疫条件，安排就近避难。关爱鳏寡孤独、空巢老人，减少震灾关连死。

5.2.7 老年人地震灾害关连死及其对策

地震灾害具有突发性。在数秒、数十秒至多数分钟时间内，灾区民众从平时的正常生活环境骤然跌入惨重的灾害深渊。造成人员伤亡，建筑物倒塌，生命线系统破坏；还有可能发生火灾、海啸、山体滑坡、泥石流、瘟病、暴雨等地震次生灾害，加剧环境骤变。一次重大地震灾害往往造成成千上万甚至数十万人伤亡。震后保护灾民健康，减少人员死亡是地震学及其相关学科的重要研究课题。

地震灾害关连死是震后居民的生活环境、生活条件骤变，导致过度疲劳、病情恶化以及应激反应、瘟病肆虐、孤独死、饥寒交迫等造成的死亡。东日本地震3年后，重灾区福岛县的关连死人数（1660人）超过直接死（1607人），而且死者主要是老年人，显示出采取有效措施预防地震灾害关连死对于减少震后人员死亡特别是老年人死亡有重要意义。

（1）地震灾害引发的环境骤变

重大地震灾害发生后，广大灾民必须紧急应对环境骤变。通过自救、他救与公救改变灾区的灾时环境，紧急形成基本生存环境、生活条件、医疗条件、防疫条件，逐步改变环境，适应环境，并在恢复、重建后创建比灾前更美好的社会环境、生活环境、生态环境与可持续发展环境。

但是，在地震灾害引发的环境骤变下，部分灾民埋压在地震废墟下，生存环境极其恶劣，余震频发，危在旦夕；幸存者必须采取避难行动（从避难起点到避难场所），并在避难场所度过避难生活；有的灾民不仅住宅倒塌或严重破坏，还有家人伤亡和重大经济损失，极度悲伤，有的产生应激反应甚至绝望；有些灾民丧失栖身之所，食品与饮用水奇缺，没有御寒衣物，至少在紧急救援阶段饥寒交迫；有些伤病者缺医少药，得不到及时有效治疗，伤势加重，病情恶化，等等。

（2）地震灾害关连死者主要是老年人

老年人易发生地震灾害关连死。

东日本地震、阪神地震 1 年后的关连死人数及老年人所占比例如表 5-16 所示。

关连死人数统计　　　　　　　　　表 5-16

地震名称	①关连死人数	②老年人数	②/①（%）	震后 1 个月死亡人数
东日本地震（灾区）	1632	1460	89.5	693
阪神地震（神户市）	615	551	89.6	383

分析表 5-16 可知，无论是整个灾区，还是灾区的一部分，老年人地震灾害关连死的人数多，且占关连死总人数近九成。

老年人是重大地震灾害的弱势群体。例如：不能接收、传递、理解和及时有效处理灾害情报，躲避灾害的意识薄弱、行动迟缓甚至拒绝避难行动；避难行动、避难生活的适应差；身弱体衰，易患慢性病、常见病，且在重灾环境下加重；面对重大地震灾害老年人的恐惧、焦虑、紧张、忧郁、冷漠、暴躁、孤独感等心理特征尤为明显，容易发生疾病与应激反应。

目前，世界上有 70 多个国家迈入老龄化社会。阪神地震、东日本地震是在老龄化社会、超老龄化社会条件下发生的"老龄化社会型灾害"、"超老龄化社会型灾害"，老年人的伤亡以及关连死人数比较多。

（3）地震灾害关连死及其具体原因分析

以东日本地震为例，分析地震灾害关连死及其具体原因。据日本复兴厅 2015 年 3 月 31 日统计，东日地震关连死共 3331 人。关连死的原因如表 5-17 所示。从表 5-17 可以看出，身体、精神疲劳的死亡人数占关连死总人数的 64%，特别是避难行动与避难生活高达 54%；医院丧失医疗功能占 20%。

东日本地震关连死的原因与比例　　　　　　表 5-17

死亡原因	百分比[※]（%）
避难生活中身体、精神疲劳	33
避难行动中身体、精神疲劳	21
医院医疗功能停止（含转院）老病加重	15
地震、海啸身体、精神疲劳	8
医院医疗功能停止耽误初期治疗而死亡	5
核电站核泄漏身体、精神疲劳	2
其他	11

注：※占关连死总人数的百分比。

具体死因可归纳为如下几个方面。

① 过度劳累

避难行动路程长、耗时多；反复更换避难场所或医院；在避难场所等待入住的时间过长等。

② 避难场所生活环境、生活条件差，没有基本生活保障

例如：配发的食品数量少，餐不饱肚，衣物单薄；多人合住一个避难场所，声响较大，影响睡眠，有人患失眠症；室内空气污浊，易患呼吸道传染病；夏季闷热不堪，体力不支，食欲衰退，损伤肾脏功能；人均有效避难面积小，活动空间狭窄，身体、精神一直处于疲劳困怠状态；由于地震后断水，水冲厕所脏乱不堪，为减少如厕次数，竭力减少饮水量，长时间干渴，有可能诱发心血管疾病；在群体生活环境下，精神压力大，出现夜游、谵妄等症状，药物治疗无效。

③ 灾区医院医务人员伤亡，医疗设施损坏，有些医院丧失医疗功能

正住院的病人，难以办理转院手续，不得不回家或到避难场所避难，中断医疗；震后汽油奇缺救护车拒绝出车，只能步行去医院，或虽有车，但没有医院接诊；即使住进医院，也缺医少药，医疗、护理环境与条件难如人意；有的医院水、电设施瘫痪，生活条件差，缺吃少穿。由此，耽误急救与医治时间，影响治疗效果，病症加重。

④ 产生应激反应

受地震主震及其次生灾害惨烈景象（主震的巨响、火光、建筑摇晃与倒塌、死伤者的惨状、被地震废墟埋压等）的惊吓，产生应激反应，患谵妄症；亲人遇难，极度悲伤，愁肠百结，忧郁成疾；灾后生活条件、医疗条件、防疫条件差，体质衰退，伤病加重。

⑤ 核辐射

福岛核电站发生世界地震史上首例核泄漏事故，在其附近的 11 个市町村关连死人数占全县的 80%。震后 4 年仍有约 22.9 万人在外县他乡避难，震后 3 年关连死 1660 人，居灾区各县之首。核泄漏污染区内，几次扩大禁止避难区范围，灾民多次更换避难场所，加重身体、精神疲劳；恐惧核污染，担惊受怕，产生应激反应；背井离乡在外地避难，没有家宅或者有家不能归，有强烈的陌生感、孤独感，思念亲人与热土，家愁、乡愁成疾；又由于避难场所的基本生活条件、医疗条件不近人意，甚至饥寒交迫，老年人难以承受。

⑥ 自杀

东日本地震当年的后半年关连死中自杀的人数 55 人，60 岁以上的老年人 31 人（占死亡总数的 56.4%），因健康与经济生活问题自杀的 35 人（63.6%）。有位老龄自杀者在遗书中写道："坟墓才是我的避难所"。

还应当指出，不同的地震灾害，主要死因未必相同。例如：阪神地震避难所

内发生流行性感冒，新泻中越地震在轿车内避难患"经济舱综合症"，是这两次地震关连死的重要原因。

（4）减少老年人地震灾害关连死的主要对策

应根据重大地震灾害引发的环境骤变、老年人应对重大灾害的弱势以及产生关连死的具体原因，制定减少关连死的对策。

① 建设抗震水准高的老年人福利设施

随着老龄化社会的快速发展，城镇应规划建设数量更多的敬老院、养老院、老年公寓、老年人医院、老年活动中心等福利设施，而且达到当地重大地震灾害抗震设防水准。重大地震灾害发生后福利设施仍然宜居、宜医、宜生活，无需采取避难行动，消除避难过程中的惊吓与劳苦。"零避难"是减少关连死的根本性对策。极言之，如果福利设施能够抗御最大震级的地震灾害，该福利设施必"有震无害"，实现"零伤亡"、"零避难"。

② 安排老年人就近避难

就近避难的避难行动路程短，用较短的时间既能到达避难场所，可有效减少老年人避难行动的身心疲劳。在规划设计避难场所时，应依据老年人的地域分布安置在最近的避难场所。灾害发生后按照就近避难的原则疏散老年人。

有老年人的家庭购买住宅时，最好选择在较低楼层。否则，因地震灾害停电，电梯停运，老年人特别是失能、半失能老人从高层移动到底层难度较大。

③ 避难场所有基本生活条件、医疗条件和防疫条件

在避难场所开启后，有饭吃，有干净水喝，有衣穿，能御寒；灾前储备灾时发放适合老年人食用的软食、流食、奶粉以及老年人用尿不湿等；安排老年人集中居住，便于管理与看护；配置轮椅、手杖等助行工具。危重伤病老人，宜转移到非灾区治疗；避难场所设诊所、医院，接治包括老年人在内的伤病人员；派遣心理康复医生，开展心理咨询与治疗；接收志愿者，看护老年人；医疗机构设医务人员巡诊组，巡诊住宅内外特别是边远地域的伤病老年人；采取有效措施控制、消除"经济舱综合症"、"废用综合症"等病症。保障食品卫生，创建绿色生活环境；住所通风换气，预防流行性感冒；餐具、水具消毒，杜绝病从口入；打防疫针，喷洒防疫药物，预防瘟病发生。

④ 重症伤病员转移到非灾区

通常，重大地震灾害集中性的突然出现包括老年人在内的大量重伤员需要紧急救治，但灾区医疗机构以及部分医务人员受灾，减弱医疗功能。在这种态势下，有两个途径可以有效救治重伤员，其一是往灾区调拨适量的医务人员与医疗设施，其二是部分重伤员转移到非灾区或轻灾区救治。唐山地震、汶川地震等多次地震灾害都采用了上述两个途径，例如：唐山地震支援灾区的医务人员 19767人，转移外地治疗的重症伤病员 105589 人，得到良好救治效果。

⑤ 积极参加平时的防震减灾教育

这对提高老年人的防震减灾意识与技能，树立积极灾害观，正确认识在重大地震灾害自救他救中的功能与价值，疏通邻里间情感，弘扬敬老、尊老、助老的光荣传统等起重要的作用。不能以行动迟缓等为由拒邀老年人参加。健康的老年人应是防震减灾教育不容忽视的成员。还应当指出，为减少地震灾害关连死，应关爱孤寡、空巢以及边远地域的老年人。

综上所述，老龄化社会发生重大地震灾害具有"老龄化社会型灾害"、"超老龄化社会型灾害"的特点。

5.3 室内家具地震次生灾害及其防御对策

所谓室内家具类是设置在建筑内部的床、橱、柜、书架、桌、椅、冰箱、电视机、计算机、复印机、电烤箱以及悬挂物（钟、镜、告示牌、灯）等。现代城市的家庭、办公室、图书馆以及商场超市等建筑内部都有品种繁多的家具类。重大地震灾害发生时，在地震力的强烈作用下，室内的家具类发生多种震害形态，并是导致人员伤亡、堵塞避难道路、引发次生火灾的重要原因。

我国室内家具类地震次生灾害的研究成果甚少，是一种被忽视的地震防灾研究领域。近些年来，日本学者研究了地震灾害家具类致人伤亡的统计结果、发生的原因与预防措施等，有一定的借鉴作用。

5.3.1 家具类的主要震害形态

对我国汶川地震、日本阪神地震和东日本地震的研究表明，家具类地震次生灾害的主要震害形态（以橱、柜为例）如图 5-12 所示。各震害形态虽然都有破坏作用，但翻倒、落下、移动更甚。发生这些震害形态时，如果家具类与人体接触（压、砸、撞击等），可造成人员伤亡。而且，发生震害的家具类往往堵塞避难道路，影响室内人员快速避难逃生。处于高温状态的烤箱、炉灶等还有可能引发次生火灾，唐山地震时原河北矿冶学院图书馆因燃煤炉翻倒，20 万册图书焚烧殆尽。

书架翻倒落地　　　电视机落下　计算机等翻倒　玻璃镜摔落　四轮车移动撞击　砸坏办公设施

图 5-12　室内家具类翻倒、落下与移动示例图

东日本地震家具类震害率如表 5-18 所示。从该表可以看出,室内的家具类都有可能发生翻倒、落下、移动等震害形态,而且高宽比大的隔断板、书架、铁架、陈列架、橱柜以及计算机、电视机等容易发生翻倒、落下,复印机、办公桌、电冰箱等移动率比较高。也就是说,家具类依位移特征有各自的震害形态取向。

东日本地震家具类震害率 (%) 表 5-18

家具类名称	翻倒落下率	移动率	家具类名称	翻倒落下率	移动率	家具类名称	翻倒落下率	移动率
书架	39	2	橱柜	27	4	更衣柜	22	2
隔断板	44	0	计算机	30	5	复印机	2	44
烤箱	10	3	电视机	32	0	电冰箱	14	12
铁架	32	5	办公桌	6	10	商品陈列架	35	15

5.3.2 家具类地震次生灾害造成的人员伤亡

阪神地震后,日本的防灾部门调研了家具类地震次生灾害的人员伤亡状况。结果表明,阪神地震的 8 成、1 成死者分别源于建筑倒塌、家具类次生灾害。

日本 7 次地震灾害家具类的致伤率如图 5-13 所示。在各类致伤因素中,家具类占 3～5 成。宫城县北部地震最高 (49.4%),能登半岛地震最低 (29.4%),均值近 40%。

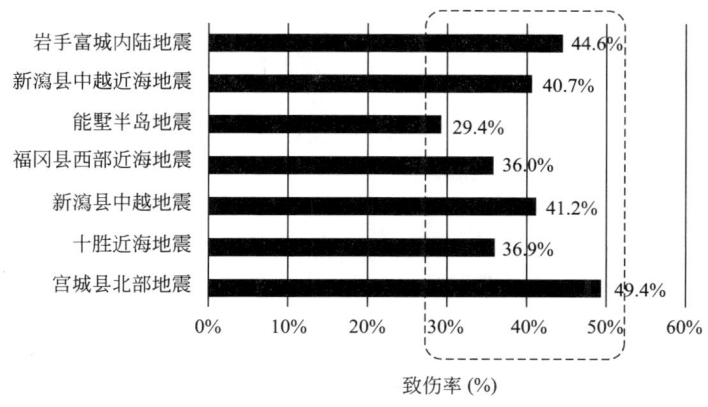

图 5-13 日本 7 次地震的家具类致伤率

据对设想的日本东京湾地震的估算,不同的次生灾害受伤人数如表 5-19 所示。由该表可以看出,室内家具类翻倒、落下致伤 54501 人,占受伤人数的 34.2%。在表 5-19 的各类次生灾害中,家具类翻倒、落下的受伤人数仅次于建筑倒塌，居第二位。

由上述可知，室内家具类翻倒、落下、移动等是地震的重要次生灾害，其造成的人员伤亡相当惨重。因此，应当重视而不是忽视家具类防灾对策的研究。

日本东京湾地震不同次生灾害的受伤人员　　　　　表 5-19

次生灾害	受伤人数	次生灾害	受伤人数	次生灾害	受伤人数	次生灾害	受伤人数
场地液化建筑倒塌	73472	火灾	15336	交通事故	6821	屏风倒塌	6762
家具类翻倒	54501	室外落物	2037	陡坡坍塌	229	（合计）	159158

5.3.3　影响家具类地震次生灾害的主要因素

主要因素包括地震强度、建筑抗震能力与高度、长周期与短周期、家具类的特征等。

（1）建筑抗震能力

室内家具类产生地震次生灾害的主要原因是房屋建筑在地震动作用下激烈摇晃，摇晃越厉害，家具类的次生灾害越严重。

建筑的抗震结构、减震结构和隔震结构受到相同地震动的摇晃程度不同（图 5-14），高度相同的条件下，建筑的摇晃周期从大到小的顺序是抗震结构＞减震结构＞隔震结构。因此，隔震结构的建筑更有利于减轻家具类地震次生灾害。长周期与短周期、地面最大反应加速度、摩擦系数（μ）与家具类移动量的关系如图 5-15 所示。显然，如果地面最大反应加速度和家具类摩擦系数相同，长周期家具类的移动量是短周期的几十倍至上百倍。因此，研究高层建筑家具类地震次生灾害的预防措施尤为重要。

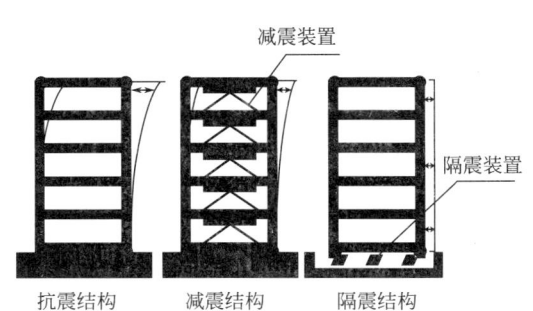

图 5-14　抗震结构模型图

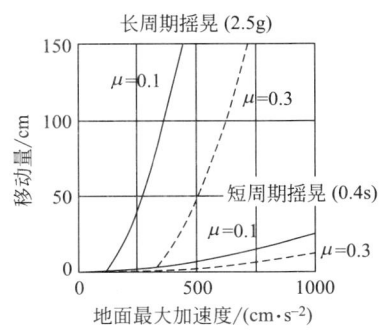

图 5-15　周期对家具类移动量的影响

按照不同年代制定、修订的建筑抗震设计标准建造的房屋建筑抗震能力不同，新的标准抗震能力更高。

东日本地震仙台市的统计结果如表 5-20 所示。依据新标准建设的建筑物，无论是翻倒、落下率，还是移动率都比旧标准低；隔震结构可以有效降低建筑的摇晃程度，其内家具类的地震次生灾害比抗震结构、减震结构都轻；经抗震加固的旧建筑可提高抗震能力，和新抗震结构相比，翻倒、落下率相同（均为80%）。

建筑抗震设计标准对家具类地震次生灾害的影响　　　　　　　　　表 5-20

日本建筑标准法	抗震结构	翻倒、落下率		移动率	
新抗震标准	隔震结构	16.7		0.0	
（1981 年 6 月以后）	减震结构	85.7	60.8(均值)	28.6	24.5(均值)
	新抗震结构	80.0		45.5	
旧抗震标准	旧抗震结构	100.0		72.7	
（1981 年 6 月以前）	经抗震补强	80.0	90.0(均值)	80.0	76.4(均值)

（2）建筑高度

由抗震结构模型（图 5-14）可知，楼层越高建筑摇晃周期越长，室内家具类翻倒、落下、移动越激烈。东日本地震建筑层数与家具类翻倒、落下、移动的百分比如图 5-16 所示，楼层越高家具类翻倒、落下、移动的百分比越大。高层建筑更应重视提高室内家具类的抗震能力。

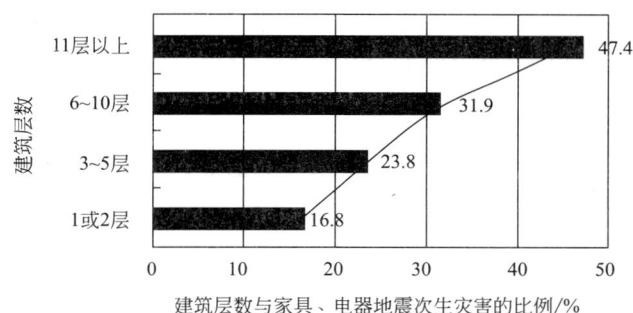

图 5-16　建筑层数与家具、电器次生灾害比例的关系

（3）认识障碍

造成家具类翻倒、落下、移动的一个重要原因是认识障碍。调查表明，东日本地震前后室内有关家具类的认识障碍如图 5-17 所示。

认识障碍可归纳为 3 个方面。其一，担心损伤家具和墙壁；其二，认为不会翻倒、落下和移动，即使采取抗震对策也不会有防灾效果；其三，觉得费时，费钱，麻烦，不知道采用什么方法和到何处购买相关的抗震器件。这显然是对室内家具、电器采取抗震对策的认识障碍。为消除这些障碍，在平时的抗震防灾教育中，应加强家具类地震次生灾害及其危害教育，消除认识障碍，采取有效预防

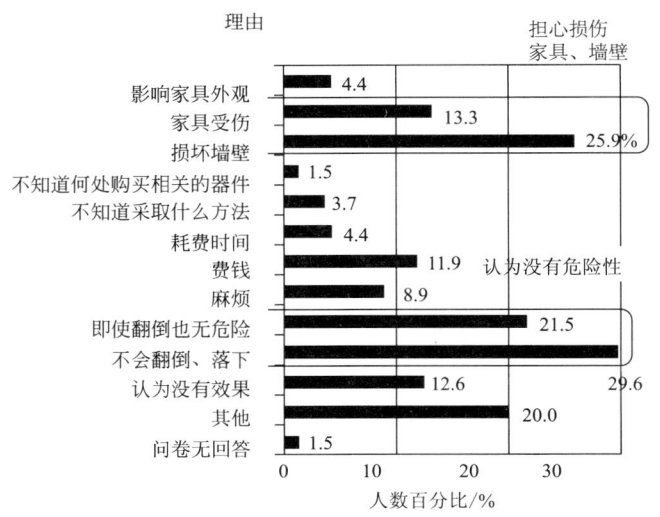

图 5-17　主要认识障碍

措施。

此外，地震强度（反应加速度、地震烈度等）以及家具类的形态、特征（高宽比、摩擦系数、质量等）等也是重要影响因素。

5.3.4　预防措施

虽然室内家具类翻倒、落下、移动是不容忽视的地震次生灾害，但至今对其严重危害缺乏应有认识。即使是比较重视地震防灾教育的日本，家具类地震次生灾害的防灾意识也相当薄弱，据调查，东京 59.8％的被调查者亲自考察过灾时拟去的避难场所，53.9％参加过防灾训练，但采取家具类预防措施的仅 27.8％。

（1）常用预防对策

预防家具类地震次生灾害的常用对策如图 5-18 所示。这些对策既考虑了各类家具的抗震能力及其对翻倒、落下、移动的影响，又对避难道路提出合理要求，具有普遍适用性。而且，提高室内家具类抗震能力的措施主要是利用连接构件把家具固定在墙面、地面或家具间相互连接，或降低家具类的重心，不单独放置较高且稳定性差的家具、电器，锁闭家具、电器的门、窗与抽屉，保持避难道路畅通等。

（2）预防措施优先度

优先度是室内家具类按采取预防措施重要性的排列顺序，重要性高的家具类优先度高。

室内家具类优先度的评价项目包括：是否置于主要生活范围（居室、客厅

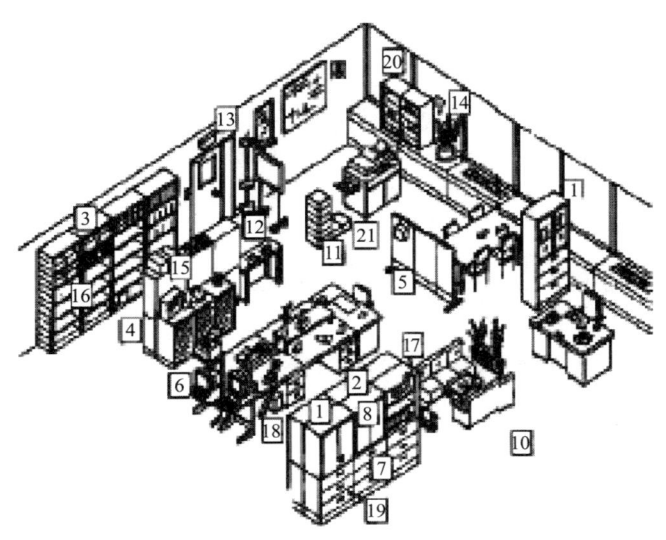

图 5-18　常用对策示意图

(图中数字的诠释见图下)

诠释：

1. 不单独摆放比较高的家具；2. 稳定性差的家具背靠背连接；3. 靠墙壁的家具固定在壁面、地面上；4. 上下两层的家具上下连接固定；5. 竖立的板材用不易翻倒的コ型、H 型构件等固定在地面上；6. 防止电脑等信息存取设施摔落；7. 防抽屉脱落、橱窗甩开；8. 挂钟、镜框、告示牌等悬挂物固定在墙面上；9. 玻璃贴胶带防止破碎散落；10. 室内地面没有绊脚的障碍物和凹凸；11. 禁止在避难道路上堆放物品；12. 避难道路上不放置容易翻倒的物品；13. 容易看到避难出口；14. 应急出入口不放置障碍物；15. 桌面不放置容易翻倒的物品；16. 家具内贮物不宜过多且重心过高；17. 家具内不贮藏危险品（易燃易爆品）；18. 办公桌下不放置物品；19. 关紧抽屉与家具的窗门；20. 玻璃窗处不放置容易翻倒的物品；21. 采用固定方法等防止打印机等办公设施翻倒

等）和主要避难线路上，由家具类的宽高比、质量与重心判断有无翻倒、落下、移动的可能性，伴随翻倒有无玻璃的破碎、飞散，会否堵塞避难道路等。优先度以保护居民安全为主旨，以预防措施为保障安全的手段。编制室内家具类优先度时，按照上述评价项目，赋予每个评价对象分值，并由大向小排列，分值最高的优先度最大。

依据优先度大小决定哪些家具类优先采取预防措施。居室、客厅内和避难道路两侧的家具类凡可能发生翻倒、落下、移动等次生灾害的均应采取预防措施。电视机、电冰箱、电子计算机、烤箱、热水器、燃气灶已经普及性地进入家庭，凡因震害可能伤人、引发火灾的优先度高。图书馆、商场超市等为众多不确定人群服务的场所，家具类品种多，数量大，密度高，更应按优先度采取预防措施。

实践表明，采取预防措施可以有效降低家具类地震次生灾害。东日本地震时，栗原、大崎地域震前预防措施实施率 53%，翻倒率 61%；福岛县郡山、须贺川地域则分别为 22％，75％。实施率高，翻倒率低。

在城镇地震防灾教育中，应提升居民对家具类地震次生灾害危害性的认识，宣传预防措施；新老建筑应重视家具类的防灾合理布置并实施预防措施；室内家具类应成为防震减灾不容忽视的研究领域。采取多种途径提高家具类预防措施实施率，强化室内家具类防灾功能，减少灾时人员伤亡。

5.4 地震灾害情报的实用性及其提高途径

我国是地震灾害多发国。新中国成立以来，22 个省、自治区、直辖市发生破坏性地震 100 多次，35 万余人震亡，成灾面积 30 多万平方千米，倒塌房屋 700 余万间。1976 年唐山地震死亡 242469 人，重伤 175797 人，唐山市区居民住宅倒塌率高达 97.3％。但我国地震灾害情报的研究成果凤毛麟角，与我国日益提高的抗震减灾能力等极不相称。地震灾害的预防与应急对策必须充分融入各类地震情报，才有可能取得良好的社会效益、经济效益与防灾减灾效益。地震灾害特别是重大地震灾害的情报类型及其实用性研究，势在必行，势在速行。

5.4.1 地震灾害情报的类型与实用性

对我国 1966 年河北邢台地震、1975 年辽宁海城地震、1976 年河北唐山地震、1999 年台湾集集地震、2008 年四川汶川地震以及 1995 年日本阪神地震、2011 年东日本地震等重大地震灾害的综合研究表明，地震灾害情报的产生、传播和利用遵循情报学的基本规律，但有明显的专业情报个性——有关地震灾害的情报。

划分地震灾害情报的类型有多种方法。从地震灾害预测预报、灾后救援、恢复重建与地震灾害情报实用性的角度，可以划分为灾害动因情报、受灾情报、行动指示情报、安危情报、生活情报、卫生防疫情报、恢复重建情报以及灾害谣言等。

（1）灾害动因情报

内容包括地震灾害的发生原因与前兆，地震板块与断层，主震震源，可能引发的次生灾害等。这类情报对掌握地震灾害的形成机理、预测预报以及抗震减灾决策有重要参考价值。依据目前地震灾害预测预报的科学技术水平与实践经验，准确临震预报的难度较大。如果能像 1975 年海城地震那样实现临震短期预报，可以大幅度减少人员伤亡与财产损失。灾害动因机理情报的综合研究，可以把实践经验抽象升华为理性认识，为地震灾害的准确预测预报奠定理论基础。

（2）受灾情报

是掌握灾区灾害状况的主要情报途径，内容涉及人员伤亡，建筑物倒塌、烧毁、严重破坏，生命线系统瘫痪以及其他灾害形态，直接与间接的经济损失，对灾区政治、经济、文化的严重影响等。受灾情报是决策抢险救灾特别是救灾资源配置与恢复重建的基本依据。救灾资源以震中为圆心的同心圆配置原理是依据地震灾害受灾地域分布状况提出的。

（3）危险程度与预警

地震主震发生后，获取余震、火灾、海啸、泥石流、山崩、滑坡等次生灾害及其危险程度的相关情报，对于灾害管理部门合理组织、指挥居民避难和科学实施救援对策，居民决定避难等有重要指导意义。如果灾害前兆情报显示，可能发生危害居民人身安全的次生灾害，应发布不同等级的灾害预报，并依此采取相应防灾减灾对策，为灾区居民支撑起安全保护伞。灾害预警是灾害来临之前发出的躲避灾害的重要情报，居民对预警情报不能麻木不仁，否则可能带来灾祸。2011年东日本地震发出海啸警报后，如果海啸袭击地域的居民果断奔向海啸避难场所，大多可幸免于难。但，一些居民并未采取紧急避难措施，在死亡的 2 万多人中，约 90％死于海啸。按照警报情报紧急避难是减少人员伤亡与经济损失的有效途径，特别是避难指示发布后，避难对象必须无条件地服从指令。必须深信"灾害情报救人"的道理。

（4）行动指示情报

地震灾害发生前后的灾害发展动向情报，特别关注灾害的发生前兆，灾害的地域分布和动态变化，次生灾害发生的可能性与发生的位置、时间等。灾时灾害管理部门利用行动指示情报开启避难场所和救灾物资储备库，指导居民从重灾区向轻灾区或非灾区转移，沿安全的避难道路去指定的避难场所避难，指令政府相关部门、公安、消防、医院等抢险救灾，合理配置支援灾区的人力、物力，适时决策规划重建。

（5）安危情报

地震灾害发生时，灾区内的个人、集体是否平安的情报。灾后，居民期盼家人、亲朋和相关单位平安的心情十分强烈，急切获取安危情报。电话是获取这类情报的重要途径。我国四川汶川地震、日本阪神地震等多次重大地震灾害后，都曾出现居民排长队打电话的景象。日本阪神地震时，神户大学的因特网站为该校的部分留学生传递了平安信息。收看电视、收听广播电台的灾害情报以及查看寻人留言等也有可能获取安危情报。

（6）生活情报

重大地震灾害发生后，避难居民关注避难场所的生活环境与条件，救灾物资的供应与分配，伤病员救治场所，城镇生命线系统的破坏形态、破坏程度以及恢复进程，避难生活的安全保障等。避难弱者希望获取福祉避难场所情报。救灾物资情报提供救灾物资供应与分配的场所、时间、方法、数量以及领取方法。

（7）地震谣言

近些年来，我国出现过多次地震谣言。基本上是没有地震发布权的单位或个人散布的带有地震预报内容的虚假情报。地震谣言往往具有快速传播、多途径传播和跨地域传播的特点。谣言一旦在较大的地域传播，有可能产生严重的社会危害。1923年日本关东地震时，因地震谣言日本警察等杀害数千名朝鲜人和华工。平息灾害谣言的关键是灾害管理部门揭穿灾害谣言的虚假性、欺骗性，消除群众对灾害谣言认识上的模糊性。

（8）避难情报

包括避难劝告、指示与引导，避难道路与避难所，次生灾害，避难生活救灾物资保障等方面的情报。避难劝告是劝告避难人员快速避难，避难指示是严重灾害迫在眉睫即将威胁市民生命时，行政部门发出的避难命令。必须避难的人员对避难指示听而不闻，存侥幸心理，抱"热土难离"观念，抗拒避难，极其危险。依据避难情报适时避难是躲避灾害的有效途径。

（9）救援物资情报

救灾物资是居民灾后生活特别是避难基本生活的物资保障。情报内容包括救灾物资储备仓库及其储备的物资种类与数量，救灾物资的调拨、运输与配置，国内外支援灾区物资的接收、管理与分配，每个避难场所或救援地点的救灾物资发放处与领取方法等。灾害救助情报包括自助、公助、共助和国际救助四个方面，每个方面都包容大量救援物资情报。

（10）卫生防疫情报

这是确保避难生活安全的重要情报保障之一。唐山地震后灾区曾出现瘟疫流行的苗头。依据疫情情报，果断采取有效措施，消除疫源，切断传播途径，控制传播人群，把瘟疫消灭在萌芽状态。近60年来，我国多次重大地震灾害都创造了大灾之后无大疫的奇迹。绝不能再现新中国成立前我国一些地震灾害后"哮哭惊声日夜不绝"、"死尸遍野"、"瘟痫随作"、"人俱死，无收瘗者"的悲惨景象。2010年海地地震后，灾区爆发霍乱，两年内50余万人患病，7000余人死亡。显示出，即使在21世纪，灾后仍有瘟病爆发并较长时间蔓延的可能性，必须高度重视卫生防疫情报。

（11）恢复重建情报

恢复重建是从灾时生活过渡到新的平时生活的重要阶段。通过恢复重建情报，灾区居民看到灾后新生活的曙光，而伴随恢复重建的深化与结束，避难人员从避难场所逐步乔迁至正式住宅，最终结束避难生活。灾后新的平时生活比灾前的平时生活更美好。

由上述可知，地震灾害的情报类型不同，情报的实用性也不同。各类地震灾害情报在地震灾害预测预报与预防，掌握灾害发生、受灾程度与灾情的地域分布，制定抗震减灾方略，救灾资源的储备、调拨与分发，劝告、指令居民避难与安全度过避难生活，编制恢复重建方案等防灾减灾活动中起重要作用，并推动地震学、灾害学以及灾害情报学深入发展。

5.4.2　提高实用性的主要途径

（1）构建情报网络

利用情报网络是存储、传递、利用地震灾害情报的基本途径。以地震灾害避难场所为例，各级抗震减灾指挥机构之间，各避难所之间，避难的指挥人员、引导人员之间以及他们与避难人员之间，避难管理部门与抗灾减灾资源储备仓库之间，防灾避难场所与医疗机构、公安部门、气象部门、交通部门、消防部门之间等，必须建立畅通无阻的情报网络。避难场所的情报网络如图 5-19 所示。

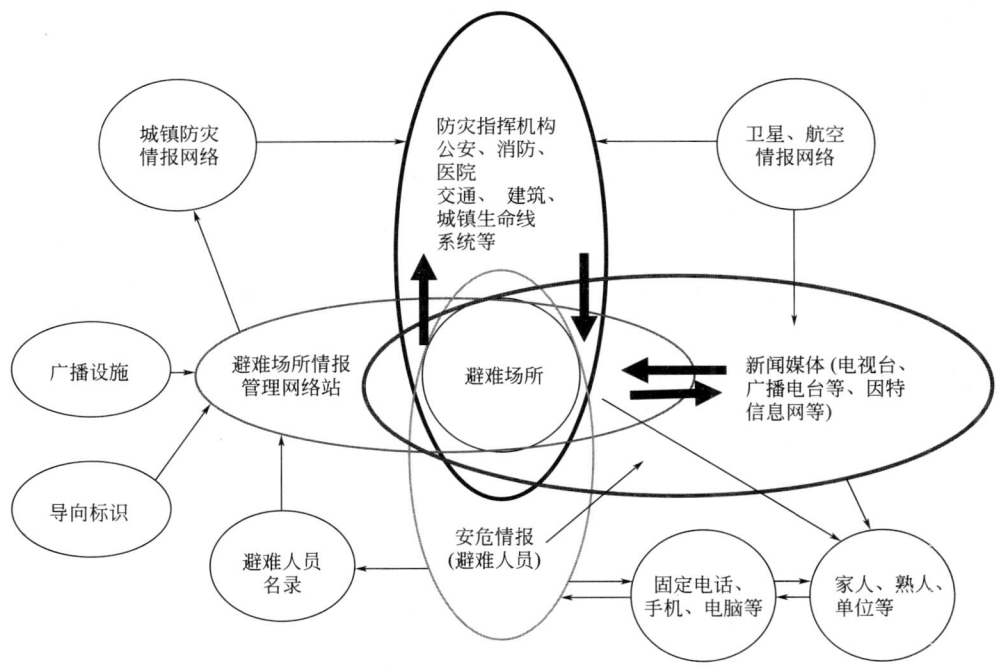

图 5-19　避难场所情报网络图

避难场所是地震灾害的重要救助据点，充分利用情报网络可以产生更高的社会效益、防灾减灾效益。图 5-19 表明，避难场所设情报管理网络，收集、传递、利用各类地震灾害情报。避难场所网络与城镇防灾情报网络、各新闻媒体以及其他相关的情报网络连通。利用卫星、航空等多种现代情报手段收集、传递相关情报。图中说明了安危情报是避难人员与家人、亲朋、相关单位之间互问安否，主要途径是电话、因特网、新闻媒体、避难者名册等。在近些年的重大地震灾害中，蓬勃发展的信息网络系统对确保地震灾害情报的完整性、准确性、速发性、畅通性起了重要作用。

（2）情报速发、速检、速用

我国情报速发、速检、速用研究已经起步。

地震灾害情报必须速发，才有可能争得时间，减少人员伤亡和经济损失。例如：1975 年海城地震是我国临震预报的成功尝试。2 月 4 日上午 10 时 30 分发布地震预报，下午 5 时 36 分发生 7.3 级地震灾害。由于临震之前采取了避难疏散等预防措施，只有 1238 人死亡，约为 7.8 级唐山地震的 5‰。如果预报情报迟发数个小时，估计会有十几万人死亡。体现出"时间就是生命"的灾害情报价值。速发是地震灾害情报的多途径（情报网络、电视、广播、电话、口头等）快速发布，且覆盖所有应知的情报受众。速发为速检（索、看、听）奠定时间基础，速检是速用的前提。居首位的是速发，经速检实现速用。特别是地震灾害早期情报的速发与综合，对抗震救灾决策起重要作用。构建畅通无阻的情报网络是实现速发、速检与速用的有效技术保障。

（3）提高灾害情报意识

地震灾害情报类型多样，城镇灾害管理部门平时应定期或不定期地开展综合防灾教育与演习，提高居民的灾害情报意识和自主综合防灾能力。教育活动应注重群众性、普及性和有效性。通过防灾教育，务求居民掌握灾害情报的用语与避难符号，灾害情报的类型与实用性，地震谣言的识别能力，避难必需生活物品的储备与注意事项，避难劝告、避难指示的重要性、紧迫性以及拒绝的严重后果，利用灾害情报进行自我保护与救助他人的方法等。居民的灾害情报教育强调预防为主，未雨绸缪。灾前了解灾后的灾害情报传播规律，有助于提升居民的灾害情报关心度和综合防灾能力。城镇灾害管理部门应坚持"以人为本"的基本原则，把居民的防灾教育纳入议事日程，并规划建设城镇灾害情报网络和防灾避难场所系统，依据灾害情报决策灾后救助与恢复重建。

地震灾害的突发性，救灾过程的时序性，灾害情报的综合性、实用性以及灾害情报迟发带来的严重危害性等，决定了地震灾害情报必须具有准确、适时、速发、速检、速用等基本品格。"灾害情报救命"是对灾害情报实用性的高度概括。

5.5　地震灾害死者死因分析与思考—以日本地震灾害为例

日本频发重大地震灾害，地震工程学和地震社会学的学术研究比较活跃。地震灾害死者的死因研究是其中一个重要研究领域，研究内容涉及死者人数统计、死因的分类与分析、死者的年龄分布与男女比例、死因与地震风险评价、减少直接死与间接死的对策等。

1700～2011 年日本死亡 6000 人以上的地震灾害如表 5-21 所示。

日本死亡 6000 人以上的地震灾害统计表（1700～2011 年）　　　表 5-21

序号	地震名称	震级	发生时间（年-月-日）	地域	死亡人数（含失踪）	海啸规模	主要震害形态
1	关东地震	7.9	1923-09-01	关东南部	142807	4～6m	火灾
2	明治三陆地震	8.5	1896-06-15	三陆近海	22000	最大 30m 以上	海啸
3	宝永地震	8.4	1707-10-28	五畿、七道	至少 20000	最大 30m 以上	建筑倒塌、海啸
4	东日本地震	9.0	2011-03-11	岩手、宫城、福岛	18926	最大 30m 以上	海啸、建筑倒塌
5	八重山地震	7.4	1771-04-24	八重山·宫古两群岛	12000	最大 30m 以上	海啸
6	元禄地震	8.1	1703-12-31	江户、关东	10000	10～20m	火灾、海啸
7	善光寺地震	7.4	1847-05-08	信浓北部、越后西部	8174	—	建筑倒塌、火灾、山崩
8	江户地震	6.9	1855-11-11	江户及其附近	7444	—	火灾
9	浓尾地震	8.0	1891-10-28	爱知县、岐阜县	7273	—	建筑倒塌、火灾
10	阪神地震	7.3	1995-01-17	兵库县南部	6435	—	建筑倒塌、火灾

分析表 5-21 可知：在统计的 300 多年间，死亡 6000 人以上的地震灾害共 10 次，平均约 30 年 1 次。其中，死亡 10 万人以上的 1 次（关东地震，300 多年 1 次）；1 万人以上的 6 次，平均 50 年 1 次；造成人员死亡的主要震害形态是建筑倒塌及其伴生的次生灾害，多数地震灾害是多灾种特别是地震、海啸、火灾的复合灾害。关东地震约半数死者死于次生火灾；有些地震的主震没有或少有人员死亡，主要死于次生海啸，例如：明治三陆地震等。

研究地震灾害死者死因，对制定抗震减灾对策有重要参考价值。

5.5.1　死者死因分析

（1）死者死因

日本地震灾害的死者死因汇总于表 5-22。

日本把地震灾害死者的死因划分为两大类。一类是直接死，即因地震及其伴生的次生火灾、海啸、泥石流等砸压、窒息、休克、火烧、溺水、掩埋等直接造成的人员死亡；另一类是间接死，即，震后居民的生活条件、生活环境突变，患病者病情恶化以及应激反应、过度疲劳、自杀、瘟病肆虐、孤独死、饥寒交迫等造成的人员死亡。死者死因的确定主要基于尸检、解剖等。灾时居民的正常死亡不属直接死和间接死。

地震灾害死者的死因多种多样。不仅取决于各种震害形态，还与灾区一些灾

地震灾害死者死因表 表 5-22

		死因	备注
直接死	建筑倒塌	建筑倒塌和构件落下以及家具翻倒	被倒塌建筑埋压在废墟下，或因家具翻倒、落桥、落物砸压的死者
	火灾	被地震次生火灾烧死者	
	休克	因地震受严重外伤休克，或因应激反应，猝发急性心肌梗、脑溢血等休克死亡	
	泥石流与滑坡	地震伴生山崩、泥石流、滑坡、地裂缝或由此造成建筑 倒塌、流失、埋压而死者	被泥石流、滑坡等灾害及其引发的建筑倒塌、泥沙深埋的死者
	海啸	地震伴生海啸溺水的死者	
	摔落	地震摇晃从高处摔下的死者	
	其他		难以归类者
间接死		不属直接死，因避难生活疲劳、环境不适、应激反应、病情恶化以及避难过程中的死亡者等。	避难途中死亡以及经济舱综合症、孤独死、自杀、饥寒交迫以及病情恶化的死者

民的地震应激反应，灾时生活的极度不适应以及避难过程中死亡等多种因素密切相关。

　　死者死因研究中，不能忽视家具翻倒、落物致死。特别是建筑内家具比较多，又没有合理的固定措施时，更容易发生家具翻倒，像图书馆等纸质文献收藏机构以及居室等。

　　地震失踪者是以地震灾害为直接原因导致的下落不明，暂时无法确认死活者。失踪者活不见人，死不见尸。随灾后时间推移，见人者活，见尸者死。相关的法律法规规定失踪多长时间，失踪者视为死者。东日本地震死亡的 18926 人（截止 2012 年 4 月 1 日）中，包含失踪者 3070 人（截止 2012 年 3 月 31 日）。

　　（2）实例分析

　　① 东日本地震、阪神地震和关东地震死者死因的比较研究

　　东日本地震、阪神地震和关东地震的死者死因如图 5-20 所示。

　　东日本地震、阪神地震和关东地震的死者死因差异很大。海啸溺水，建筑倒塌和火灾分别是东日本地震、阪神地震和关东地震死者的主要死因。这三次地震是分析地震灾害死者死因有代表性的示例。东日本地震的复合灾害由建筑倒塌、海啸、火灾、核泄漏等构成，海啸死者最多，占九成以上，其次是建筑倒塌。阪神地震建筑倒塌的死者最多，约占 3/4，其次是火灾。而关东地震主要是火灾，占死者人数的 87.1%，建筑倒塌约占一成。显然，一次重大地震灾害发生时，复合灾害灾种的多少与类型是影响死亡人数与死者死因的重要因素。

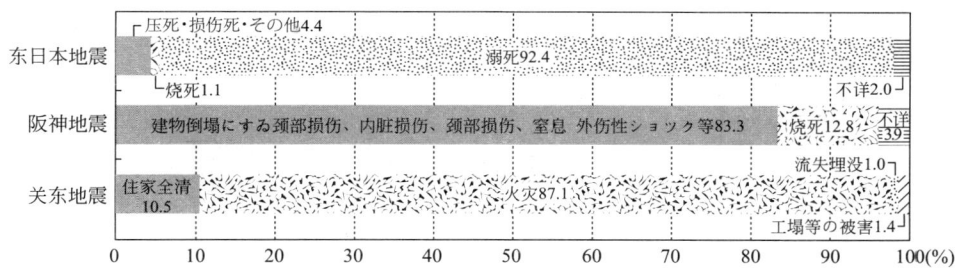

图 5-20 东日本地震、阪神地震、关东地震死者死因的比较图

② 阪神地震死者的死因分析

1995 年阪神地震经过尸检的死者死因如表 5-23 所示。

阪神地震死者死因统计表　　　　　　　　　表 5-23

死因	人数	占死亡人数的%	死因	人数	占死亡人数的%	死因	人数	占死亡人数的%	死因	人数	占死亡人数的%
窒息	1967	53.9	压死	452	12.4	外伤性休克	82	2.2	头部损伤	124	3.4
内脏损伤	55	1.5	颈部损伤	63	1.7	脏器缺损	15	0.4	冻死等	7	0.2
挫伤等	300	8.2	烧死	444	12.2	不详	116	3.2	其他	26	0.7

阪神地震的主要震害形态是建筑倒塌，占尸检死者的 83.3％，其次是火灾占 12.2％。埋压在建筑废墟中的人，因砸压、窒息，在 1 刻钟内死亡（占死者总人数的 66.3％）。约 10％的死者死于室内家具翻倒。伴随建筑倒塌，室内人员除砸压、窒息死亡之外，还因外伤（外伤性休克、头部和颈部损伤、挫伤等）、内伤（内脏损伤、脏器缺损等）死亡，合计占 17.4％。

③ 间接死的死因分析

据对阪神地震神户市间接死的死因统计，99％是疾病，1％是自杀。死于心脏病和脑血管疾病的占 38％，其次是呼吸系统占 35％，病情恶化占 21％。

还应当指出，一次重大地震灾害间接死的人数会成百上千。据日本《每日新闻》2012 年 4 月 27 日报道，东日本地震 1 都 9 县间接死 1618 人，超过阪神地震（900 余人）。分别占各自直接死人数的 8.6％和 14.3％。一次重大地震灾害的死亡人数为直接死人数与间接死人数之和，这两次地震灾害间接死各占一成左右。

5.5.2 减少直接死

通过日本地震灾害死者死因分析，有许多问题值得思考。特别是依据建筑法规建造安全建筑，树立复合灾害理念，重视灾害医疗救护等，对减少直接死与间接死有重要意义。

（1）依据建筑法规建造安全建筑

"杀人的不是地震，而是建筑"，揭示出建筑倒塌是地震灾害直接死的基本原因。建造不倒塌的安全建筑是减少直接死的有效措施。制定建筑法规是利用法律手段确保建造安全建筑的重要依据。1919 年日本制定了最早的建筑法规《市街地建筑物法》，1950 年被《建筑基准法》取代。制定《建筑基准法》的目的是保护国民的生命、健康和财产。日本地震灾害与建筑基准法的发展过程见表 5-24。这个过程的大体发展趋势是：因地震灾害建筑倒塌→人员死亡→创立地震学术组织，制定建筑法规→促进地震工程学研究，提高建筑抗震水准→重大地震灾害后总结建筑抗震的经验教训，吸取国内外先进的建筑技术，适时修订建筑法规→减少建筑倒塌→降低人员死亡。重大地震灾害无建筑倒塌，"零死亡"，是建筑抗震的理想状态。

日本地震灾害与建筑法规   表 5-24

地震	时间（年）	震级	死亡人数	建筑法规
浓尾地震	1891	8.0	7273	1892 年成立震灾预防调查会（1925 年废止，建地震研究所）。1919 年日本制定最早的建筑法规《市街地建筑物法》
关东地震	1923	7.9	142807	1924 年修订《市街地建筑物法》，增加抗震标准的内容
福井地震	1948	7.1	3769	1950 年制定《建筑基准准法》，《市街地建筑物法》废止。1959 年修订《建筑基准法》。1971 年修订《建筑基准法施行令》，吸取了 1964 年新潟地震场地液化和 1968 年十胜近海地震钢筋混凝土结构剪切破坏的教训
宫城县近海地震	1978	7.4	28	1981 年大幅度修订《建筑基准法施行令》，引入新的抗震设计法。1992 年制定《木造 3 层公寓标准》
阪神地震	1995	7.2	5436	当年修订《建筑基准法》，发布《建设省住指发第 176 号》文件，制定关于建筑物抗震加固的法律《抗震加固促进法》。2000 年修订《建筑基准法》

《建筑基准法》有多次重要修订。例如：1981 年引入新的抗震设计法（二次设计法），1982 年采用"木造框架组合墙壁构造法"建筑技术，1995 年规定高层建筑必须能够抵御里氏 7 级以上地震等。通过多次修订，逐步提高建筑抗震设防水准，强化建筑抗震性能，构建安全建筑，减少地震灾害直接死，力求创建建筑抗震的理想状态。"日本严格的建筑规范挽救了许多人的生命"，这肯定了建筑法规对减少直接死的贡献。阪神地震时，凡按照新修订的《建筑基准法》建造的房屋完好无损，对减少直接死确实起了重要作用。

（2）树立复合灾害理念

日本的重大地震灾害多为复合灾害。表 5-21 的 10 次地震有多种复合形式，主要包括地震＋海啸，地震＋火灾，地震＋火灾＋海啸，地震＋火灾＋山崩等。构成复合灾害的各个灾害都是人员死亡的灾害要素。发生复合灾害，多种灾害叠加，加重灾情；不同的灾害紧急应对的方法不同，灾前需要有更多的资源与技术储备；应对复合灾害，要求灾害管理部门有更高的组织、指挥、协调能力。因此，研究制定抗震减灾对策，应树立复合灾害理念。日本设中央防灾会议、紧急灾害对策本部，都道府县和市町村设地方防灾会议、灾害对策本部，是复合灾害管理的组织保障。市町村统筹规划建设应对复合灾害的避难场所系统和救灾物资保障体系，灾时提供基本生活保障，减少人员死亡。严格贯彻《建筑基准法》，建立健全消防系统，增加防波堤高度，是预防与应对地震＋火灾＋海啸复合灾害的重要途径，也是减少直接死与间接死的有效措施。

（3）重视灾后医疗救护

已如前述，阪神地震时，神户市 99％的间接死死于疾病。灾后，居民从正常生活突变到灾时生活，有的居民产生较大的不适应性，无病者可能生病，患病者病情可能加重；有些居民因亲人死亡或惊吓，产生严重精神创伤和应激反应，有可能引发心脏病、脑血管和神经疾病；在避难场所集体避难，卫生条件差，呼吸道等疾病容易发生与蔓延；老年人在临时住宅避难，可能因孤独而死；有的人甚至因绝望而自杀等。灾后重视医疗救护是减少间接死的重要保障。充分利用灾区的和外援的医疗救护资源，有效的医疗救护伤病人员，向非灾区及时转运重伤员，开展卫生防疫活动，救助、看护避难弱者，为严重精神创伤和应激反应的居民进行心理咨询与精神康复等，对减少伤病人员的死亡率，预防瘟病发生与传播，防止自杀与孤独死等起重要作用。

此外，震后及时扒救埋压在建筑废墟中的生存者，也是减少直接死的重要措施。阪神地震后前 5 天扒救的生存率依次是 74.9％，24.2％，15.1％，6.4％和 4.8％。在建筑废墟中埋压的时间越久，死者越多，生存者越少。重视"黄金 24 小时"尤为重要。

（4）地震灾害关连死及其对策

地震灾害关连死是震后居民的生活环境、生活条件骤变，导致过度疲劳、病情恶化以及应激反应、瘟病肆虐、孤独死、饥寒交迫等造成的死亡。东日本地震 3 年后，重灾区福岛县的关连死人数（1660 人）超过直接死（1607 人），而且死者主要是老年人，显示出采取有效措施预防地震灾害关连死对于减少震后人员死亡特别是老年人死亡有重要意义。

① 地震灾害引发的环境骤变

重大地震灾害发生后，广大灾民必须紧急应对环境骤变。通过自救、他救与公救改变灾区的灾时环境，紧急形成基本生存环境、生活条件、医疗条件、防疫条件，逐步改变环境，适应环境，并在恢复、重建后创建比灾前更美好的社会环境、生活环境、生态环境与可持续发展环境。

但是，在地震灾害引发的环境骤变下，部分灾民埋压在地震废墟下，生存环境极其恶劣，余震频发，危在旦夕；幸存者必须采取避难行动（从避难起点到避难场所），并在避难场所度过避难生活；有的灾民不仅住宅倒塌或严重破坏，还有家人伤亡和重大经济损失，极度悲伤，有的产生应激反应甚至绝望；有些灾民丧失栖身之所，食品与饮用水奇缺，没有御寒衣物，至少在紧急救援阶段饥寒交迫；有些伤病者缺医少药，得不到及时有效治疗，伤势加重，病情恶化，等等。

② 地震灾害关连死者主要是老年人

5.2.7 中已得出老龄化社会发生重大地震灾害具有"老龄化社会型灾害"、"超老龄化社会型灾害"的特点。老年人易发生地震灾害关连死。

5.6　救援物流瓶颈与对策

所谓地震应急救灾物流瓶颈是因发生主震及其次生灾害严重影响救灾物流系统正常运行的局部障碍。由于瓶颈效应，救灾物流断流、缩流以及错位、错向，灾区救灾物资短缺甚至出现不合理配置，妨害社会稳定与灾民避难安全。减少地震应急救灾物流瓶颈及其危害是救灾物流管理的重要研究课题之一。研究消除、减少应急救灾物流瓶颈的对策，对确保灾时物流畅通有重要的理论价值与实用意义。

5.6.1　教训与警世

重大地震灾害常发生救灾物流瓶颈现象，给救灾物资快速运往灾区造成严重困难。唐山地震滦河大桥、胜利桥和冀运河大桥坍塌，造成灾区东西两个方向的应急救灾物流断流；汶川地震、盈江地震、芦山地震等重大地震灾害，因山体滑坡、泥石流、落石等次生地质灾害，公路堵塞，救灾物流断流或缩流；东日本地震形成主震、海啸、火灾、电站核泄漏、余震等复合灾害，救灾物流断流、缩流、错位、错向现象严重，致使部分灾区及其附近的轻灾区甚至非灾区物资短缺。

这些教训警戒世人，重大地震灾害发生后确保救灾物流畅通，为灾区特别是重灾区快速、适时地运送应急救灾物资，可减少人员伤亡和经济损失。1556 年陕西华县地震因"震、焚、疫、溺、饥"死亡民众 83 万余，这样的历史悲剧永远不能再现。芦山地震因部分道路中断，支援灾区的官兵和其他人员只能徒步奔往灾区，救灾物资特别是应急的药品不能及时运往灾区。日本阪神地震、我国台湾省集集地震都因救援迟缓受到社会谴责。东日本地震 2 年后尚有 30 余万人避难。海地地震后救灾物资贫乏，社会秩序混乱，且爆发霍乱，50 万人患病，7000 人死亡。震后，及时形成救灾物流，确保物流畅流，减少断流、缩流、错位、错向等物流瓶颈，有保命、保健康、保安全、防止地震次生灾害之功效。

5.6.2   应急救灾物资的供需关系分析

像唐山地震、汶川地震、东日本地震等严重地震灾害，造成大量建筑倒塌、烧失、冲毁，生命线系统严重破坏或完全瘫痪，数以万计甚至几十万计的人员伤亡，少则几十万多则数百万人丧失基本生活条件。灾区急需大量救灾物资，而且需求急迫，可谓"时间就是生命"。

救灾物资供需与震后时间的关系如图 5-21 所示。在整个救灾过程中，紧急救援阶段应急救灾物资的需求量与供给量都最大。随震后时间推移，供需关系不断发生变化，最初达到第一个供需平衡点后，有数天时间供大于求，到第二个供需平衡点以后，供需大体平衡。这表明，在震后紧急救援阶段，减少救灾物流瓶颈，保持救灾物流系统畅流，可提高救灾效率与效果。

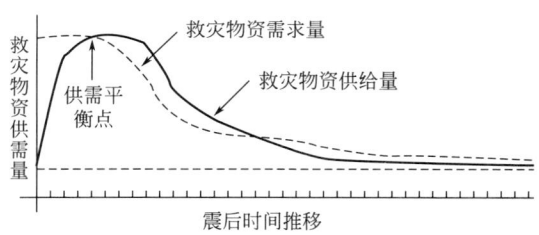

图 5-21   救灾物资供需与震后时间的关系图

5.6.3   地震灾害是产生应急救灾物流瓶颈的主要原因

对我国唐山地震、汶川地震、盈江地震、彝良地震、芦山地震以及东日本地震等严重地震灾害救灾物流瓶颈的研究表明，公路物流瓶颈及其发生的主要原因如图 5-22 所示。

该图揭示了地震灾害、灾情与救灾物流瓶颈的关系，为分析产生物流瓶颈的原因，研究消除、减少物流瓶颈的相应对策奠定基础。

产生应急救灾物流瓶颈的基本原因是地震灾害对救灾物流系统的严重破不。

（1）救灾物资储备仓库与收发场地破坏

因救灾物资储备仓库倒塌、烧失、水冲或浸泡，库存物资化为乌有，或收发场地的面积、形状发生变化不适于收发作业。比较典型的示例是东日本地震，海啸袭击区域内的救灾物资储备仓库以及其他灾时可用的各类物资遭灭顶之灾，或

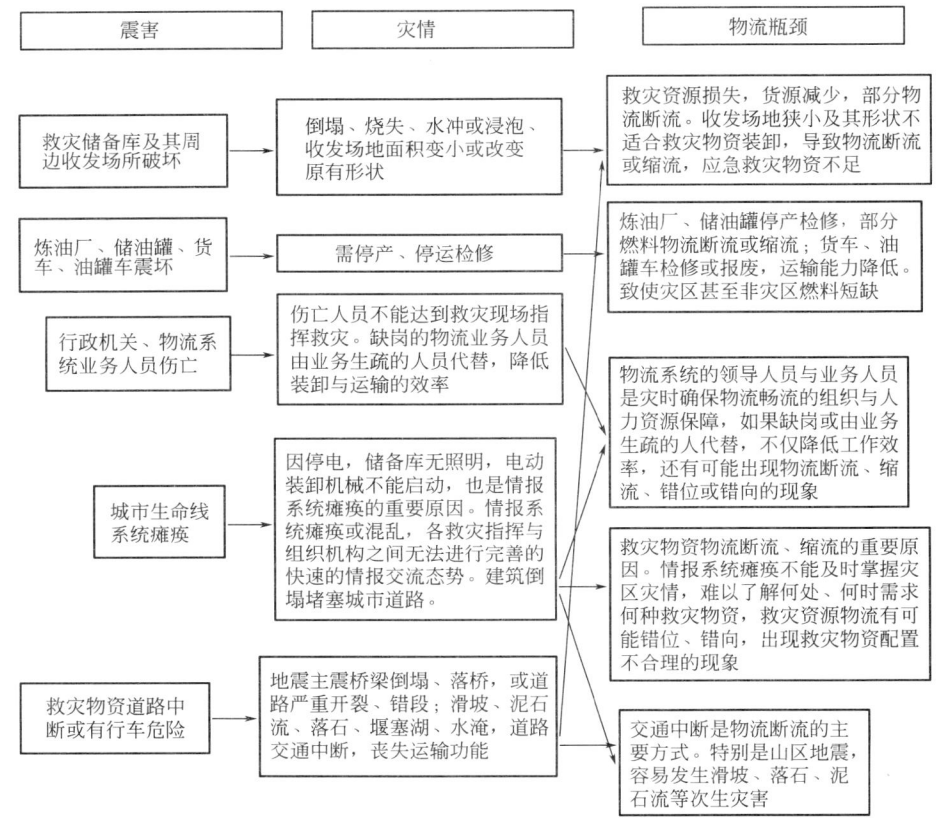

图 5-22　救灾物流瓶颈及其产生的主要原因

被建筑砸毁，海啸浸泡、冲走，或被火灾烧失，被放射性物质污染。海啸灾区无救灾物资可用，必须更改应急救灾物资供应源，修改震前规划的救灾物资物流系统。救灾物资储备仓库倒塌、毁坏是救灾物流断流的重要原因。

（2）炼油厂、储油罐、载重货车（含油罐车）震害

由于震害，必须停产、停运检修，载重货车司机伤亡，应急救灾物资输送线路震害甚至瘫痪等造成燃料不足，不能按照灾前的物流规划调拨燃料。一方面是油少、车少、司机少，另一方面是救灾物资运输量及相应的需油量骤增，燃料与救灾物资的供需矛盾尖锐。

（3）行政机关人员和救灾物流系统业务人员伤亡

应急救灾的指挥、组织人员和物流系统的业务人员不能全员及时到达物流运输与救灾现场，影响物流管理与救灾组织工作的连续性与效果。灾后临时更换的物流业务人员不熟悉业务，应急救灾物流装运效率低。

（4）城市生命线系统瘫痪

灾区的通信系统因震害或受停电的影响，通信设施不能运作，救灾指挥组织机构之间不能进行正常的信息交流，难以及时掌握灾区的灾情、救灾物资的需求以及需求分布，容易造成救灾物资物流流动的错位、错向以及救灾时间的延误。城市道路被建筑废墟掩埋，交通中断或堵塞造成断流或缩流。由于停电，大型救灾物资储备仓库的电动装卸机械不能启用，降低装卸效率。

芦山地震共损毁公路 2986km，桥梁 327 座。其中，宝兴县道路通讯均中断，雨城区通往芦山的国道 318 线大深溪滴水岩段因垮塌巨石造成交通中断，省道210 线铜头电站至灵关道路沿线因塌方造成交通中断，芦山县龙门至大川道路沿线因塌方造成交通中断，甘孜州省道 211 线泸定段因灾交通中断。重灾区之一的宝兴县成为一座孤城，严重影响救灾行动。

（5）地震次生灾害

主震往往引发滑坡、泥石流、火灾、海啸等次生灾害。有些地震的次生灾害造成的人员伤亡和经济损失高于主震。东日本地震死亡人数的九成源于海啸，且海啸灾区的各类物资几乎都变成了海啸垃圾（图 5-23）。致使近海啸袭击地区救灾物资格外缺乏。

由于上述原因与危害，有可能出现救灾物流的不合理配置，即供非所需、供远大于求或供远小于求。由此，导致救灾物流的混乱，呈现不合理配置。

图 5-23　海啸垃圾

依据应急救灾物资配置同心圆原则，灾情严重程度从震中向四周递减；震中附近是极震区，灾情最重；随后从重灾区经过渡区逐步过渡到轻灾区；轻灾区之外是非灾区。因此，在配置应急救灾资源时，配置重点在极震区，其次是过渡区，再次是轻灾区，非灾区无需配置。凡不分灾情轻重和灾民对救灾物资的实际需求，物流错位、错向，既违背同心圆原则，可造成应急救灾物资的不合理配置。

5.6.4　主要对策

（1）多途径储备救灾物资

作为一座城市，救灾物资的储备有多种途径。建规模适宜的市救灾物资储备库，与企业、商场、超市签订灾时供应应急救灾物资合同，在避难场所、救灾物资收发站设小型救灾物资储备库，动员居民储备救灾应急物资便携带（内装应急的食品、饮用水等）。城市储备救灾物资的途径以及品种、数量多，且灾时应急救灾物资供应遵循先自救、他救，后公救的原则，可有效减少救灾物流断流、缩流以及错位、错向对应急救灾的影响。通过多途径储备应急救灾物资，提高城市应急救灾能力，减少远程物流流入城市，可有效减少应急救灾物流断流、缩流。

（2）提高储备仓库和道路设施的抗震设防水准

这是消除应急救灾物流断流、缩流的有效措施。设计、修建的救灾物资储备仓库与救灾道路应在重大地震作用下不倒塌，不严重破坏，确保灾时应急救灾物资无损，运输道路畅通。同时，充分考虑地震次生灾害的破坏作用，储备库避开次生灾害发生及其流动地域。

（3）确保城市生命线系统畅通

灾后应利用各种情报途径（建立灾后各级政府灾情快速汇报机制，利用灾害信息网络、卫星与航空情报、地震台网监测与警报系统以及新闻网络等）收集地震灾情及救灾物资需求情报，尽可能提高救灾物资配置的合理性。城市街道中的应急救灾物资通道宜有冗余线路。

储备库储备发电机和燃料，应对灾时停电。

（4）开设航空物流

地震灾害往往造成陆路交通严重破坏，救灾物资断流或缩流。而空路一般不受地震灾害的影响，对陆路救灾物流断流、缩流起一定的补救作用。尤其是山地城镇，大多是依山傍水或沿山谷修建的山间公路，一旦被次生灾害阻断，物流断流。唐山地震紧急救援阶段，唐山机场对运送紧急救灾物资、转运重伤员起了十分重要的作用。因此，可能发生重大地震灾害的山地城镇宜在救灾物资储备仓库、避难场所和其他开放空间建1个到数个直升机坪，形成适量的空路物流量。

地震灾害应急救灾物资物流瓶颈的研究始于东日本地震。应急救灾物资需求具有急迫性、重要性、骤增性，要求大幅度提高物流量，确保物流畅流。为此，必须消除、减少物流瓶颈。有效的对策是着眼于人、物、路和信息，构建无断流、缩流、错位和错向的物流系统。

救援物力资源从储备库、生产厂家、商场超市等传递给需求者，需要一个或长或短的运输过程（图5-24）。运输过程中若物流畅流，救援物资顺畅到达需求地点，快速、全额满足需求者需求；而运输途中发生缩流，则运输能力缩小，致使救援物资不能满足需求，缩流越严重，减量越多，救援物资满足度越小。一旦发生断流，有可能产生救援物资"零供应"现象，延误应急救援。总之，救援物力资源必须有"源"，有"流"，需求者才可能有"得"。有"源"，无"流"；有"流"，无"源"，救援物力资源都难以传递给其需求者。从这样的角度看，"源"与"流"具有同等重要的应急救援作用。

5.6.5 救援资源的供需关系

重大地震灾害使灾区特别是重灾区的居民骤然从正常生活转变为灾时生活。像唐山地震、汶川地震、东日本地震等重大地震灾害，大量建筑倒塌、烧失或被

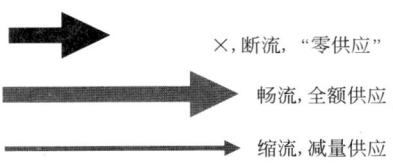

图 5-24　救援物资运输过程中的畅流、缩流与断流

海啸冲毁，生命线系统严重破坏甚至完全瘫痪，造成数以万计甚至几十万计的人员伤亡。灾区急需大量救援资源，而且需求急迫。

在应急救援阶段，灾区居民的基本生活条件、医疗条件和防灾条件遭受严重破坏或削弱，救援资源的需求量大，必须快速及时供应。否则灾民有可能饥寒交迫，疫病爆发甚至出现社会不稳定等次生灾害，加剧灾情，造成更多的人员伤亡与经济损失。

5.7　地震灾害艺术

和地震灾害文化比较，我国地震灾害艺术的系统性研究成果甚少。调研结果表明，唐山地震的地震灾害艺术形式多样，内容丰富，直观、深刻、形象地记录了唐山地震"三救"、恢复重建、震后社会发展的概况；讴歌了唐山人民发扬"唐山抗震精神"，战胜重大地震灾害，创建美好新唐山的英雄气概；全国军民鼎力支援唐山地震灾区的"一方有难，八方支援"、"大爱无疆"的中华优秀传统。

5.7.1　地震灾害文化

文化既是一种社会现象，同时又是一种历史现象，是社会历史的积淀物，或者说，文化是凝结在物质之中又游离于物质之外的，能够被传承的国家或民族的历史、地理、风土人情、传统习俗、生活方式、文学艺术、行为规范、思维方式、价值观念等，是人类进行交流的普遍认可的一种能够传承的意识形态。文化是作为社会成员所习得的包括知识、信仰、艺术、道德、法律、习俗以及其他习惯与能力的复杂共同体。

地震灾害文化是地震灾害学与文化学交叉、渗透、融合的结果，是在灾害预防、救援、恢复重建过程中形成并得到共识与传承的各种文化现象。

地震灾害文化是地震灾害学与文化学交叉、渗透、融合的学科领域，是在地震灾害预防、救援、恢复重建过程中形成并得到共识与传承的各种文化现象。地震灾害文化不是个别人的文化现象，强调灾区民众"共享智慧"、"共有观念"、"继承共享"，防灾、减灾、救灾的精神、观念、行动，为居民和支援灾区的人员共有、共享，形成防灾、减灾、救灾的综合合力；地震灾害文化包括防灾文化、救援文化、恢复文化与重建文化；抗震精神是地震灾害文化的重要内涵，唐山抗震精神—"公而忘私、患难与共、不屈不挠、勇往直前"，邢台抗震精神—"不怕难，不服输，自强不息"，鼓舞灾区人民战胜惨烈的地震灾害；地震灾害文化是精神与物质的综合文化现象；地震灾害文化是灾区人民在与灾害斗争中形成的且贯穿于预防、救援与恢复重建全过程。

我国地震灾害文化的研究始于唐山地震。产生了唐山地震文化—在唐山地震的重大灾害环境下，唐山人民发扬唐山抗震精神，以紧急救援、恢复重建和社会经济发展为主要内容，唐山灾区人民采取的生活方式、行为方式和生产方式。唐山地震后提出并深入研究唐山地震文化的是唐山市的灾害社会学研究人员，王子平教授的《地震文化与社会发展——新唐山崛起给人们的启示》，苏幼坡教授等的《唐山地震震后救援与恢复重建》，《城镇避难场所规划设计》，《地震灾害紧急救援与救援资源合理配置》等多部专著从不同的视野研究了唐山地震文化。这些专著是唐山地震抗震救灾的经验总结，展现出极为丰富的地震文化内涵，对汶川地震等灾后救灾也起了重要导向作用。

地震灾害文化是人类应对地震灾害、战胜地震灾害过程中形成的精神与物质两个方面的成果，包括衣、食、住、医在内的抗震救灾知识、技术、学问、艺术、道德与生活形成的方式与内容。唐山地震灾害文化产生于唐山地震紧急救援阶段，并随震后时间推移，不断发展壮大，形成唐山地震文化体系，成为唐山市的宝贵文化财产。地震灾害文化产生于地震灾害，并延续到地震灾害的痕迹消失，伴随着灾区的社会经济发展而日益繁荣。并对唐山地震以后我国发生的重大灾害预防、救援与恢复重建有重要借鉴、导向甚至程序化功能。

地震文化形成与发展构成的示意如图 5-25 所示。重大地震灾害发生是产生地震灾害文化与地震灾害艺术的渊源。没有地震灾害发生也就没地震灾害文化与地震中国艺术。灾害、灾情、救援、震后恢复与重建都伴随地震灾害文化、地震灾害艺术的形成与发展。地震灾害文化与地震灾害艺术可以产生社会效益、经济效益、生态效益，促进社会经济发。

在紧急救援阶段，比较重要的地震文化包括"三救"文化、医文化、食文化、住文化、衣文化、葬文化等，为灾民创造基本生存条件、生活条件、医疗条件、防疫条件，挽救灾民性命，保护灾区民众身体健康，伤者得医，饥者得食，无家可归者、有家难归者有栖身之所，灾民有御寒衣物，大灾之后无大疫。

大多数地震灾害具有突发性和惨重性等特点。在极短的时间内，大量房屋建筑倒塌或严重破坏，并可能发生火灾、海啸、山体滑坡、泥石流、瘟疫等次生灾害；集中性地产生人员伤亡；民众的生活条件、医疗条件、防疫条件从平时的水准骤然跌落；生命线系统瘫痪或严重破坏；生活、生产、医疗、公安、商业、金

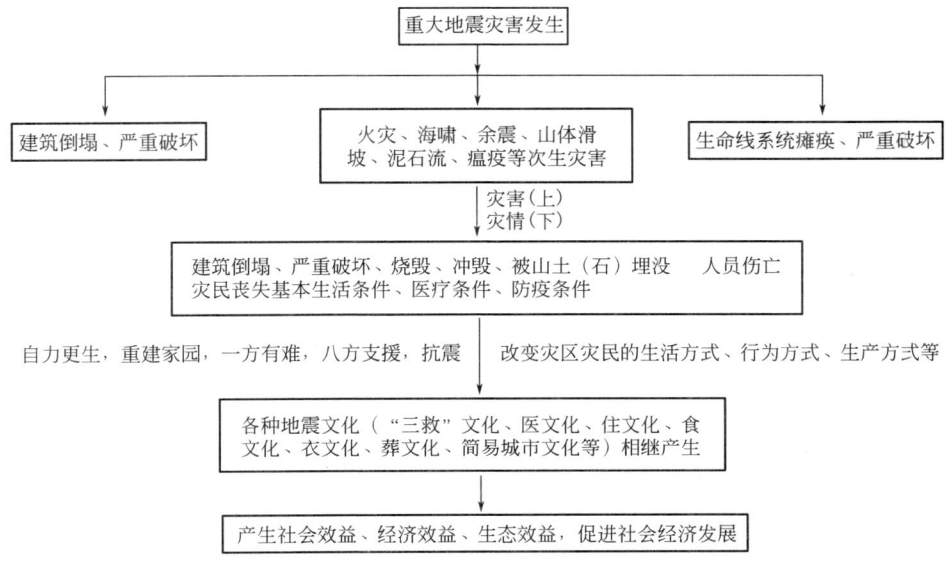

图 5-25　地震灾害文化形成与发展过程的示意图

融、教育、物流等正常的活动遭受不同程度的破坏。而且，面对重大地震灾害，中国共产党的英明领导、社会主义制度的优越性、各级抗灾指挥组织机构的功能以及灾区人民的抗震精神，人定胜天的意志与决心，大灾伴生大爱的他救活动，"一方有难，八方支援"的中华优良传统，自力更生重建家园的自强理念等，都鲜明的显现在震后的抗震救灾进程中。因此，灾区的生活方式、行为方式以及生产方式等突发性地发生巨大变化，形成诸多新的文化生长点，并相应形成不同类型的地震文化。

防灾文化的基本原则是"预防为主"、"有备无患"以及灾害前兆文化等；救援文化突显"时间就是生命"、"时间就是效益"、"民生第一"以及民族风俗习惯；恢复文化和重建文化则是体现灾区民众自力更生、重建家园的精神、观念与智慧，为灾区的可持续发展丰厚文化底蕴、奠定文化基础。

抗震精神是地震灾害文化的重要内涵。唐山抗震精神鼓舞唐山人民战胜了惨烈的唐山地震灾害，震后 10 年一座新兴的唐山市屹立在燕山山麓、渤海之滨，也为防灾减灾救灾积蓄了强大的精神动力。

地震灾害文化是灾区人民与灾害斗争中形成的，产生于灾害的预防、救援与恢复重建，并能在灾害的各个阶段产生文化效益。

灾害文化的重要功能显现在灾前防灾，灾后救援、恢复重建，永存型灾害文化的重要功能一直延伸到灾后城市社会经济发展阶段。消失型的灾害文化在完成其防灾减灾救灾功能后，随即消失。

5.7.2　地震灾害艺术

地震灾害艺术是地震灾害文化的一种形式，是传播地震文化的工具与手段，通过各种艺术手段描述、演示、传播地震灾害文化。在重大地震灾害预防、救援、恢复、重建各个程序中，艺术工作者对捕捉到的艺术形象进行高度概括，创造出形形色色的艺术作品，包括书画艺术、雕塑艺术、建筑造型艺术、文学艺术、音乐、舞蹈、电影、戏曲等。这些艺术作品源于抗震斗争实践，又高于抗震斗争实践，比现实更有典型性。

地震灾害艺术作为一种精神产品，具有广阔的发展前景，每次重大地震灾害都会出现各种地震灾害艺术形式。而且，随着社会进步、科技发展以及人们对防灾、减灾、救灾认识的日益深刻，地震灾害艺术的内容更丰富，艺术手法更先进，宣传教育效果更明显。

地震灾害艺术具有很高的精神价值。有助于调节、改善、丰富、发展鉴赏者的精神生活和精神素质（包括认识能力、情感能力和意识水平）。寻找、发现、利用地震灾害艺术作品的价值，是其创造者、欣赏者以及表演者之间的情感交流与共鸣，并且产生社会效益、艺术效益。

地震灾害艺术作品一般都设置在公园、广场、抗震纪念馆、地震灾害艺术作品展示会等欣赏者较多的场所。以便有更多的欣赏者"接受"艺术作品的熏陶——感知、体验、想象、再创造等综合心理活动，使欣赏者获得精神满足和情感愉悦。所谓地震灾害艺术"接受"是指在传播的基础上，以地震灾害艺术作品为对象，以欣赏者为主体积极能动的欣赏活动。

还应当指出，我国虽然发表了诸多地震灾害艺术的作品，但少有地震灾害艺术的理性研究成果。今后，应深入、系统的研究地震灾害艺术的渊源、本质、发展、理论、鉴赏、传播、成学条件的探讨。

以下简介地震灾害艺术的种类与作品示例。

（1）绘画艺术

书画艺术是地震灾害艺术的重要组成部分。例如：面对第二次世界大战德日法西斯的暴行，1937年著名画家毕加索创造了壁画《格尔尼卡》，描述了遭受德国法西斯的飞机轰炸后格尔尼卡的惨状，作者用绘画艺术控诉了德国法西斯的战争罪恶，画面展现出飞机轰炸给格尔尼卡民众带来的灾难、痛苦（见图5-26左）；1943年我国画家蒋兆和创造了《流民图》绘画作品，记录了日本法西斯侵略中国的滔天罪行，画面充满血和泪，揭露了日本侵略者给中华民族带来的深痛灾难（图5-26右）。

唐山地震后我国书画家创造了大批书画作品，记录了唐山地震灾害的惨烈，唐山人民发挥《唐山抗震精神》展现出的"人定胜天"英雄气概、抗灾救灾英雄

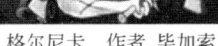

格尔尼卡　作者 毕加索　　　　　　　流民图（局部）　作者蒋兆和

图 5-26　灾难绘画艺术作品

事迹和创造的人间奇迹，中国人民解放军的不朽功勋，支援灾区的医务人员、工程技术人员的丰功伟绩等。

图 5-27a 是唐山地震亲历者乔文科、刘文圃、赵锡复、孙淑文绘制的《唐山大地震祭》国画长卷（长 7m，宽 1.85m），记录了唐山地震自救、他救与公救的惊心动魄场面，恢复重建的伟大壮举以及对罹难者的缅怀。

地震灾害绘画作品示例如图 5-27 所示。

（a）《唐山大地震祭》国画长卷（局部）

（b）简易抗震学校　　　　　　　　　（c）抬运重伤员（版画）

图 5-27　地震灾害绘画作品示例（一）

163

（d）抗震救灾宣传画

（e）抢险救灾（油画）

（f）背负着人民的希望

（g）扒救

（h）大爱无疆

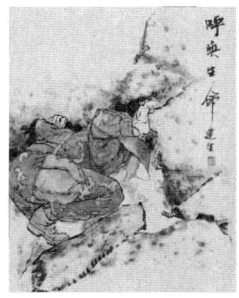
（i）呼唤生命

（j）只要有一丝希望

图 5-27　地震灾害绘画作品示例（二）

（2）陶瓷艺术

唐山素有"北方瓷都"之称。唐山陶瓷始于明朝永乐年间，已有 600 年的历史。生产的品种多达 500 余种，例如：日用陶瓷、建筑陶瓷、卫生陶瓷、美术陈列陶瓷等。唐山地震唐山陶瓷工业遭受毁灭性破坏。震后，陶瓷行业积极抢修设施，建简易陶瓷厂，坚持生产。震后第八天，唐山第六陶瓷厂生产出第一批陶瓷产品。产品上印有"人定胜天"、"抗震"等字样（如图 5-28 所示）。随后，一些陶瓷厂也投入简易生产。

简易工厂生产的抗震杯

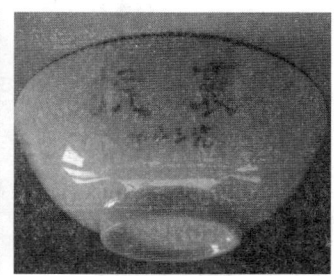

抗震杯、壶、碗、盘

图 5-28　震后简易陶瓷厂生产的杯、壶、碗、盘

　　研究表明，只有震前有陶瓷厂的地震灾区才有可能产生地震灾害陶瓷文化与陶瓷艺术。换言之，地震灾害文化与地震灾害艺术的产生，不是无源之水、无本之木，应有其物质与精神基础；汶川地震等许多重大地震灾害没有地震灾害陶瓷文化与陶瓷艺术，唐山地震灾害陶瓷文化与陶瓷艺术是个例，因此显得格外珍贵。由此也可以看出，一次重大地震灾害的灾区地震灾害文化越丰富，涉及的文化范围越广泛，产生地震灾害艺术的基础越丰厚，而且艺术形式更趋多样化。

　　（3）雕塑艺术

　　地震灾害雕塑艺术是诸多重大地震灾害普遍存在的艺术形式。从雕塑的材质看，主要有金属雕塑、石材雕塑、泥塑等。

　　地震灾害雕塑艺术示例如图 5-29 所示。

唐山南湖公园儿童戏藕（金属雕）　　　　唐山抗震纪念馆 "天地鼎"（铸铜）

唐山地震遗址公园的唐山大地震主题雕塑（石雕）

图 5-29　地震灾害雕塑艺术示例图

（4）地震灾害纪念碑艺术

近几十年来，我国重大地震灾害的恢复重建程序中，普遍建设地震灾害纪念碑，唐山地震、汶川地震灾区设有多个。唐山地震灾区有唐山抗震纪念碑、天津市抗震纪念碑、天津宁河抗震纪念碑、天津汉沽抗震纪念碑、丰南抗震纪念碑、古冶区地震遇难者纪念碑、陡河电厂工地遇难者纪念碑、古冶中国人民解放军五二八三一部队五七化工厂地震遇难者纪念碑。国内外的部分抗震纪念碑如图 5-30 所示。

邢台地震纪念碑

汶川地震北川纪念碑

唐山地震天津纪念碑

唐山抗震纪念碑

图 5-30　抗震纪念碑（一）

汶川地震纪念碑

海城（上）昆仑山口西地震纪念碑　　　　葡萄牙里斯本地震纪念碑

土库曼斯坦地震纪念碑　　　　　塔什干地震纪念碑

图 5-30　抗震纪念碑（二）

168

（5）摄影艺术

　　地震灾害摄影艺术是作品数量最多、大众化与专业化相结合的艺术形式。纪实了重大地震灾害的惨烈；弘扬抗震精神，战胜灾害的英雄事迹；以感人的艺术魅力记录了催人泪下的各种场景，传承地震灾害文化，传播地震灾害艺术，融入中华文化的洪流，起震撼性教育意义；恢复重建的灾区新面貌等。部分摄影作品如图 5-31 所示。

主震与次生灾害

图 5-31　部分地震灾害的摄影艺术（一）

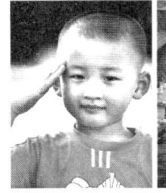

救援

地震废墟上兴起的新城镇

图 5-31 部分地震灾害的摄影艺术（二）

　　各种地震灾害文化都有大量摄影作品。一次地震灾害的消失型文化早已消失，但摄影艺术作品永存。一些地震灾害食文化的摄影作品如图 5-32 所示。

　　（6）纪念章

　　唐山地震后一些单位制作了抗震纪念章。表达人定胜天的英雄气概，支援灾区抗灾救灾的自豪感和地震周年纪念。部分纪念章如图 5-33 所示。

　　（7）唐山地震凤凰文化与艺术

　　唐山地震凤凰文化源于唐山凤凰山。凤凰山顶建一凤凰亭，传说曾有凤凰飞落。

　　据神话传说，凤凰每次死后，会周身燃起大火，然后在烈火中重生，并较之以前有更强大的生命力，称之为"凤凰涅槃"。如此周而复始，凤凰获得永生。

图 5-32　地震灾害食文化的摄影作品

常称唐山市是凤凰城。唐山地震 42 年来，唐山市从一片废墟建成一座现代化城市，被称之为城市凤凰涅槃。2016 年唐山市举办的世界园艺博览会主题为"城市与自然·凤凰涅槃"。

唐山地震凤凰文化与艺术推动了唐山市的社会经济发展，改善了唐山市的生活环境、生态环境、居住环境、可持续发展环境。

唐山市凤凰公园（凤凰山公园、凤凰湖公园）、凤凰建筑（凤凰新城、凤凰大厦）、唐山南湖（凤凰台、丹凤朝阳）、凤凰园餐饮（烤鸭店、饺子宴、美食城）等突显出唐山地震凤凰文化与艺术的魅力（图 5-34）。

图 5-33　纪念章

凤凰山公园　　　　　　　　　凤凰湖公园　　　　　　　　　南湖凤凰台

凤凰新城　　　　　　　　　　凤凰大厦　　　　　　　　　　凤凰园餐饮业

图 5-34　唐山地震灾害凤凰文化与艺术

　　唐山地震灾害艺术丰富多彩。像地震灾害电影艺术（冯小刚导演的《唐山大地震》）、地震灾害文学（钱刚的《唐山大地震》）、舞蹈艺术（皮影造型舞蹈《俏夕阳》）、建筑造型艺术等。

　　还应当指出，地震灾害艺术已经进入高等教育课堂。例如：中国美术学院硕士研究生孙昊淳的中国画《七月二十八日 3 时》（唐山地震发生在 1976 年 7 月 28 日 3 时 42 分），以地震灾害绘画艺术的形式再现了唐山地震的惨重人员伤亡与经济损失，唐山人民在全国军民鼎力支援下，发扬"公而忘私，患难与共，百折不挠，勇往直前"的唐山抗震精神，战胜重大地震灾害的英雄气概（图 5-35）。

图 5-35　中国画《七月二十八日三时》

该画在 2017 年上海举办的全国美术院校学生优秀作品展展出，受到观赏者好评。

5.7.3　地震灾害文化与地震灾害艺术的关联性

地震灾害艺术与地震灾害文化的发展是统一的，地震灾害艺术是地震灾害文化的重要组成部分与内涵，地震灾害文化是地震灾害艺术的渊源与内容。地震灾害文化带动地震灾害艺术的发展与进步，地震灾害艺术推动地震灾害文化向更高的层次发展。

地震灾害文化与地震灾害艺术的关联性如图 5-36 所示。

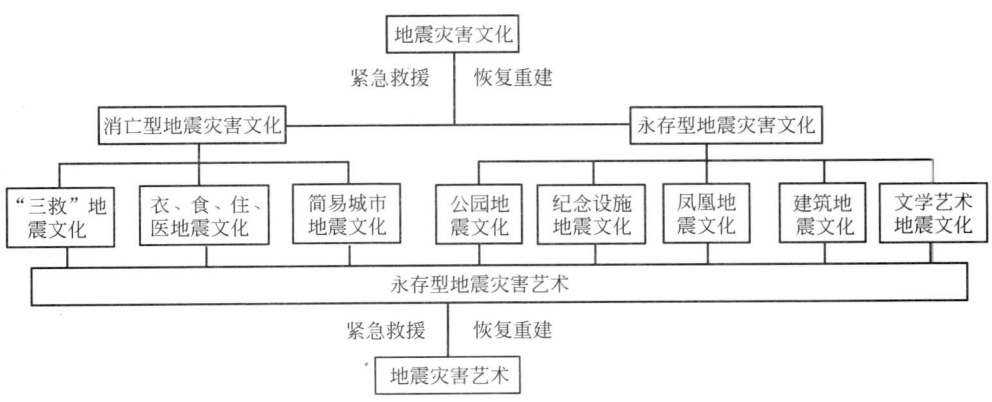

图 5-36　地震灾害文化与地震灾害艺术的关联性

分析图 5-36 可知：

（1）地震灾害文化有消亡型与永久型两种。前者随时间推移而消失，包括

"三救"地震灾害文化，衣、食、住、医地震灾害文化，简易城市地震灾害文化等，唐山地震的这些文化形式已经消失三四十年。而永久型地震灾害文化，随时间推移不消失，永存于地震灾区。而地震灾害艺术一般都是永久型，不随地震灾害文化的消失而消失。

（2）各种地震灾害艺术是各种地震灾害文化产物。后者可以产生各种地震灾害艺术，也就是说，一种地震灾害文化可以产生多种地震灾害艺术，像图5-34的唐山南湖凤凰台，其本身即是地震灾害公园艺术，又是建筑造型艺术，还可以转化为地震灾害摄影艺术。

（3）永久性地震灾害文化与地震灾害艺术具有融合性。像各次重大地震灾害的纪念碑、纪念馆等融地震灾害文化与地震灾害艺术于一体。

5.8 零灾期望

所谓"零灾期望"，是发生重大地震灾害后，建筑与生命线系统"零"破坏，人员"零"伤亡，救灾物资"零"需求的一种理想的无灾期望状态。为实现"零灾期望"，要求建筑和生命线系统能够有效抵御当地可能发生的最严重的地震灾害。"零灾期望"是城市抗震能力的理想极限状态，需要解决的根本问题是建筑与生命线系统"零"破坏。城市直下型地震建筑倒塌是造成人员伤亡的主要原因，而生命线系统破坏甚至瘫痪则丧失居民的基本生活条件。"零灾期望"必须有法律依据、雄厚的经济基础和较高的防灾意识，而且期望的地域是可能发生严重地震灾害的地区。

5.8.1 "零灾期望"的可能性

2010年9月4日凌晨，新西兰南岛发生7.1级地震，只有2人重伤，数人轻伤。此次地震"零死亡"的根本原因是建筑抗震性能优良，建筑以低层、轻型木结构为主，而且房屋建筑标准的抗震设防高，并制定法律确保建筑工程质量。

日本多发严重地震灾害，且重视城镇的抗震设防。提出"地震防灾对策强化地域"的抗震减灾措施，即对可能发生重大地震灾害的地域，采取防灾强化对策。到2002年强化的地域共为260个市町村。有些城镇内局部地域的建筑能够抗御当地可能发生的最大级别的地震灾害，无论发生多大级别的地震灾害，都不会有房屋倒塌的现象。

1994年美国6.6级洛杉矶地震，死亡58人。死亡人数少的主要原因是洛杉矶地区建筑具有良好的防震功能。而且，当地政府和居民有较强的抗震减灾意识，建造的房屋大都是木质结构，并依山势布局，建筑基础植根于坚实的岩层中。但这次地震经济损失高达300亿美元，形成死者、伤者人数少，经济损失率高的灾情特征。

　　由上述事例可知，有实现"零灾期望"的可能性。关键是提高建筑与生命线系统的抗震能力，遇重大地震灾害不倒塌，不严重破坏。作为一座城市，在编制城市发展规划、防灾规划时，应把"零灾期望"作为抗震防灾的最终目标。

5.8.2　我国抗御地震灾害的"零灾期望"任重道远

　　我国地震断裂带的分布地域广，可能发生严重地震灾害的城镇多，需要广域地提高城镇抗震能力；我国是经济发展中国家，有一些地区经济实力较弱，2011国务院印发《中国农村扶贫开发纲要（2011—2020 年）》划定的国家级贫困县还有 679 个；许多老旧建筑抗震性能差，且随时间推移抗震能力逐步降低；一些人抗震减灾意识薄弱等。

　　基于上述原因，我国一些地区即使发生 5～6 级地震也能造成较严重的灾害。例如：2012 年 5.6 级云南彝良地震（震中地震烈度 Ⅷ度），倒塌房屋 7138 户30600 间，死 80 人，伤 700 余人，74.4 万人受灾。主要原因是彝良县经济发展水平低，群众生活贫困，房屋建筑抗震能力普遍差，部分房屋为墙抬梁，承重能力不好，房屋结构本身不具备抗震性。

5.8.3　"零灾期望"模型图

　　"零灾期望"模型图如图 5-37 所示。该模型设定了抗御重大地震灾害的理想极限状态——"零灾期望"，即震时不发生房屋倒塌和生命线系统的破坏，无需储备抗震救灾物资。在理想极限状态下，只需利用平时城市的人力资源、医疗资源、流通和在库的物资资源等就能应对严重地震灾害。

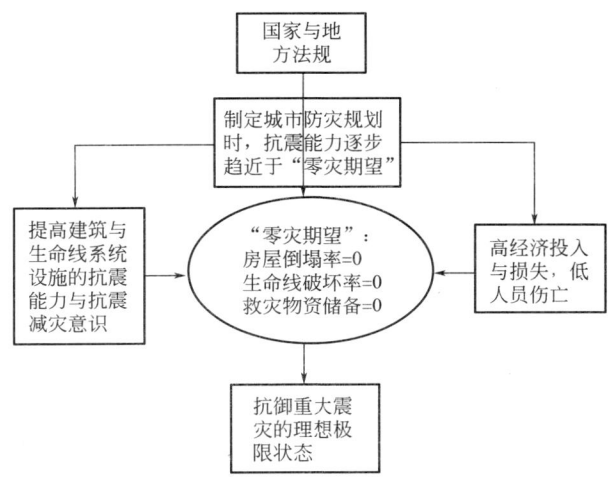

图 5-37　"零灾期望"模型图

实现"零灾期望"需要有国家和地方的法律保障，以法律的形式要求各级政府确保城乡的抗震能力逐步趋近于"零灾期望"状态。即，城乡的抗震能力从目前状态到"零灾期望"状态有一个较长时间的过渡过程，需要不断提高城乡居民特别是城市管理者的防灾意识和建筑、设施的抗震设防水准，逐步增加防灾减灾的人力、物力与财力的投入。目前，一些城市30层以上的高楼林立，应确保抗震能力。唐山大地震后，建筑一般按地震烈度8度设防，重要建筑还提升设防水准，经历了多次5～6级余震的考验，均未发生破坏现象。

严重地震灾害的"零灾期望"会逐步实现。不仅有先例，而且随着城乡抗震能力的逐步提高，可能实现"零灾期望"地区会越来越多。

第6章　救援程序、救援程序化及其施策要点

所谓地震灾害救援总体程序是指通过多个救援程序（震前预防、紧急救援、恢复、重建、重建后社会经济发展）完成一次救援行动的完整过程。

依据紧急救援要素与复合灾害的理论研究以及救援资源合理配置模型，救援程序既有顺序性——先实施哪个程序、再实施哪个程序、最后实施哪个程序，又有每个程序的具体施策要点，而且各个救援程序都有抗震精神与救援资源作为精神与物质保障。

重大地震灾害救援必须坚持"以人为本"、"预防为主"、"民生第一"的基本原则，遵循救援的基本规律，弘扬抗灾精神，精心组织，科学指挥，用适量的救援资源、较短的救援时间、圆满完成一次完整的救援任务。

救援程序的顺序是通过大量重大地震灾害的实证研究总结、归纳出的救援基本规律。不同的重大地震灾害由于致灾机理、条件、环境不同，且因救援基本要素充盈与欠缺，复合灾害的灾种复合与复合程度有别等，救援程序的施策内容可能存在一定的差异性，但不会违反救援程序的基本规律。

救援程序源于大量重大地震灾害的救援实践，是基本规律；救援的施策内容是救援要素系统的细化与程序化，是达到救援预期目的的保障；救援目的是为灾区创造基本生活条件、医疗条件、防灾条件、生存条件，并为灾区恢复、重建以及重建后社会经济发展奠定基础。

重大地震灾害救援程序与程序化是新的救援理念。这种理念的理性认识透彻，实践基础坚实，是我国几千年特别是近几十年重大地震灾害救援过程经验教训的总结与升华；是各次重大地震灾害成功救援要素的提炼、丰富与时序化、程序化；全面比较研究多次重大地震灾害成功救援要素的盈亏、强弱、出现顺序与效果，梳理出救援程序、程序化与各程序施策要点的基本框架。

重大地震灾害救援程序与程序化，显示出我国已经掌握了重大自然灾害成功救援全过程的基本规律，熟知在不同的救援阶段、同一救援阶段的不同时域，应当实施哪些救援施策要点方能成功救援。

6.1　救援对象、救援资源、救援程度与救援时限

突发重大地震灾害震后救援的各个程序，都应明确救援对象与救援资源，为编制灾区救援规划与确定施策要点提供依据。换言之，一次重大地震灾害必须划

定救援的地域，并在划定的地域内确定救援什么人、救援的人力资源、物力资源、救援程度与救援时限等。

（1）救援对象

重大地震灾害的救援对象主要是灾区内的灾民——已经受灾或正在受到灾害威胁的人。由于灾害，这些人丧失了基本生活条件、医疗条件、防灾条件甚至基本生存条件。

建筑倒塌和生命线系统严重破坏是城市灾民的重要原因。

重大地震灾害通常会造成大量住宅倒塌或严重破坏，被大火烧失或被大水冲毁，居民丧失栖身之所或者住宅失去居住功能和基本生活条件，成为灾民。

因灾，生命线系统瘫痪或严重破坏，住宅虽未丧失居住功能，但室内无水（生活用水与饮用水）、无电、无煤气，高层建筑电梯停运，水冲厕所无法利用。这些丧失或基本丧失生活条件的人亦是灾民。

重大地震灾害产生的大量伤病员特别是重伤员，是亟待救援、救治、医疗的灾民。

正在受到灾害威胁的灾民包括埋压在地震废墟中的灾民，可能遭受山体滑坡、泥石流、大坝决堤等次生灾害危害的人等。必须紧急扒救、转移、安置、救援。

除了上述救援对象外，还必须考虑"灾害弱者"——老、弱、病、残、孕以及有家难归者（流动人口、离自家住宅远暂时难以回家者）等。

从地域上看，救援对象在灾区之内且重点在重灾区，即地震烈度最高和较高的地域内。非灾区的居民、虽在灾区但未受灾者不在救援对象之列。符合灾民条件到非灾区避难的居民（例如：政府组织的远程避难者），转移到非灾区治疗的重伤病员等属于救援对象。

（2）救援资源

救援对象需求救援资源，救援资源满足救援对象需求。救援资源为灾民造成基本生活条件、医疗条件、防疫条件、生存条件，保障灾民安全避难或者逃离灾害威胁的空间、地域，并为预防、减少次生灾害奠定资源基础。

救援资源包括人力资源与物力资源。人力资源包括部队官兵、医务人员、工程技术人员、公安人员与民兵、志愿者等，担负专业的或非专业的救援任务。物力资源是救援灾民必需的各类物资，应急解决灾民亟需的衣（含被褥）、食（含饮用水）、住、医、生活必需品及抢险救灾的各类设施等。救援对象与救援资源汇总与关联如图6-1所示。

图6-1全面、系统地描述了救援对象、救援资源及其关联性。由于重大地震灾害，灾民存在各个方面的灾害救援需求；而救援资源必须满足救援对象的各个方面的需求，既不能"供非所求"，也不能"求非所需"。救援资源的种类、数

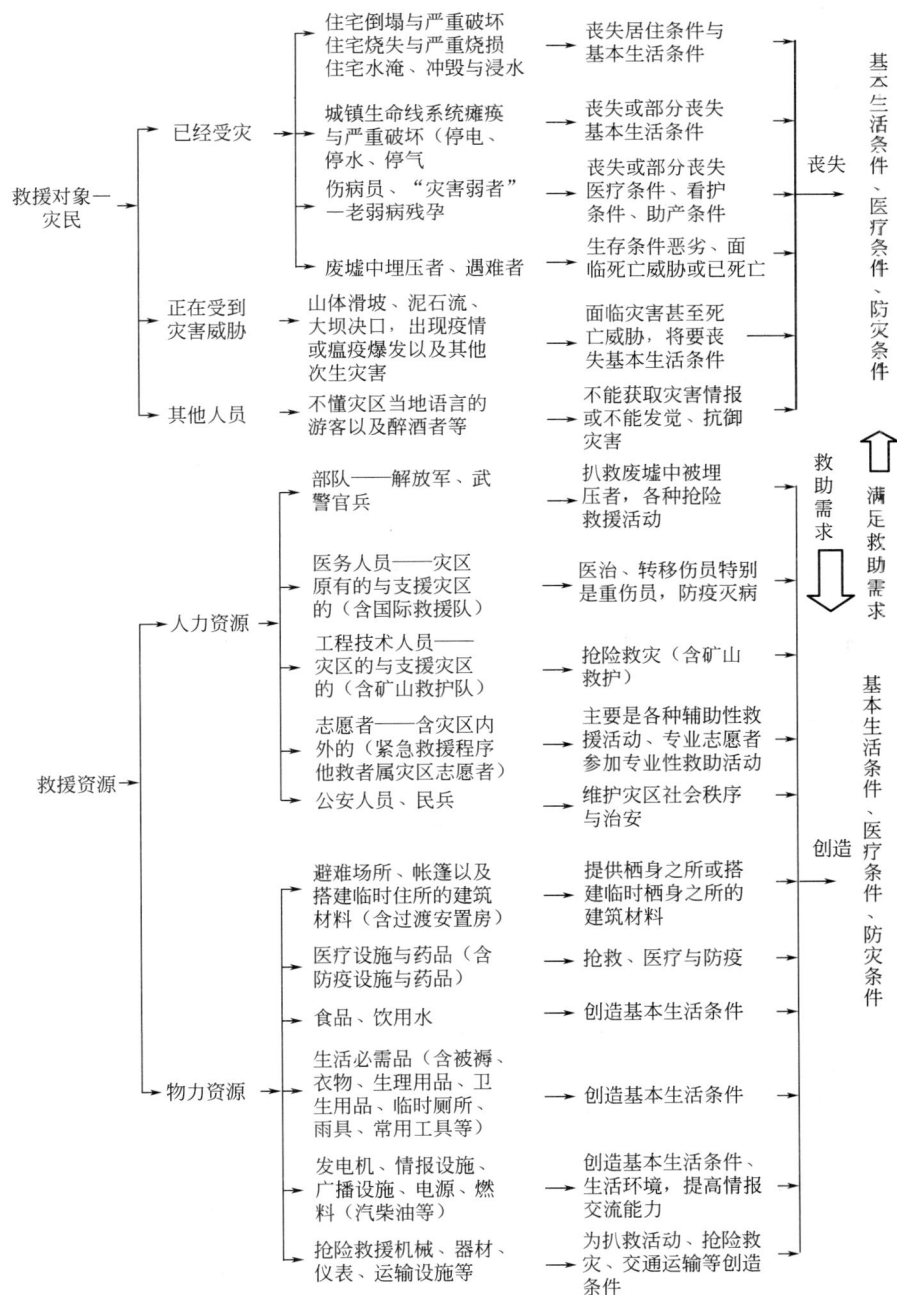

图 6-1　救援对象与救灾资源汇总与关联图

量、紧急救援的地域与时间应当与救援对象的需求相吻合。或者说，救援资源具有满足需求性、输送的方向性与定位性、种类与数量的适度性等基本特性。

因此，研究救援对象与救援资源之间的供需平衡有重要的理论与实用意义。特别在紧急救援程序，救援资源还具有应急性，应当快速满足需求，要求紧急救援资源必须灾前准备、储备，未雨绸缪，灾害发生后，救援资源有"源"，有"流"，而且流路畅通，比较准确地流向需求处。救援资源的准备、储备以及形成供需平衡状态是应急救援的重要研究课题。

（3）救援程度

救援程度是救助资源满足救援对象的救援需求程度。救援程度的最理想状态是供需平衡，即满足救援对象的救灾资源基本需求，避免出现"供小于求"或"供大于求"，更不能"供远大于求"或者"供远小于求"。"供小于求"特别是"供远小于求"，即供给不能满足需求或远远不能满足需求，难以确保灾民的基本生活条件、医疗条件、防灾条件，甚至可能导致瘟病等次生灾害发生。"供大于求"尤其是"供远大于求"，必造成不同程度的浪费。

救援程度是灾害经济学研究领域的重要课题。救援资源的准备、储备与配置，合理组织、调拨与输送，确保满足救援需求，又不造成资源浪费，这是确定救援程度的基本原则。应当强调指出，应急救援资源救援的目的是为灾民创造基本生活条件、医疗条件、防疫条件，不能奢望紧急救援程序的各种条件好于灾前。"供远大于求"不仅浪费救援资源，而且大幅度增加灾时调拨、运输救援资源的难度。必须采取有效措施，力求"供需平衡"。支援灾区的部队官兵是重要的人力资源，但其主要使命是保卫国家安全，兵力的部署与调动必须以国家安全、灾区的实际需求为基本原则。奔赴灾区的医务人员是其所在地的主要医疗力量，派往灾区的医务人员过多，不同程度地削弱其所在地的医疗条件，灾区所需的实际医疗需求是有限度的，不是越多越好。各种救援物力资源应坚持"先近后远"、"先易后难"的基本理念，立足于灾前储备，立足于自力更生。

（4）救援时限

救援时限是救援的时间范围。紧急救援的时限是震后 3 天。在这个时限内，主要救援任务是为灾区的灾民创造基本生活条件、医疗条件、防灾条件。恢复重建程序的救援时限受多种因素影响，有长有短，唐山地震 10 年，汶川地震 3 年。

6.2 以建筑群为特征的灾区面貌变化

建筑物群是城市社会经济发展的重要特征。不同的救援程序有迥然不同的建筑群特征。

唐山市震前、重建基本完成后以建筑物为特征的城市面貌发生根本性变化（图 6-2）。

地震前（主要是平房与低层楼房）

紧急救援程序（建筑基本倒塌、严重破坏）

　　唐山地震时唐山市的建筑大多没有抗震设防，少量按地震烈度Ⅵ度设防，无力抵御7.8级地震的破坏，地震极震区的建筑基本夷为平地，即大多倒塌、严重破坏；恢复程序中兴建40余万间简易房；重建基本结束后，城市面貌焕然一新，比震前更美好。随救援程序推移，城市的建设面貌发生显著变化。这种变化显示出救援程序的功能与对城市发展的贡献。

恢复程序（以简易房为主要栖身之所）

重建程序（基本结束后居民大多喜迁新居）

图 6-2　以建筑群为特征的唐山城市面貌变化

　　对邢台地震、海城地震、汶川地震等重大地震灾害的研究表明，每次重大地震灾害都有以建筑物为特征的城市面貌变化基本规律，呈现较强的程序性。汶川地震以建筑物为特征的城市面貌变化如图 6-3 所示。

　　分析图 6-2、图 6-3 可知：

　　（1）重大地震灾害救援过程中存在紧急救援、恢复、重建程序。而且，震前预防与震后灾区社会经济发展与这些程序密切相关。如果一座城市震前是防灾城市，建筑群有较强的抗震设防水准，遭遇同样地震烈度的地震灾害，将减轻紧急救援、恢复、重建程序的救援任务。极言之，假如一座城市达到了"零灾期望"的抗灾水准，灾时建筑"零"破坏，人员"零"伤亡，救援资源"零"需求，就无需紧急救援、恢复、重建程序。震后灾区重建总体规划，对重建以及重建后的

震前（依山傍水的美丽县城）　　　　　紧急救援程序（建筑倒塌、严重破坏）

恢复程序（过渡安置房）

重建程序（一座新的美丽县城在地震废墟上兴起）

图6-3　汶川地震汶川县城以建筑群为特征的显著变化

社会经济发展起重要作用。

（2）随着社会经济发展，恢复程序中，灾民栖身之所以及其他条件将有所改善。例如：邢台地震、海城地震、唐山地震是以窝棚、简易房为主，而汶川地震则主要是帐篷村、过渡安置房。

（3）研究重大地震灾害救援程序与救援程序化有极其重要的理论与实用意义。明确指出，在震前预防，震后紧急救援、恢复、重建以及重建后社会经济发展各个程序中，重大地震灾害的管理者、决策者、规划者必须以对人民高度负责的精神，坚持"预防为主"原则，做好防灾减灾救灾的各项工作。

完成各个救援程序后，城市建筑群的特征发生显著变化，并由此从宏观上看出城市发展的程序性。不同的救援程序有不同的建筑群特征。

6.3 救援程序的施策要点

在第二章救援程序—"三救"及其基本特性分析和第三章救援过程的总体程序—震前预防、紧急救援、恢复、重建、社会经济发展中，已经论述了各个救援程序。救援程序的时序性如图 6-4 所示。

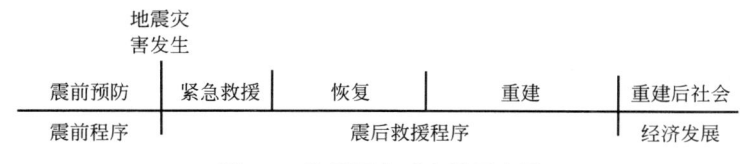

图 6-4 救援程序时序性示意图

分析图 6-4 可知，重大地震灾害救援程序中，直接救援的程序是紧急救援、恢复、重建。震前预防是唯一的震前程序，其目的是震害预防、储备震后各救援程序的人力资源、物力资源，对震后防灾减灾救灾产生深远影响。重建后社会经济发展程序是震后救援程序的接续与发展，震后救援程序必须为灾区城市的复兴、发展奠定基础。本书只探讨震前预防、紧急救援、恢复、重建等程序。

6.3.1 震前预防程序

震前预防是灾害管理者、决策者、规划设计者必须高度关注的救援程序。绝不能忽视、轻视这个程序。

规划建设防灾城市是震前预防的新理念。防灾城市既能在一定程度上预防重大地震灾害的主震，又能预防余震、地质灾害、火灾、海啸等次生灾害，即能预防重大地震复合灾害。

为建设防灾城市，应编制城市防灾规划（含各灾种的专项规划，见图 6-5）。防灾城镇规划的具体对策如图 6-6 所示。

分析图 6-5、图 6-6，震前预防特别应当重视以下防灾减灾救灾施策内容。

（1）成立防灾减灾救灾组织机构

防灾减灾救灾组织机构是重大地震灾害紧急救援要素系统的要素之一。我国国务院应急管理部、各省市区以及县级应急管理部相继成立，是组织、指挥防灾减灾救灾的组织机构体系。

防灾城市规划
城市防灾规划
●城市的防灾机构规划 ●城市防灾规划
建筑物灾害预防规划
●震灾对策 ●火灾对策 ●水灾对策 ●场地液化对策
●文化遗产保护对策
地质灾害预防规划
●滑坡对策 ●泥石流对策 ●山体崩塌对策
河湖防涝规划
●预防湖水泛滥对策 ●河川设施灾害对策
●堤坝的巡视与加固工程
农林水产防灾规划
●农业、渔业灾害预防 ●林业灾害预防

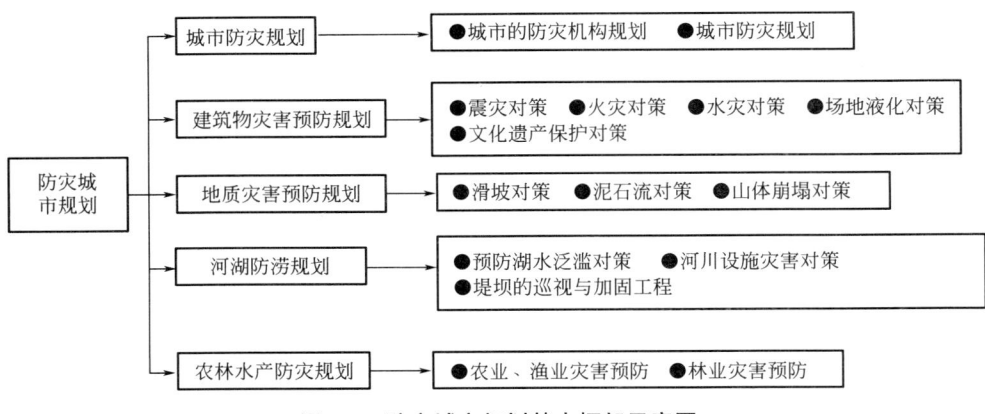

图 6-5 防灾城市规划基本框架示意图

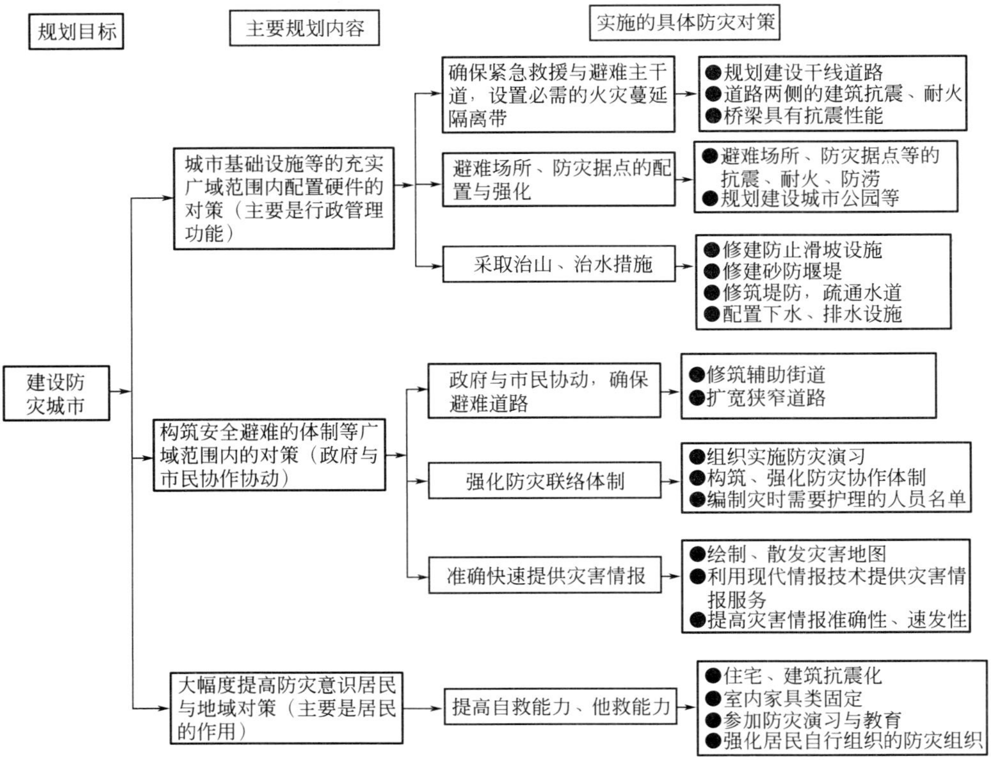

规划目标
主要规划内容
实施的具体防灾对策
建设防灾城市
城市基础设施等的充实广域范围内配置硬件的对策（主要是行政管理功能）
确保紧急救援与避难主干道，设置必需的火灾蔓延隔离带
●规划建设干线道路
●道路两侧的建筑抗震、耐火
●桥梁具有抗震性能
避难场所、防灾据点的配置与强化
●避难场所、防灾据点等的抗震、耐火、防涝
●规划建设城市公园等
采取治山、治水措施
●修建防止滑坡设施
●修建砂防堰堤
●修筑堤防，疏通水道
●配置下水、排水设施
构筑安全避难的体制等广域范围内的对策（政府与市民协作协动）
政府与市民协动，确保避难道路
●修筑辅助街道
●扩宽狭窄道路
强化防灾联络体制
●组织实施防灾演习
●构筑、强化防灾协作体制
●编制灾时需要护理的人员名单
准确快速提供灾害情报
●绘制、散发灾害地图
●利用现代情报技术提供灾害情报服务
●提高灾害情报准确性、速发性
大幅度提高防灾意识居民与地域对策（主要是居民的作用）
提高自救能力、他救能力
●住宅、建筑抗震化
●室内家具类固定
●参加防灾演习与教育
●强化居民自行组织的防灾组织

图 6-6 防灾城市规划的具体内容

唐山地震后几个小时，中共中央、国务院和中央军委就做出了抗震救灾的重

大决策，成立了中央抗震救灾指挥部，动员一切力量以最快的速度尽全力支援地震灾区。地震的第二天，河北省唐山抗震救灾指挥部在唐山军用机场成立，并立即开始现场办公，为在抗震救灾最紧急的时刻充分发挥抗震救灾机构的组织、指挥功能赢得了宝贵的时间。而且唐山地震后的抗震救灾组织机构比较完善，从中央到省、市、地区及其各基层机构和中国人民解放军都设有抗震救灾组织机构，这种抗震救灾组织机构的多层设置，有助于更深入、广泛地发动群众、组织群众，有效地调动广大人民群众抗震救灾的积极性，并使灾区人民充分感受到党的关怀、社会主义优越性、全军全民支援地震灾区的深情厚谊。各级抗震救灾组织机构为快速解决震后最初几天内灾区人民的基本生活，外运 10 余名重伤员到外省市救治以及防疫灭病等都做出了重要贡献。重大地震发生后，快速建立各级抗震救灾指挥机构，已经是我国震后救援程序的重要内容。

2018 年我国组建的国务院应急管理部整合了民政部的救灾、国土资源部的地质灾害防治、中国地震局的震灾应急救援、国家减灾委员会、国务院抗震救灾指挥部等多个部门的职责，将更有效地发挥震前预防、紧急救援、恢复、重建、灾后社会经济发展各个程序的防灾减灾救灾功能。

重大地震发生后，灾区特别是重灾区有可能短时间内处于丧失组织功能的混乱状态，快速恢复组织功能，对于有组织、有序开展防灾减灾救灾活动，保护灾区民众生命财产安全，维护社会治安，保卫灾区重要部门起决定性作用。

（2）建筑抗震设防水准

《中华人民共和国防震减灾法》明确规定，地震灾害预防的重点内容是：新建、扩建、改建建设工程，必须达到抗震设防要求；建设工程必须按照抗震设防要求和抗震设计规范进行抗震设计，并按照抗震设计进行施工；属于重大建筑工程的、可能发生严重次生灾害的、有重大文物价值和纪念意义的和地震重点监测防御区的建筑物、构筑物，未采取抗震设防措施的，应当按照国家有关规定进行抗震性能鉴定，并采取必要的抗震加固措施；对地震可能引起火灾等次生灾害的灾害源，当地政府应当采取相应的有效防范措施；编制防震减灾规划，开展防震减灾知识的宣传教育，加强对有关专业人员的培训；地震重点监视防御区的县以上地方人民政府安排适当的抗震救灾资金和物资等。

建筑倒塌是地震灾害人员伤亡的主要因素。日本阪神地震近 20 万栋住宅破坏，89% 的死者是被倒塌建筑物砸死或压死。我国台湾省集集地震倒塌房屋 57511 户，死亡近 2500 人，地震当天有 3000 人埋压在地震废墟中。2001 年印度西部古吉拉特库奇地区的 7.9 级地震，23 万栋房屋倒塌，1.6 万多人死亡，15 万人受伤，60 万人无家可归。据对日本阪神地震人员伤亡原因的研究结果，地震时房屋倒塌数量与人员伤亡数呈直线关系，即地震中伤亡人数随房屋倒塌量的增加直线上升。大量事实说明，房屋倒塌的数量越多，产生的废墟量越大，被埋压的灾民越多，扒救任务越繁重。

如果建筑物能够达到"小震不坏，中震可修，大震不倒"的防震水平，将大幅度地降低地震灾害的人员伤亡。唐山大地震后重建的建筑物采用地震烈度Ⅷ度设防，全部建筑物经受住了多次4、5级余震的考验，居民普遍有住居抗震的安全感。

唐山地震的一个惨痛的教训是建筑没有抗震设防。《中华人民共和国防震减灾法》明确规定，"防震减灾工作，实行预防为主、防御与救援相结合的方针。"科学地确定了防震减灾预防、防御与救援之间的相互关系。震前的预防与防御是防震减灾先行的、基础的重要工作。虽然灾害的救援工作十分重要，正如唐山地震后救援与恢复重建取得的举世瞩目的成果一样，但这只是对地震灾害做出的人为反应。无法挽回唐山地震造成的惨重损失。从这样的意义上说，预防重于救援，针对自然灾害和社会经济易损性进行预防与防御工作，既经济又有效，而且此项工作抓得越快越好。地震灾害对社会经济有很大的破坏作用，往往使地震灾区多年的建设成果毁于一旦，成为社会经济可持续性发展的严重障碍。为了预防与防御自然灾害的发生，保持社会经济的可持续性发展，在震前应进行减灾投入与减灾受益分析，从而促使防震减灾的决策者们深刻认识防震减灾的投资效益，科学决策、合理投入减灾投资，最大限度地获取预防的减灾效益。

研究表明，重大地震灾害发生时，凡灾区建筑没有倒塌，人员伤亡少甚至人员"零"死亡的地域，建筑抗震设防水准都比较高。例如：2017年四川省九寨沟地震，汶川地震后凡有抗震设防的建筑，几乎无一倒塌，而没有抗震设防的老旧建筑破坏十分严重。唐山地震前，北京市、天津市抗震加固的建筑地震时少有严重破坏。位于唐山市重灾区的河北矿冶学院（现华北理工大学）图书馆的阅览室是钢筋混凝土小框架结构，且海城地震后加固了框架节点，唐山地震时虽遭受严重破坏但未倒塌（如图6-7右侧建筑）。

图6-7　华北理工大学图书馆楼地震遗址

如果一座城市或地区的建筑普遍按地震烈度Ⅷ度设防，遭受地震烈度相同的地震灾害，灾区的地域面积大约减少 90%，灾区的灾情也会大幅度减轻（图 4-16 地震等烈度线与震中烈度）。

近些年来，我国重大地震灾害灾区重建的建筑都有适度的抗灾设防水准。一些城市的新建建筑按地震烈度Ⅷ度设防，部分既有建筑按同样的水准加固，并淘汰老旧建筑，降低城市建筑抗震的脆弱性，逐步提升城市的总体抗震设防水准。由此，产生明显的抗震效果。若有较多的城市规划建设防灾城市，并使城市建筑趋近甚至达到"零灾期望"的水准，我国城市建筑的综合抗震能力必大幅度提高。

（3）抵御复合灾害

重大地震灾害都是复合灾害，至少是主震与余震"双灾"。一般是在"双灾"基础上的多灾复合。复合灾害由两个以上灾种复合，且有复合的叠加性，产生叠加效果，加剧灾情。部分重大地震灾害的复合灾害灾种如表 6-1 所示。

部分重大地震灾害的复合灾害灾种　　　　　　　　　　　　　表 6-1

地震灾害	复合灾害灾种	地震灾害	复合灾害灾种
海城地震	主震、余震、火灾	汶川地震	主震、余震、地质灾害（滑坡、泥石流、落石、堰塞湖）
唐山地震	主震、余震、道路破坏、场地液化	东日本地震	主震、余震、海啸、火灾、核泄漏、地质灾害
日本关东地震	主震、余震、火灾	海地地震	主震、余震、霍乱、抢劫

能够抵御复合灾害是防灾城市的重要防灾品格。例如：重大山地地震灾害容易引发滑坡、泥石流、落石、堰塞湖等地质灾害，阻断灾区的道路，甚至灾区地域形成"孤岛"，外援的紧急救援人力资源、物力资源不能进入灾区。因此，重大地震灾害发生后，有可能形成难以紧急救援的"孤岛"，应当增加紧急救援人力资源、物力资源的储备，并至少规划建设 1 个直升机坪。又如：重大地震灾害可能引发海啸的沿海地域，规划建设海啸避难场所（高台、高层建筑，见图 6-8）。重大地震灾害的灾区尤其是重灾区，必须高度重视疫情，并采取有效的防疫措施，杜绝瘟病传播、蔓延。现代的防疫手段虽然为防止次生瘟疫创造了医学条件，但如果不采取适当防疫措施，有可能像海地地震那样部分爆发瘟病。

规划建设防灾城市时，应评估复合灾害的每种灾害对主震的叠加程度与效应，即对主震有多大的扩灾作用。决策建筑抗震设防水准，规划建设避难场所、储备紧急救援人力与物力资源、建立急救灾害医学系统等都应充分考虑复合灾害的影响。

图 6-8　海啸避难所示意图

还应当指出，重大地震灾害的主灾未必是主震。以死亡人数而论，我国海城地震次生火灾死亡的人数超过主震；华县地震死亡 83 万多人，大多死于瘟疫；东日本地震遇难者中 9 成死于海啸；日本关东地震一半以上的遇难者死于次生火灾。像上述这样的重大地震灾害预防次生灾害有更重要的意义。

编研城市抗震救灾规划时，应综合估算城市建筑群（新建、老旧、加固）的综合抗震设防水准，按照设定的地震烈度估算建筑群破坏状况，依此估算人员伤亡和受灾民众人数。还应依据城市的灾害历史、地质、地理、气象条件等确定复合灾害的灾种以及救援必需的人力、物力、财力，为编研城市抗震救灾规划提供基础参数。

（4）储备紧急救援人力资源与物力资源

① 紧急救援物力资源储备、采购与调拨

城市应编制救援物力资源配置规划（如图 6-9 所示）。

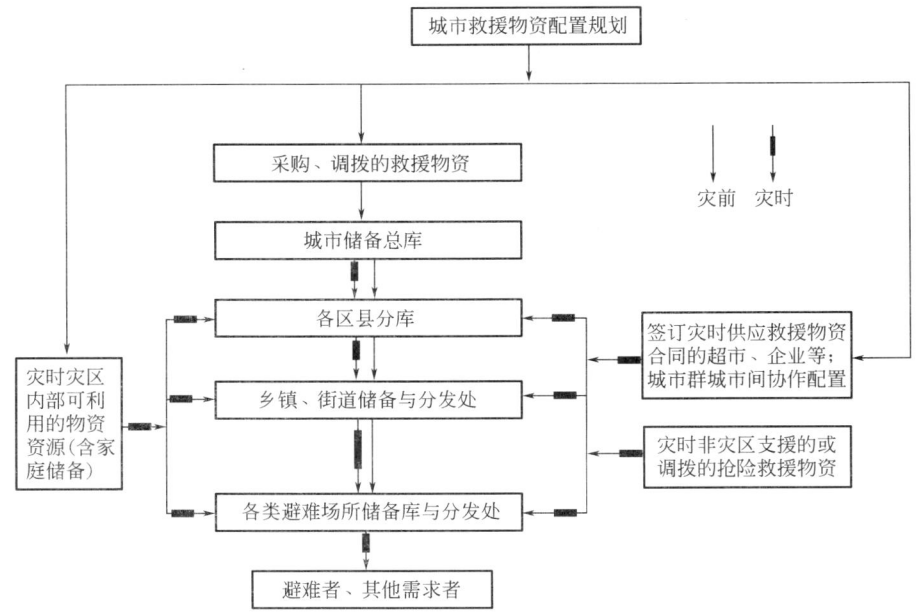

图 6-9　城市救援物力资源配置规划

城市配置的救援物力资源由 4 种途径满足避难者和其他需求者的救援需求。

其一是各级救援物力资源储备库。就一座城市而言，包括城市储备总库，各区县分库，乡镇、街道储备分发处，各类避难场所紧急救援物资储备库。从更大的层面看，还有国家和各省市区救援物资储备库。依据紧急救援物力资源就近利用的原则，各类避难场所紧急救援物资储备库和乡镇、街道储备分发处距离避难场所、居民区较近，重大地震灾害发生后可在较短的时间内分发给救援对象。应储备抢险救援的车辆与设施（发电机等），医药与医疗设施等。

其二是签订灾时供应救援物资合同的超市、企业按量、按质、按时、按指定地点供应救援物质。目前，我国各城市都有数量较多的生活用品超市、医药超市，而且一般都有紧急救援物资的生产企业，平时城市灾害管理部门与之签订灾时供应救援物资合同，灾时供应紧急救援物资。

其三是灾时非灾区支援的救援物力资源，主要配置在各县区分库，乡镇、街道储备与分发处，各类避难场所紧急救援物资储备库与分发处。

其四是灾区内可利用的其他紧急救援资源（含家庭储备的紧急救援物资）。

城市救援物资配置规划应以各级救援物力资源储备库和签订灾时供应救援物资合同的超市、企业为主。特别是灾时可能形成"孤岛"的山区城镇，更应当立足于本城镇储备。

② 人力资源储备。重大地震灾害发生后，灾区救援人力资源的主要来源是支援灾区的中国人民解放军官兵、医务人员、志愿者和灾区自身的人力资源。从邢台地震、唐山地震、汶川地震等重大地震灾害紧急救援的情况看，灾区自身的人力资源身在灾区，在震后较短的时间内即可参加紧急救援活动，对于及时抢险救灾特别是扒救埋压在地震废墟中的灾民，抢救重伤员等贡献更为明显。平时城镇应按照"平灾结合"的原则，依据灾时紧急救援的需求，招聘、培训、储备抢险医务人员、救援人员。建立民间志愿者组织机构，灾时参加救援活动。

（5）规划建设避难场所系统

避难场所系统应当包括各种类型的避难场所（防灾公园、绿地、广场、空地和抗震设防水准高的建筑物，如有必要还应规划远程避难场所），每个避难所设必备的防灾设施（避难空间、避难道路、办公场所、医务室或医院、情报设施、消防器材、供水设施、紧急救援物资储备库、厕所、直升机坪、标识等），能够满足避难者就近避难（避难者 30 分钟可到达避难地，人均有效避难面积符合国家标准的规定）。

避难场所系统是一座城市抵御重大地震灾害综合防范能力的重要标志。

避难场所系统必须有安全避难保障。应进行规模安全评价、地质安全评价、环境安全评价；避难场所的防灾设施齐全，平时维护、维修，保持开启既能发挥防灾功能的完好状态；避难道路、消防道路、紧急救援物资运输道路满足需求；

避难宿住区分片设置，各片有防火通道；如有必要在避难场所周边设防火隔离带，防灾公园设防火树林带；避难场所系统的各个避难场所之间，特别是邻近避难场所之间有道路畅通；城镇规划建设避难场所系统，应考虑支援灾区的中国人民解放军官兵、抢险救援队、医务人员等的宿营地、停车场等。

（6）建立适应紧急救援需求的急救灾害医学系统

急救灾害医学系统为震后救治伤病员创造医疗条件、防疫条件。城市医院建筑有抗御重大地震灾害的抗震设防水准，依据平时和抗震救灾的需求建设综合与专业医院，特别应当重视急救医学医务人员培养与医疗设施（包括防疫设施与药品）的储备。为医院所在地发生重大地震时具有急救医学的基本条件，与支援灾区的医务人员合作，完成灾害急救医学任务奠定基础。

（7）创建防灾减灾救灾情报系统

建立城市灾害情报网络，作为城市灾害管理部门组织指挥防灾减灾救灾的信息平台，并且与上下级灾害组织指挥机构、城市电台、电视台、因特网等联网，共享灾害情报。宜充分利用高新科学技术完善、提高灾害情报网络的服务能力与服务质量。城市灾害情报网络宜融合地震、海啸、台风等预报预警系统，扩大多种灾害的预报预警功能。灾害情报网络必须深入到避难场所、医院、福祉机构，为上情下达下情反馈、传递避难劝告与避难指示、收发平安情报创造条件。

（8）提高居民特别是城市管理者的防灾减灾救灾意识与能力

平时，政府有关部门应通过电视台、电台和其他媒体与宣传手段，普及防灾减灾救灾基础知识。定期不定期举办防灾教育与演习，提高居民防灾减灾救灾意识与技能。居民应知晓灾时指定的避难场所、避难道路、防灾设施，并听从避难劝告与避难指示。灾时勇于自救、他救，自力更生重建家园。

6.3.2 紧急救援程序

地震灾害紧急救援程序始于邢台地震、海城地震，到唐山地震已经初步形成。九江地震、汶川地震、玉树地震、芦山地震等的紧急救援基本上都是按照图 2-4 的程序进行的。

图 2-4 揭示了救援类型、救援时序、救援内容与救援目的。其中救援内容包含了紧急救援程序的施策要点。

（1）施策依据

紧急救援的施策依据是抗震救灾组织机构比较准确地判断灾区地域分布及其灾情。

主要依据是重大地震灾害紧急救援资源配置同心圆模型，该模型以地震烈度为灾害轻重程度的判据，判断地震灾害的地域分布规律。地震烈度以震中为圆心呈同心圆或同心椭圆分布。震中附近地震烈度最高，灾情最重，向外（远离震中）地震烈度递减，灾情逐步减轻。配置救援资源时，应以震中附近（地震烈度高）的地域为配置重点或核心。重大地震灾害发生后，在已知震级、震源深度、震中和对灾区灾情初步勘察的情况下，利用地震烈度同心圆模型配置应急救援资源，符合救援资源配置地域上求准、时间上求快、供需上求平衡等特点。而且，利用同心圆模型配置应急救援资源，实践基础雄厚，可操作性强，时效性好。如果应急救援资源配置中发现有偏差，可以及时调整。地震烈度同心圆模型对震后救援的最大贡献是揭示了重灾区、轻灾区、从重灾区过渡到轻灾区的过渡区、非灾区的基本分布规律；依据地震烈度分布图能够比较准确地判断应急救援的重点地域，为快速决策救援资源的合理配置提供依据；通过地震烈度分布图可以初步确定灾区与非灾区的地域界线，非灾区无需应急救援，轻灾区依据本地的资源有可能抗御灾害，即使需要救援资源的支持，也不是救援的重点，明确灾区不同地域的不同救援力度；一次重大地震灾害的地震烈度分布图可在震后较短时间内完成，对快速决策应急救援起重要作用。

利用当前我国的"国家地震烈度速报与预警工程"、航空遥感技术、高清摄影技术和震后快速现场勘查，有些地域震后几十分钟时即可绘制出预计地震烈度图，为快速决策提供科学依据。芦山地震的第二张预计地震烈度图是震后 4 小时绘制出的，与震后一周正式公布的地震烈度图大体相当（图 6-10），有震后应急采用的价值。

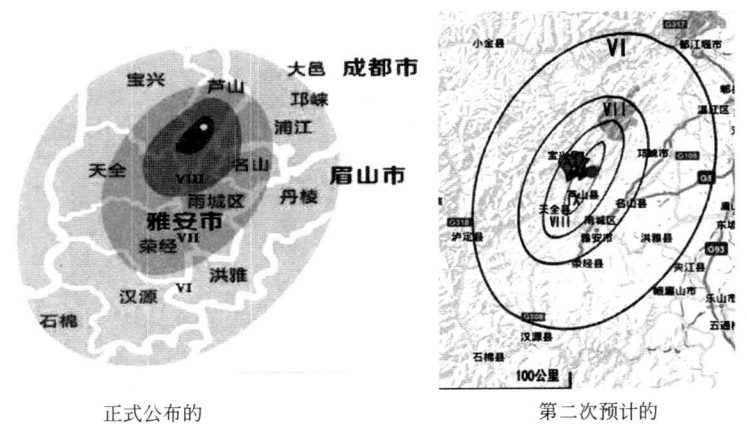

正式公布的　　　　　　　　　　　第二次预计的

图 6-10 芦山地震正式公布的与预计地震烈度比较图

而且，依据地震烈度同心圆分布原理，地震震中附近震害最重，是部署人力资源的重点地域。

特别应当强调指出，我国的"国家地震烈度速报与预警工程"由覆盖全国的5000 余个地震台站组成，震后数分钟后给出地震影响的程度和分布，为政府部门灾情判断、应急决策和救援力量调配等提供依据。

此外，还可以利用卫星、航空、实地调查等判断灾区分布与灾情。

(2)"三救"

① 自救与他救

重大地震灾害时，伴随建筑物倒塌，部分受伤与未受伤的灾民被埋压在地震废墟下，通过自救、他救快速扒救是紧急救援程序的首要任务。

重大地震灾害发生后，埋压在地震废墟下的群众受频发的余震威胁，处于无基本生存条件，外部救援力量薄弱和扒救手段落后的恶劣环境下，只有尽快扒救才有生的希望。震后，充分利用"黄金24小时"的自救与他救，绝大多数被埋压的灾民获救。唐山地震后半小时的救活率高达99%，"黄金24小时"的救活率可达80%，第二天、第三天急剧降低到30%～40%，一周以后被埋压者生存的可能性极小，生命延续七、八天的少见，十几天的只有个例。救活率与震后时间的这种规律，不仅反映扒救的难易程度，也说明群众特别是受伤群众在废墟中的恶劣条件下生命能够延续的极限以及地震伴生灾害的综合影响等。

② 公救

中国人民解放军官兵和医务人员紧急奔赴重灾区，抢险救灾，扒救埋压在地震废墟中的灾民，抢救重伤员，防疫灭病。在唐山地震、汶川地震等重大地震灾害抢险救灾中，中国人民解放军官兵和支援灾区的医务人员做出了重大贡献。支援唐山灾区的医疗队和医务人员数如表6-2所示。据对邢台、炉霍、通海、昭通、海城、唐山、龙陵、松潘平武、乌恰等9次地震灾害的统计，中国人民解放军共投入抗震救灾官兵24.7万人，出动车辆近万辆、飞机4600多架次，从废墟中扒救出埋压的群众3.2万多人，抢救危重伤员7.8万人，协助灾区转移重伤员11.7万人，掩埋遇难者尸体20余万具，建简易房139万余间，抢运、分发各种救灾物资近22万吨，并在支援地震灾区生活必需品、宣传与组织群众、保卫人民生命财产和重要目标、维护社会秩序、抢修重要工程、保障交通运输畅通等方面做出了重要贡献。

支援唐山灾区的医疗队和医务人员数　　　　　　表6-2

地区或单位	医疗队（个）	医务人员（人）	地区或单位	医疗队（个）	医务人员（人）	地区或单位	医疗队（个）	医务人员（人）	地区或单位	医疗队（个）	医务人员（人）
解放军	125	5400	吉林省	8	614	河北省	13	3509	天津市	2	67
上海市	53	2003	河南省	6	733	陕西省	12	746	湖北省	2	636
辽宁省	17	3252	铁路系统	6	390	黑龙江省	11	310	卫生部	1	30
山东省	14	871	北京市	2	214	江苏省	11	992	（合计）	283	19767

（3）确保灾民的基本生活条件

灾时，灾民有饭吃，有干净水，有衣物防寒遮体，有栖身之所，是紧急救援程序应当急迫解决的救援任务。从救援物资储备库调拨，非灾区支援，灾民自备，从地震废墟中扒出是确保灾民的基本生活条件的主要途径。

（4）抢救重伤员

重大地震灾害一般会在瞬间集中性地产生大量重伤员，唐山地震重伤员数如表4-4所示。必须及时启动灾区急救医学系统，利用灾区的急救医学资源，全力抢救重伤员。

将部分重伤员转移到非灾区、轻灾区救治是近几十年来重大地震灾害抢救重伤员的成功经验。唐山地震转移到外地救治的伤员人数与地域分布见表6-3。

唐山地震转运的重伤员在各省市的分布　　　　　表6-3

地区	人数	地区	人数	地区	人数	地区	人数
辽宁省	19828	山东省	14034	陕西省	9083	湖北省	1516
安徽省	16457	河北省	11682	山西省	4773	京、津、沪等	311
河南省	14329	吉林省	10233	江苏省	3353	（合计）	（105589）

灾时派遣适量的医疗队进入灾区，是抢救重伤员的重要措施。唐山地震近2万名医务人员支援灾区，为抢救重伤员，防疫灭病做出了重要贡献。

（5）开启避难场所系统

发出重大地震灾害临震预报或重大地震灾害发生后，随即开启避难场所系统（栖身场所、防灾设施）。并对灾区灾民发出避难劝告或避难指示。按照城镇避难场所规划有序地把避难人群安全疏散到指定的或临时安排的避难场所避难。如有必要组织远程避难，把避难人员疏散到远程避难场所，再陆续返回家园。

城镇规划建设的避难场所系统应是城镇防灾减灾救灾管理的重要内容。依据"平灾结合"原则，建设、管理城镇避难场所系统。

特别应当指出，城镇避难场所系统不能只是挂个标识，必须具有安全避难的实质功能。

（6）恢复生命线系统

这是重大地震灾害后急迫、繁重的抢险救灾任务。根据生命线系统各要素间的相互影响度、恢复优先序和灾区生命线系统的实际破坏状况，组织专业人员抢修。通常，先恢复电力系统，为信息网络系统、通信系统、电动设施、重要场所和街道照明提供能源保障。再恢复信息网络系统、通信系统、照明系统、给排水系统、交通系统，最后恢复煤气系统。

（7）维护社会治安

依据我国最高人民法院 2008 年 5 月 27 日发布了《关于依法做好抗震救灾期间审判工作切实维护灾区社会稳定的通知》要求，对抗震救灾和灾后重建期间发生的盗窃、抢夺、抢劫、故意毁坏用于抗震救灾的物资、设备设施，以及以赈灾募捐名义进行诈骗、敛取钱财、拐卖灾区孤残儿童、妇女等七类涉灾犯罪行为依法从重处罚。唐山地震民兵抓获犯罪分子 1800 余人，公判 236 人，枪决 26 人。东日本地震发生后的半个月内仅宫城县就发生盗窃案件 290 起，总金额 1 亿日元，其中现金 7500 万日元。盗窃商店、"空巢"民宅以及汽油等，还有人打着募捐、红十字会的名义，骗取钱财。

（8）安置、布局支援灾区的中国人民解放军官兵、医务人员、抢险救援队伍、志愿者和国际救援队。

上述的 8 项施策要点贯穿于各次重大地震灾害的紧急救援程序。例如：2017 年九寨沟地震灾害，在紧急救援程序下完成了开展地毯式人员搜救（4000 多名救援人员扒救地震废墟中的灾民，寻找失踪者）、集中力量救治伤员（投入 15 个医疗队，548 名医务人员，救治伤员 431 人，其中 37 名重伤员转移到成都等城市医院救治）、转移疏散景区游客和外来务工人员（6 万余人）、抢修生命线（重点是抢修道路、电力和通信）、妥善安置灾区民众（在 17 个乡镇设 249 个避难所，安置 23477 人避难）、加强救灾资金和物资保障、维护社会稳定等 8 个方面的救援任务。这是我国重大地震灾害紧急救援程序的一个缩影。

6.3.3　恢复程序

恢复是紧急救援的接续程序，紧急救援程序的一些尚未完成、尚需完善的自救、他救、公救任务接续到恢复程序。例如：抢救重伤员，抢修城镇生命线系统，完善、提高避难场所系统的防灾功能等。也就是说，紧急救援程序与恢复程序在时间接续上没有极为严格的界限。

恢复程序是以震前为参照，以震后灾情为基础，采取有效救援施策，逐步达到震前状态或启动灾前的部分功能。是从惨重的承灾状态向重建的过渡程序。也就是说，重大地震灾害后不可能从紧急救援程序飞跃到重建程序。

通常，重大地震灾害发生后，灾区百废待兴。恢复居民生活、恢复医药卫生系统供需平衡、恢复城镇生命线系统、恢复生产、恢复金融业与商业、恢复与外界的交往等，即恢复灾区重大地震灾害的种种破坏、影响，为消除灾害痕迹创造条件，奠定基础。

恢复程序的施策要点如表 6-4 所示。

恢复程序的施策要点表 表 6-4

施策要点	内容示例
扒救地震废墟灾民	紧急救援程序的延续。继续扒救埋压在地震废墟中的灾民，并寻找失踪者(伴有重大火灾、海啸、滑坡、泥石流等复合灾害的重大地震灾害，失踪者人数增加)。
恢复居民生活条件	包括住、食(含干净饮用水)、衣(物)、医。民有所居、所食、所衣、所医，缺一不可。而且，是在紧急生活生活条件救援程序基本生活条件基础上的恢复，对重大地震灾害而言，有效、快速、全面恢复，不仅灾区应有自力更生的储备条件还应有和省市区甚至全国军民的支援。①居。"民以居为安"。灾民从丧失居住条件，到乔迁到正式住宅，通常需要几年的时间。重大地震灾害下的民居，一般是先简易，再完善。例如：由"安置点"、窝棚、简易房向帐篷村、过渡安置房转换。震前城镇建筑适度抗震设防，规划建设避难场所系统，是震后灾民"安居"的重要保障。②食。唐山地震时，在紧急救援程序空投熟食的基础上，积极组织成品粮运往灾区。震后 4 天，7.2 万公斤面粉从石家庄市运往唐山市且收到各地支援唐山市的成品粮 7500 万公斤。群众的口粮供应采用"供给制"，每人每天 450 克。震后紧急组织人力扒出埋在废墟中的食品。并从昌黎粮库调运粮食，确保粮食足额供应。从震后 9 天起，每人每月增供食用植物油 200 克。以后陆续定量供应猪肉、食盐、咸菜、食用碱、火柴等。单位恢复食堂制，各家各户自炊自食，逐步恢复到震前的饮食习惯、饮食形式。近些年来，我国的一些重大地震灾害还给灾民生活补贴，且为灾民提供大量瓶装饮用水。③衣(物)。如果重大地震灾害发生在夜间或者冬季，灾民需要衣物防寒遮体。灾前救援物资储备库储备适量的衣物(衣服、毛毯、被褥)，或与城镇超市、商场、企业签订灾时衣物供应合同，灾后及时供应。④ 医。灾区设置医疗站(点、所)、简易医院以及支援灾区医疗队医院。开展防疫灭病，确保"大灾之后无大疫"。
恢复生命系统	接续紧急救援程序。在恢复、完善电力系统、通信系统的基础上，恢复交通道路系统、给排水系统、供气线系统。需要人力资源、物力资源、财力资源的支撑。恢复飞机场、车站、码头及其配套工程的交通运输功能。
接收人力物力资源	重大地震灾害后，支援灾区的大批人力资源奔赴灾区，必须妥善安置、科学布局。各类物力资源陆续运往灾区，根据灾情合理配置。充分发挥人力物力资源的救援功能。
安全管理	严厉打击各类犯罪分子，保卫重要单位和设施，保护财产安全。采取有效措施防灾减灾救灾。实施交通管制，确保交通安全畅通。避难场所必须配置消防器材；消防系统设施完备(消防车、消防通道、消防用水、消防栓满足灾时火灾需求)
建筑安全鉴定	由建筑安全鉴定师对灾区建筑开展安全鉴定。经安全鉴定，未遭地震破坏的建筑或经安全维修加固的建筑，恢复原有功能。为避难居民返回住宅居住、建设简易城市创造条件。
抢险排险	排除江河、水库、堰塞湖的险情；山区地震清理山体滑坡、泥石流、落石
清理废墟	估算垃圾的数量、类别及其地域分布，紧急清理医疗垃圾、腐败垃圾、毒物污染垃圾，防止次生灾害发生。清理建筑垃圾，可设清虚指挥机构、清虚公司，有规划、有目的实施机械化施工。为恢复程序、重建程序提供用地。可以采用唐山地震"清虚倒面"的方式。
恢复生产	通常，重大地震灾害的灾区内既有城镇，又有农村，还有可能沿江沿海，依山伴谷，恢复生产的内容十分丰涉及工矿企业、农、林、牧、副、渔，先简易，再完善、提高。恢复生产是灾区恢复的需求，也是灾区人民抗震精神的体现。煤矿 10 天开采出震后第一车煤，钢厂半月内生产出震后第一炉钢，是灾区的振奋性消息。重视恢复特色产业。

施策要点	内容示例
恢复各行各业	学校复课,恢复城市医疗系统、金融业、商业、旅游业、文化体育等。一般从简易开始(简易城市),再完善、提高,逐步达到、超过震前水准。重视特色产业的恢复与发展。
恢复公园绿地	修复震毁的建筑、广场、园林、绿地、湖泊、水流、景观、文体设施,通衢与居民区、避难场所的道路,为园林重建奠定基础。
接收安置病愈伤员	在恢复程序到外省市区医治的重伤员病愈陆续返回家园,应接收、安置。唐山地震时的截瘫患者,安置在截瘫疗养院、单位医院和家庭医疗、看护。
保留地震遗址	重大地震灾害后重灾区应保留一定数量的地震遗址。对地震灾害的深入研究有重要科研价值,或者有重要的纪念意义。

分析表 6-4 可知:

(1)恢复程序与紧急救援程序的一些施策要点(扒救地震废墟中的灾民,寻找失踪者,恢复灾民基本生活条件,恢复生命线系统,接收、布局、配置支援灾区的人力资源与物力资源,灾区安全管理等)具有鲜明的接续性,紧急救援程序未完成或需进一步完善的转移到恢复程序。恢复程序与重建程序之间也有同样的现象。

(2)重大地震灾害恢复程序的施策要点涉及防灾减灾救灾,建筑安全鉴定,工农各业恢复,支援灾区人力资源与物力资源接收、安(配)置、布局,重建准备等。施策内容十分丰富,相互间密切关联、相互影响,又在灾害破坏的基础上展开,任务极其艰巨。需要灾区人民发挥抗震精神,自力更生重建家园,需要全国军民的鼎力支援。

(3)重建程序的一些施策要点始于恢复程序。例如:编制重建总体规划,清理废墟,筹措重建人力、物力、财力等。为重建程序奠定基础。

6.3.4 重建程序

重建后的灾区城市,和震前、震时发生巨大变化。以唐山地震为例,1986年 2 月 6 日《人民日报》发表署名文章《规模宏大,布局合理,唐山重建工作取得重大成就》,回顾了唐山震后重建的基本历程,展示了重建的主要成果。"1976年 7 月 28 日的特大地震发生后,唐山变成一片瓦砾。在党中央和全国人民支援下,唐山人民振作精神,重建家园,只用了 2 年时间,就使全市工业生产恢复到震前水平。从 1979 年下半年开始,有规划、大规模的城市恢复建设在唐山全面展开,一个在地震废墟上建设起来的新唐山已经基本成型。""新唐山的城市布局有了明显变化,市区东北部是工矿区,市中心和西部是大面积的住宅区,交通、通讯方便,供水、供电、供热合理。工业区和居民区之间保持足够的卫生防护地带，减少了城市污染。""唐山市在重建中，……，做到了住宅、市政、公用设施同步进行，全市建成的 91 个住宅小区，上下水、道路、供电、供热、煤气管道等设施基本完善。各小区都有商业、学校、银行、邮政、医院等社会服务设施，繁华区和主要街道还有大型商场、影剧院、公园、体育场、医院、饭店和宾馆。"1986 年 7 月 17 日，《人民日报》发表通讯《新唐山的崛起》，文中说："新唐山是全国最宽绰的城市，规划绿地每人 6 平方米，人均住宅面积 7.5 平方米以上。""新唐山是全国最结实的城市，全部楼房按照地震烈度Ⅷ度的标准建造，'小震不坏，中震可修，大震不倒'。"

唐山重建基本完成时（图左）、震后 40 年（图右）的居民住宅小区如图 6-11所示。

图 6-11　唐山重建基本完成时、震后 40 年的居民住宅小区对比图

唐山地震重建程序建设的居民住宅主要是 6 层以下的楼房和平房。在此基础上，唐山市数十层的楼房拔地而起，城镇建筑具有更强的现代感、立体感。

通常，重大地震灾害的灾区面积大，受灾人口少则数十万多则百万、千万，各类建筑、基础设施、城乡基本功能损伤严重，自然条件、地理环境复杂，需求的资源品种多、数量大。重建任务异常繁重，充满严峻挑战。灾区震后重建总体规划包容完善的重建程序施策要点。

《玉树地震灾后恢复重建总体规划》、《汶川地震灾后恢复重建总体规划》、《九寨沟地震灾后恢复重建总体规划》的整体框架内容如图 6-12、图 6-13、图 6-14 所示。

规划基础	重建施策要点							
1.重建基础（规划范围、灾区特点、重建条件） 2.总体要求（指导思想、基本原则、重建目标）	3.空间布局（重建分区、功能布局）	4.生态环境修复保障（保护九寨沟自然遗产地、恢复自然生态体系、保护生物多样性、保障生态环境质量、加强生态环境监测）	5.地质灾害防治（开展调查评估、推进综合治理、强化监测预警与应急保障）	6.景区恢复提升和产业发展（恢复提升九寨沟景区、整体提升旅游产业、发展提升服务业、培养发展特色产业）	7.基础设施和公共服务（提升交通基础设施、完善能源水利通信设施、提高公共服务水平、加强社会治理）	8.城乡住宅恢复重建（恢复重建农村与城镇居民住宅、完善城乡配套设施）	9.保障措施（政策支持、组织实施、监督检查）

图 6-12　九寨沟地震重建程序施策要点

规划基础

1. 重建基础
（灾区概况、灾害损失、面临挑战、有利条件）

2. 总体要求
（指导思想、基本原则、重建目标）

3. 空间布局
（重建分区、城乡布局、产业布局、人口安置、用地安排）

4. 城乡住房
（农村居民住房、城镇居民住房）

5. 城镇建设
（市政工程设施、历史文化名城名镇名村）

6. 农村建设
（农业生产、农业服务体系、农村基础设施）

7. 公共服务
（教育和科研、医疗卫生、文化体育、文化自然遗产、就业和社会保障、社会管理）

8. 基础设施
（交通设施、通信设施、能源设施、水利设施）

9. 产业重建
（工业、旅游、商贸、金融、文化产业）

10. 防灾减灾
（灾害防治、减灾救灾）

重建施策要点

11. 生态环境
（生态修复、环境整治、土地整理复垦）

12. 精神家园
（人文关怀、民族精神）

13. 政策措施
（财政政策、税费政策、金融政策、土地政策、产业政策、对口政策、援助政策、其他政策）

14. 重建资金
（资金需求和筹措、创新融资、资金配置）

15. 规划实施（组织领导、规划管理、分责实施、物资保障、监督检查）

图 6-13　汶川地震重建程序施策要点

规划的基础　　　　　　　　　　重建施策要点

| 1.灾区概况和重建基础 2.总体要求和重建目标 | 3.重建分区和城乡布局（分区、布局、方式、土地利用） | 4.城乡居民住宅（农牧、城乡） | 5.公共服务设施（教育、医疗卫生、文化体育、就业与社会保障、社会管理） | 6.基础设施（交通、能源、通信、水利、市政设施、农牧区基础设施） | 7.生态环境（生态修复、环境治理、灾害防治） | 8.特色产业和服务业（农牧业、旅游业、市场服务体系、特色加工业） | 9.和谐家园（人文关怀、扶贫开发、文化遗产保护、宗教设施） | 10.支持政策和保障措施（支持政策、保障措施、规划实施、监督检查） |

图 6-14　玉树地震重建程序施策要点

这三个重建总体规划的内容可以划分为规划基础和施策要点。

　　规划基础的内容包括灾害概况、规划范围、重建条件（基础）、指导思想、基本原则、重建目标等。强调重建必须以人为本，民生优先，尊重自然，科学布局，统筹兼顾，精心规划，精心组织，精心施工，保障质量，汶川地震重建的目标是"家家有房住，户户有就业，人人有保障，设施有提高，经济有发展，生态有改善"，为震后社会经济发展奠定坚实基础。

　　各次地震灾害的施策要点，都包含空间布局，防灾减灾救灾，重建保障措施，生态环境，公共服务，重建城乡居民住宅、基础设施，城镇、农村和各种产业建设等。但不同地震灾害的施策要点有不同的特点。九寨沟地震的施策要点中提出修复生态环境，提升九寨沟景区、旅游业、服务业、特色产业和防治地质灾害，揭示出旅游景区重大地震灾害重建的一个重要侧重点。玉树地震发生在少数民族地区，施策要点融入农牧业、旅游业、特色加工业、宗教设施、文化遗产保护、扶贫开发等。

　　重建程序的施策要点大多为重建后社会经济发展奠定基础，这是重建程序的重要功能之一。

6.4　救援程序化

　　所谓紧急救援程序化是对多次重大地震灾害实施基本相同的程序进行救援，而且取得预期的救援效果。我国近几十年来的重大地震灾害的救援基本上是唐山地震救援程序的重复与完善，并都取得了抗震救灾的胜利。程序化是成功救援经验的有效综合与发展，揭示出重大地震灾害后应当依序做什么，怎么做，谁来做，给谁做，做到什么程度，做多长时间等基本规律，程序化是紧急救援的成功之路。

　　和突发性地震灾害的救援程序相比，临震预报的地震灾害增加灾前救援准备程序。

6.4.1　程序化的基本特征

　　重大地震救援程序化的基本特征是随时间推移重大地震灾害多次出现，救援过程都有规范化的程序，并能重复使用这些程序解决同类问题。

　　重大地震灾害的救援过程符合程序化的基本特征。

　　《中国历史强震目录》（公元前 23 世纪——公元 1911 年）收录 1034 次地震；20 世纪我国发生 6 级以上地震近 800 次。在统计范围内，共发生约 1800 次地震。具有历史上多次出现且未来继续多次出现的品格。

　　紧急救援要素、复合灾害以及救援资源合理配置的研究结果表明，救援程序不仅有救援步骤的程序性，各个步骤又有抗震精神与救援资源（人力与物力）作为精神与资源保障。

不同的重大地震灾害由于致灾机理、条件、环境不同，救援基本要素的充盈与欠缺，复合灾害的灾种复合与复合程度有别等，救援的力度、时限可能存在一定程度的差异，但救援程序不变。紧急救援程序必然发生在地震灾害发生后的初期阶段，且后续依次是恢复程序、救援程序。各程序不可能互换。

近几十年发生的邢台地震、唐山地震、汶川地震、芦山地震、九寨沟地震等重大地震灾害都有相同的救援程序，而且重复使用这些程序成功解决救援问题。

程序化适用于各次重大地震灾害的救援过程。

6.4.2 救援程序实证分析

（1）唐山地震

唐山地震之后，我国的重大地震灾害多有救援大事记，扼要记载灾害发生、救援过程与施策要点。据此，可以判断各救援程序与时域，明确各个救援程序的施策要点及其相关性、接续性、救援功能性。

唐山地震大事记如表 6-5 所示。

唐山地震大事记　　　　　　　　　　　　　　表 6-5

年-月-日	大事记
1976-07-28	3 时 42 分 56 秒发生唐山大地震，震级 7.8 级，震源深度 11 千米，震中位于唐山市路南区，震中烈度Ⅺ度，震害遍及唐山市区和唐山地区的秦皇岛市、丰南县、丰润县、玉田县、迁安县、迁西县、遵化县、滦县、滦南县、乐亭县、昌黎县、卢龙县、抚宁县和柏各庄农垦区，并波及北京、天津等重要城市，全国 14 个省、市、自治区有不同程度的震感。地震灾害造成 24 万多人震亡，16 万余人重伤，7000 多户全家震亡，3000 多人成为孤儿、孤老。唐山市严重破坏或倒塌的各类建筑物近 1117 万平方米凌晨，国务院召开紧急会议，制定唐山地震抗震救灾的重大决策，决定成立中央抗震救灾指挥部和河北省唐山抗震救灾指挥部，动员一切力量抗震救灾；河北省邮电管理局从廊坊市派出通信线路抢修队，抢修唐山市通往石家庄市的长途电话线路。上午 10 时，沟通了唐山军用飞机场与北京市的无线电通信联络。13 时 20 分联通了唐山军用飞机场与河北省省会石家庄市的无线电通信。22 时，接通了石家庄市到唐山地委的电话。早晨，国家水电部生产司和北京市电业管理局分赴唐山灾区考察灾情；中午，北京电业管理局派员赶赴唐山陡河发电厂组织救灾国家水电部从全国抽调电力系统抢修队伍支援唐山灾区 上午，为抗震救灾紧急启用震害严重的唐山军用飞机场。唐山军用飞机场在震后恢复过程中发挥了重要作用中国共产党中央委员会给灾区人民发出慰问电。电文指出："1976 年 7 月 28 日，唐山、丰南一带发生强烈地震，并波及天津市、北京市，使人民生命财产遭受很大损失，尤其是唐山市遭受到的破坏和损失极为严重。伟大领袖毛主席、党中央极为关怀，向受到地震灾害的各族人民和解放军指战员致以亲切的慰问。""中央相信，……各族人民和解放军指战员，一定会在省、市党委、革命委员会和部队党委的领导下，在全国人民的支援下，发扬艰苦奋斗的革命精神，以坚韧不拔坚忍不拔的毅力，投入抗震救灾斗争，奋发图强、自力更生、发展生产、重建家园。""团结起来，向严重的自然灾害进行斗争。下定决心，不怕牺牲，排除万难，去争取胜利。"

续表

年-月-日	大事记
07-29	在唐山军用飞机场成立了河北省唐山抗震救灾指挥部,指挥部下设办公室、医疗卫生组、防疫组、财贸物资组、工建交组、基本建设组、农林水利组、建房组、组织组、宣传组、保卫组、地震灾害现场调查组等办事机构,还在石家庄市成立了河北省抗震救灾后勤指挥部 凌晨,北京市重型电机厂的 30 辆给水车到达唐山市,开始用给水车为群众供水 在贾庵子变电站成立抗震救灾电力抢修指挥部。抢修玉田县到贾庵子变电站的 11 万伏输电线路和贾庵子变电站 2 号主变压器。下午 18 时唐山市开始从北京电力系统受电架通了宁河舟桥,初步打通了唐山市与天津市之间的公路交通开始给自来水公司水源井、唐山军用飞机场、开滦煤矿等重要单位送电 8 时,国家邮电部发往灾区的首批通信物资到达唐山,国家邮电部近 600 人的通信系统抢修人员奔赴灾区,当日,接通了唐山市与北京市、天津市、石家庄市的通信干线以及与 4 个郊县的电话
07-31	中央抗震救灾指挥部决定,唐山灾区向辽宁省、吉林省、河南省、江苏省、安徽省、湖北省各疏散 1 万名重伤员,当日,向外省、市空送重伤员 2200 名,并组成 4 列运送重伤员的卫生列车
08-01	石家庄火车站与丰润火车站之间对开卫生列车
08-02	河北省唐山抗震救灾指挥部召开防疫灭病紧急会议,要求采取有效措施,防止肠炎、痢疾蔓延架通了滦县舟桥,初步恢复了唐山市至山海关的公路交通
08-03	河北省唐山抗震救灾指挥部成立防疫领导小组,制定《防疫工作计划》
08-04	唐山市区西缸窑百货商店简易门市部开始营业
08-06	唐山抗震救灾指挥部召开建房工作会议
08-07	铁路京山线单线通车 开滦马家沟矿生产出震后的第一车煤
08-08	国务院唐山联合工作组成立,8 月提出了重建唐山的设想
08-09	开始用飞机给重灾区喷洒药物,杀灭蚊蝇
08-10	铁路京山线复线通车。唐山灾区的公路实现简易通车
08-14	唐山发电厂 2 号、1 号机组先后并网发电,唐山市近 100 家厂矿企业恢复供电
8 月中旬	唐山市抗震救灾指挥部成立恢复建设规划组,具体负责唐山市城市重建规划
08-25	唐山钢铁公司完成恢复生产第一阶段的任务,生产出震后的第一炉钢
08-28	中央抗震救灾指挥部发出通知,要求接收重伤员的省、市,安排专列组织治愈的重伤员返唐
09-01	全市 400 多所中小学校复课
9 月	着手编制唐山市震后恢复的总体规划
10-14	唐山市革命委员会在《关于城市恢复重建中一些问题的通知》中明确提出,因路南区、郊区地下压煤,不再恢复建设
09-25	铁路京山线开始办理客运业务
10 月底	完成《唐山市城市总体规划》的编制工作
11-02	成立唐山市基本建设委员会,下设规划组
11 月中旬	成立唐山市幼老瘫安置管理办公室

年-月-日	大事记
11-21	正式开始清尸防疫。12月26日,清尸防疫工作结束
11-25	唐山发电厂的发电能力恢复到震前的水平
11-28	中共河北省委、河北省革命委员会向中央报送《关于恢复和建设唐山规划的报告》
1977-01-18	国务院召开会议,研究开滦煤矿恢复生产问题
3月	唐山灾区有666个受灾企业恢复生产,占企业总数的96.1%,其中514个企业全面恢复生产
05-14	中共中央、国务院批复了《关于恢复和建设唐山规划的报告》
06-09	唐山市革命委员会发布《贯彻落实城市规划的暂行规定》。要求按照中共中央、国务院批复的规划,恢复建设好唐山
07-28	开始在唐山市区和丰南县城关用飞机普遍喷洒药物
9月	在唐山市召开民用建筑设计讨论会,研究中小学、影剧院、体育馆、旅馆、饭店等震后重建的设计及其标准
1978-02-02	河北省革命委员会向国务院呈报《关于加快重建唐山市的报告》。2月11日,经国务院批复,贯彻执行
02-04	中共唐山市委召开常委会,研究唐山市的震后重建问题,提出"一年准备,三年大干,一年扫尾,到1982年建成新唐山"的口号
02-07	国家建设委员会邀请北京、天津、上海、南京、广州等市的著名城市规划与建筑专家来唐,研究新唐山的重建问题
2月	国家建设委员会等单位在唐山市论证城市规划和工业、民用建筑设计
03-02	河北省革命委员会在唐山市召开支援建设新唐山会议。会议决定制定唐山震后恢复总体规划,并要求按照统一规划、统一设计、统一施工、统一分配、统一管理的原则编制建设计划
03-15	成立唐山市建设指挥部,下设清墟搬迁指挥部、市政工程指挥部、施工指挥部、规划设计指挥部、交通运输指挥部、物资供应指挥部、调度室、征地办公室和行政办公室
03-21	中共唐山市委召开建设新唐山动员大会,提出唐山市的建设应"遵照大分散,小集中,发展小城镇"的思想,按中心区、丰润新区和东矿区"小三角"和18个工矿点进行建设
3月	编制城市道路、给排水、煤气、供热、绿化等专业规划
04-06	在唐山市召开震后重建民用建筑设计方案讨论会,筛选出居民小区规划方案和住宅设计方案
08-01	京山铁路线压煤改线工程动工
8月	国家建设委员会邀请城市规划专家制定唐山市建设路、新华道等主要街道的建筑物布局、高度、装修和绿化等街景规划
09-10	唐山市震后重建第一个开工的居民住宅小区——河北1号住宅小区开始兴建
09-19	邓小平视察唐山灾区
11-24	在唐山市召开全省支援唐山建设会议,确定了重建的开始时间与完成时间和应采取的相关措施

续表

年-月-日	大事记
12-01	召开唐山市规划勘测、设计工作会议。研究了唐山市的规划、市政工程设计、给排水工程的任务分工和措施
12 月	唐山钢铁公司生产钢材 82000 吨,超过了震前月平均水平
1979-01-23	建立唐山市新区
01-31	唐山市革命委员会颁布《唐山市城市各项建设拆迁房屋暂行规定(草案)》
03-11	唐山市召开植树造林动员大会,号召全市人民开展声势浩大的植树造林活动
3 月	唐山市机械化施工公司成立,主要任务是清理废墟
05-29	召开唐山市区市政工程设计审查会议。会议的主要议题是审查中心区的道路设计和给排水系统的初步设计,研究解决住宅小区建设与道路、给排水管网的衔接问题,落实市政工程设计进度和施工任务
5 月	开始兴建新区自来水厂
06-30	唐山市大规模的城市重建开始,参加唐山重建的施工队伍近 10 万人,开工面积 269 万平方米,其中居民住宅 190 万平方米
07-15	唐山市北郊自来水厂复建一期工程竣工投产
07-17	召开唐山市建设勘测、设计工作会议
08-28	唐山市召开基本建设工作会议,要求全市人民积极行动起来,齐心协力,坚决完成 1979 年的重建任务
10-07	唐山市中心区的青龙桥和长宁桥主体工程完工
10-30	唐山市革命委员会颁发《住宅使用统一标准》、《唐山市住宅房租补贴规定》、《关于拆除私房补偿暂行规定》和《关于搬迁倒面房屋分配的暂行规定》等文件
11-06	搬迁到新区的华新纺织厂重建工程破土动工
11-19	唐山市召开搬迁工作会议,安排冬季和 1980 年的搬迁工作
12-21	大城山公园破土动工
12-25	唐山市北新道穿山主体工程完工
12 月	唐山市革命委员会颁布、制定《唐山市住宅使用费统一标准》、《唐山市住宅补贴补充规定》、《唐山市 1980 年——1982 年环境保护规定》等文件
1980-3 月	组建唐山煤气公司液化石油气站,正式为居民供应液化石油气
03-25	召开唐山市建设勘测设计会议。回顾了唐山市震后勘测设计工作的进展,安排落实了近期的勘测任务
03-20	开展 1 个月的全市性"环境保护宣传月"活动
03-29	唐山市委、唐山市革命委员会在唐山市工人文化宫召开表彰 1979 年度唐山震后重建中涌现的先进集体、劳动模范大会
04-04	国家建设委员会等单位在唐山市召开北京、天津、唐山三市基建企业创全优工程竞赛表彰大会

年-月-日	大事记
04-18	河北省人民政府向国务院报告了推迟京山铁路线压煤改线工程影响唐山恢复建设的情况和意见
5月	联合国教科文组织负责人高斯考察唐山地震遗址,是考察地震遗址的第一位外国人
05-25	位于唐山市新区的冀东水泥厂破土动工
06-17	河北省人民政府在唐山市召开唐山建设创全优工程竞赛表彰大会
入冬	唐山市赵庄居民小区和河北居民小区开始利用锅炉集中供热
1981-01-31	唐山市革命委员会发布《关于震后复建用地拆除私房作价和补偿的规定》
02-24	唐山市革命委员会向河北省人民政府报送《唐山市路南区规划调整意见》
04-13	唐山市公安局发出《关于搬迁倒面过程中有关户口迁移等问题的若干规定的通知》
04-21	召开唐山市各界人民代表大会。会议的主要议题是:全市人民紧急行动起来,做好搬迁倒面工作,为加快新唐山建设而努力。会议审议了《关于搬迁倒面若干问题的规定》、《关于进一步加强城市管理的若干规定》两个草案
4月	唐山百货大楼破土动工
05-06	唐山市革命委员会发出《关于恢复建设期间加强城市建设管理若干问题的暂行规定》
06-01	唐山市北郊水厂竣工。日均产水 45000 多吨,成为唐山市最大的水厂
09-19	决定组建唐山市城市基本建设档案馆(后更名为唐山市城市建设档案馆)
10-20	新区自来水厂建成投产
11-03	胡耀邦总书记视察唐山大地震震后的恢复工作
12-25	唐山市钓鱼台 70 号住宅小区的两栋新型住宅楼(整体预应力装配式板柱结构)通过专家鉴定。
12月	贯彻落实"关于唐山恢复建设要实行收缩的方针"
1982-01-13	中共唐山市委、唐山市革命委员会向中共河北省委、河北省革命委员会呈报《关于报送恢复建设贯彻收缩方针的调整方案》的报告
03-24	中共唐山市委、唐山市革命委员会颁布《关于唐山市恢复建设临时搬迁倒面若干问题的规定》
3月	唐山市建设指挥部提出《路南区规划的具体安排意见》
04-28	唐山市城建局发出《关于下达市政建设执行经济责任制加强施工管理实行节约分成的暂行办法的通知》
06-18	唐山市建设指挥部制定了《搬迁工作人员守则》、《搬迁工作人员奖惩制度》
06-25	唐山市第一座立体电影院——弯道山电影院落成
07-02	国务院发出《关于唐山恢复重建收缩方针方案的复函》,同意唐山重建包干资金再延长一年,实际包干总投资为 25.45 亿元(不含开滦煤矿和中央直属企业),由河北省统筹安排使用,要求重建中把解决居民住宅问题放在首位
08-11	唐山市第一座现代化污水处理厂——西郊污水处理厂破土动工
09-11	河北省人民政府主持召开了国际大陆地震预报研讨会,国外 45 位地震专家参加了会议

续表

年-月-日	大事记
10-07	唐山市革命委员会提出《关于唐山重建收缩方案》情况的报告,重建总投资需要人民币 25.68 亿元,较原预算减少 3.7 亿元,比原包干指标增加 5.73 亿元
10-16	唐山市炼焦制气厂动工兴建
10-25	利用唐山市焦化厂的剩余煤气向河北 1 号住宅小区 300 余户居民供气,迈出唐山市城市住宅煤气化的第一步
12 月	唐山市东矿区兴建张庄苗圃
1983-01-14	中共唐山市委、唐山市人民政府召开路南区恢复建设大会,要求加快路南区的在建工程
3 月上旬	唐山市人民政府提出治理大气污染的 8 项措施,其中包括在唐山发电厂建一座高 210 米的烟囱
3 月中旬	建筑面积 3 万多平方米的唐山宾馆竣工
08-05	河北 1 号住宅小区在唐山市率先实现城市煤气化,唐山市焦化厂为该住宅小区所有居民(4095 户)供应煤气
10 月	中心区最大的桥梁——新华桥建成通车;震后重建的东矿区主要街区干线——京华道竣工
11-14	唐山发电厂余热利用工程投产,供热面积 82 万多平方米
11-26	震后重建的唐山工人医院正式门诊,总建筑面积 3 万平方米
是年	震后在中心区建设的北新道建成通车,全长 7500 多米;新区的主干道——新城道也建成通车
1984-04-28	唐山百货大楼副楼建成营业
05-23	中共唐山市委、唐山人民政府发布《关于加快向新区搬迁的决定》
07-16	唐山市人民政府调整路南区、路北区管辖的范围,调整后新华道以南属路南区管辖
7 月	开滦马家沟矿开始给居民住宅区供应矿井瓦斯气燃料
08-05	李先念主席视察唐山大地震后建设和居民的生活状况
8 月	中共唐山市委、唐山人民政府决定成立迁新区办公室
10-13	中共唐山市委、唐山市人民政府颁布《关于加快向新区搬迁的补充规定》
12-20	凤凰山公园正式开放
12-28	唐山市人大常委会通过了《唐山市人民政府关于市区 1985 年至 1987 年第一批重点污染源限期治理的决定》
19851 月	启新电厂循环水供热工程开工
3 月底	陡河疏浚工程动工。7 月 7 日,“引滦入唐”工程全线通水,陡河疏浚工程结束
5 月	唐山市建设路市场动工
05-20	唐山市建委委托中国城市规划设计研究院城市规划经济研究所制定《2000 年市区城市建设总体规划(纲要)》
8 月	唐山市西郊污水处理厂投入生产
12-16	唐山市人民政府批复《2000 年市区城市建设总体规划(纲要)》

年-月-日	大事记
12-19	新区热电厂余热利用工程竣工,开始向居民供热
12 月	连接中心区与新区的交通枢纽燕山铁路立交桥建成通车
12 月	新华道扩建工程竣工。该道是唐山市中心区最长、最宽、东西走向的主干道。全长近 10 千米,宽 50 米。路面为三块板式沥青混凝土。同年,唐山市中心区南北走向的主干道——建设路的展宽扩建工程也竣工
12 月底	东郊污水处理厂破土动工
1986-02-22	国家财政部补助唐山市居民住宅建设资金人民币 7000 万元
05-12	河北省补助住宅建设资金人民币 500 万元
6 月底	国家用于唐山大地震震后重建的总投资为人民币 43.57 亿元(包括国家直拨给开滦煤矿和中央部属企业的 17.47 亿元),已经完成 41.51 亿元,占总投资额的 95％。完成房屋建筑面积 1800 万平方米,为原定重建面积的 127.3％,其中居民住宅面积完成 1122 万平方米,为原定重建面积的 144％。迁入新居的居民 22.5 万户,较震后核定的群众户数 16.3 万户多 6.2 万户。一座比震前更美好的新唐山在冀东大地上崛起
07-18	唐山抗震纪念碑广场绿化工程竣工
07-28	中共河北省委、河北省人民政府,在唐山市召开"唐山市抗震 10 周年庆祝大会",国务院副总理万里莅临大会。大会宣布,唐山大地震震后重建基本结束
08-01	唐山市城市建设档案馆开馆
9 月	大红桥水厂重建工程投产
12-03	启新电厂循环水供热工程完工,开始供热
12 月	新华立交桥建成通车
12 月末	唐山市累计 226629 户居民迁入新居,仍有 4566 户居民住简易房。1988 年 10 月,唐山市全部居民迁入新居,以简易房为主要居住形式的简易城市消失

分析表 6-5 可以看出:

① 救援程序及其时域的划分

救援程序及其时域、施策要点如图(以下简称救援程序要点图)6-15 所示。紧急救援程序的时域是"黄金 24 小时";恢复程序接续紧急救援程序,至重建开始,期间编制包括重建总体规划在内的各项重建规划,并为重建做人力物力准备;重建程序从重建开始至重建基本完成,一个重要标志是,绝大多数灾民,乔迁重建的正式住宅,灾区的灾害痕迹逐步消失。

② 施策要点的基本脉络

重大地震救援程序是施策要点多,综合救援效果显著,其基本脉络归纳如下:抗震救灾组织机构的科学决策、正确领导,中国人民解放军官兵、医务人员和全国人民的鼎力支援,扒救地震废墟埋压的灾民,寻找失踪者,发现、抢救、运送、救治重伤员,紧急创造基本生活条件(解决灾民的住、食、饮用水、衣

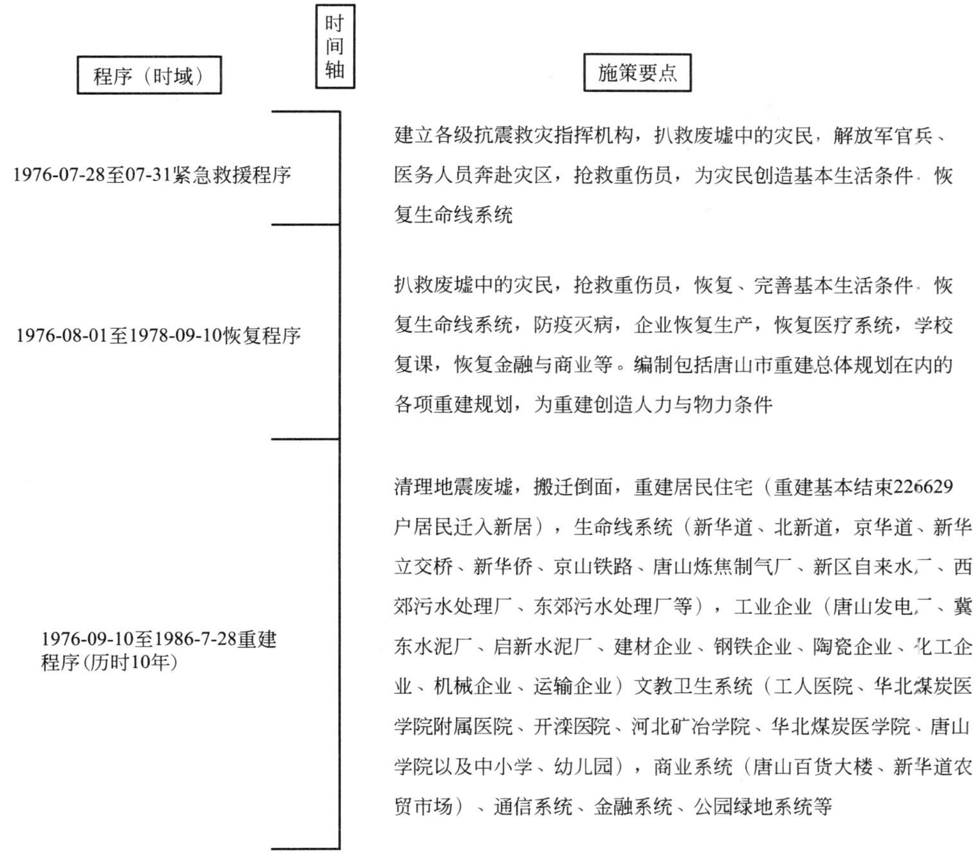

程序（时域）	时间轴	施策要点
1976-07-28至07-31紧急救援程序		建立各级抗震救灾指挥机构，扒救废墟中的灾民，解放军官兵、医务人员奔赴灾区，抢救重伤员，为灾民创造基本生活条件，恢复生命线系统
1976-08-01至1978-09-10恢复程序		扒救废墟中的灾民，抢救重伤员，恢复、完善基本生活条件，恢复生命线系统，防疫灭病，企业恢复生产，恢复医疗系统，学校复课，恢复金融与商业等。编制包括唐山市重建总体规划在内的各项重建规划，为重建创造人力与物力条件
1976-09-10至1986-7-28重建程序(历时10年)		清理地震废墟，搬迁倒面，重建居民住宅（重建基本结束226629户居民迁入新居），生命线系统（新华道、北新道，京华道、新华立交桥、新华侨、京山铁路、唐山炼焦制气厂、新区自来水厂、西郊污水处理厂、东郊污水处理厂等），工业企业（唐山发电厂、冀东水泥厂、启新水泥厂、建材企业、钢铁企业、陶瓷企业、化工企业、机械企业、运输企业）文教卫生系统（工人医院、华北煤炭医学院附属医院、开滦医院、河北矿冶学院、华北煤炭医学院、唐山学院以及中小学、幼儿园），商业系统（唐山百货大楼、新华道农贸市场）、通信系统、金融系统、公园绿地系统等

图6-15 唐山地震救援程序与施策要点示意图

物）、医疗条件（病有所医，伤有所治）和防疫条件（确实做到、"大灾之后无大疫"），恢复灾区的基本功能（恢复生活、恢复生命线、恢复生产、恢复教育、恢复商业、恢复金融），依据震后重建总体规划重建灾区，灾区生活逐步正常，在地震废墟上新建比震前更美好的城镇，广大灾民乔迁正式住宅。正如图6-2、图6-3所示，灾害发生时与重建结束后城市建筑群发生翻天覆地的变化。

③ 唐山地震从灾害发生（1976年）到重建基本结束（1986年）花费10年时间。是在"文化大革命"后，国家经济较为困难的条件下完成的各项救援任务。在这种条件下，全国军民的鼎力支援充分显示出社会主义制度的优越性，中华民族"一方有难，八方支援"优良传统，唐山人民的"公而忘私，患难与共，百折不挠，勇往直前"的"唐山抗震精神"的巨大精神力量。

④ 吸取唐山地震前唐山市建筑大多没有抗震设防或部分建筑抗震设防水准低的教训，震后唐山市重建的建筑按地震烈度Ⅷ度设防，从重建的建筑群的抗震

性能看，唐山市的重建建筑群整体抗震性能高，是我国少有的抗震安全城市。

（2）汶川地震

汶川地震与唐山地震的救援程序相同，且施策要点（不含具体工程项目）也基本吻合。汶川地震的程序时域是2008年05月12日至5月15日紧急救援程序，2008年05月16至2008年10月恢复程序，2008年10月至2011年1月18日重建程序。

各程序的施策要点与唐山地震也大体相同。例如：建立各级抗震救灾指挥机构，扒救废墟中的灾民，解放军官兵、医务人员奔赴灾区，抢救重伤员，为灾民创造基本生活条件，恢复生命线系统；恢复、完善基本生活条件，恢复生命线系统，防疫灭病，企业恢复生产，恢复医疗系统，学校复课，恢复金融与商业；编制重建总体规划在内的各项重建规划，为重建创造人力与物力条件；清理地震废墟，重建居民住宅，生命线系统，文教卫生系统，商业系统；灾民陆续乔迁新居。

但汶川地震与唐山地震在施策要点上也有一些差异。例如：汶川地震发生在山区，山体滑坡、泥石流、落石、堰塞湖等地质灾害较为严重，减轻、消除地质灾害的任务更重；汶川地震灾民的宿住处基本上是帐篷、过渡安置房，后者100万套，由20个省市区援建，震后2个月就有4万灾民入住。

从地震发生到重建结束，唐山地震耗时10年，而汶川地震只有3年。这表明，我国在抗震救援领域积累了丰富的经验，国家的经济实力、科学技术水平以及民众的抗灾减灾救灾意识与能力显著提升。显示出，在中国共产党的英明领导下，发扬社会主义制度的优越性和中华民族的优良传统，充分利用城镇已经形成的抗御自然灾害的综合防范能力，即使一些地区突发重大地震灾害，按照已经掌握的救援程序与施策要点组织抗震救灾，一定会在更短的时间内取得抗震救灾的胜利。

（3）海城地震

唐山地震、汶川地震是突发的重大地震灾害地震。而海城地震则是有短期预报的重大地震灾害。因此，在救援程序上，海城地震增加灾前救援准备程序。

海城地震发生在1975年2月4日19时36分。同日10时30分发布临震预报。

地震造成18308人伤亡，其中，死亡1328人，重伤4292人。

海城地震的救援程序要点如图6-16所示。

分析图6-16可知：

① 临震预报的地震，预报与地震灾害发生的间隔时间为灾前救援准备程序。在这个程序有时间开展避难劝告与避难指示；听从避难劝告与避难指示的居民迁出住宅，到规划建设的城镇避难场所或室外临时搭建的简易棚避难，减少因建筑

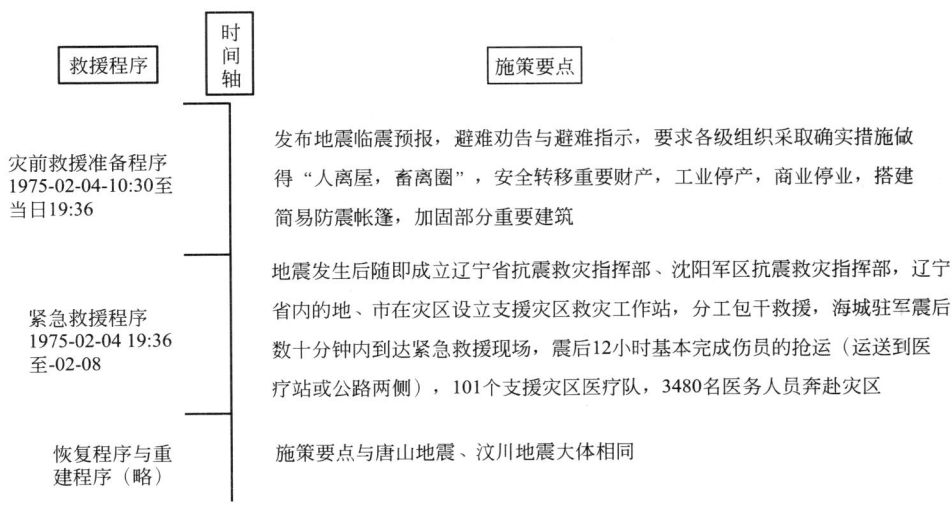

图 6-16　海城地震灾前救援准备程序、紧急救援程序及其施策要点

物倒塌造成的人员伤亡；而且有可能携带出紧急救援的必需品（食品、生活用水、衣物等）以及贵重物品，确保基本生活条件，减少经济损失；灾前把灾害弱者转移、安置到安全场所，保障人身安全，且有必备的医疗条件；居民对即将发生的重大地震灾害有思想准备，减轻应激反应；城镇重要建筑设施加固，重要设备、财物和紧急救援必需的物品转移到室外安全之所；城镇加强治安管理，确保灾前、灾时社会稳定。

② 在有临震预报且灾前有救援准备的条件下，海城地震伤亡 18308 人，说明避难劝告或避难指示发出后，有少数人没有到防灾简易棚或安全场所避难。这是避难劝告或避难指示欠深入、细致和部分居民不相信临震预报可靠性的惨重后果。在重大地震灾害发生前后，对于处在危险场所的居民，必须实施有强制性的避难指示，务必按照避难要求，到安全场所避难。

③ 重大地震灾害短期预报特别是临震预报对于防灾减灾救灾有极为重要的预报价值。必须珍惜从预报到重大地震灾害发生的灾前救援准备程序。灾前的救援准备程序处于重大地震灾害尚未发生的无灾状态，各级组织机构健全，生命线系统正常运转，城市功能完好无损，实现救援准备程序的施策要点避震后容易得多。例如：海城地震后随即成立辽宁省抗震救灾指挥部、沈阳军区抗震救灾指挥部，辽宁省内的地、市在灾区设立支援灾区救灾工作站，海城驻军震后数十分钟内到达紧急救援现场，与灾前救援准备密切相关。

（4）云南普洱景谷地震震后 10 天的施策要点

2014 年 10 月 7 日，6.6 级，地震造成 1 人遇难、324 人受伤（其中重伤 8

人）；景谷县 10 个乡镇不同程度受灾，受灾人口 92700 人，房屋严重受损 6508户、19524 间，其中倒塌 2169 户 6507 间。

景谷地震应急救援速度快，力度大，效果好。主要原因是党中央、国务院高度重视，各级抗震救灾机构精心组织科学指挥，遵循应急救援的基本规律为灾区民众创造基本生活条件、医疗条件、防灾条件和生存条件等。此外，灾区民居抗震能力比较强，群众有基本的防震减灾意识，生态环境比较好等也是重要原因。

① 基本生活条件

景谷地震时，一些房屋没有倒塌和严重破坏，尚有制作熟食的基本条件；有的商场超市震后第二天照常营业；且地震当夜支援灾区的部队等携带部分食品进入灾区。因此，在紧急救援阶段采用食堂、自炊（备）、领取 3 种方式供食，确保震后灾民有饭吃，有干净水喝。

景谷县地处横断山脉无量山西南端，以山地、高原为主，谷坝镶嵌其中，山地、高原、盆地相间分布。地震震中位于景谷县永平镇，该镇的山区半山区占88.2 ％，平均海拔 1250m。因此，临时避难场所充分利用山地村镇的避难条件。主要避难方式有帐篷、简易房、蔬菜大棚等。震后 1 周共安置避难人员 113876人，设避难场所 79 个，集中安置 24167 人，且分散安置 79014 人，另有 11553人投亲靠友，避难人员都有栖身之所，免受风吹、日晒、雨淋，且有一定的御寒功能。

② 基本医疗条件

景谷县的多家医院、乡镇中心卫生院和村庄卫生室震害较轻，用作伤员医疗中心或救治点。地震次日 260 多名医务人员到达灾区。由于伤员特别是重伤员比较少，灾区医疗机构依然有震前的医疗基本功能，又有来自外地的医务人员、医疗设施与药品的支援，伤员都得到及时医治。

震后 5 天内，国家、省、市、县共投入防疫人员 160 人；在灾区设立 31 个症状监测点，监控传染病疫情；现场喷洒药物消杀，预防传染病发生与流行；督导检查环境卫生、饮用水卫生及食品卫生；以学校为重点进行传染病发病风险、问题及隐患排查；加强健康教育，提高群众的防病意识和自我防护能力；组织卫生防疫专家对灾区进行了疾病流行风险评估；为避难群众提供健康咨询，发送健康宣传材料，通过广播宣传震后健康防病知识。由于防疫措施及时、有效，防疫力量（防疫人员、防疫设施与药品）充足，群众有防疫意识，灾区没有发生疫情。

③ 恢复生命线系统

景谷地震灾区的生命线系统主要由交通、电力、通信系统构成。

地震造成景谷县公路路基 23 处下滑，678 处塌方，86 万 m² 路面损坏，损坏桥梁 36 座。主要措施是按照"即堵即抢、即抢即通"的原则，集中力量全面勘察震区境内的国省干线公路危险路段，制定桥梁加固和滑坡体治理技术方案，并组织人员、机械积极修复受损公路、桥梁；在通往灾区的各条公路道口开通抗震救灾"绿色通道"；及时组织运管部门人员到运输企业及救灾物资储备中心开展救灾应急运力的组织调配和救灾物资装运工作等。

景谷县灾区电力系统有10条线路跳闸，11098户用户停电。地震当天，云南省电力管理部门启动地震灾害 I 级应急响应，及时维修10千伏集镇线路，恢复政府、医院的用电。在紧急救援阶段，景谷地震灾区全面恢复供电。

震前景谷县的通信系统共有296个2G基站，59个3G基站，73个4G基站。震后30分钟，24个基站停电，22个基站退出服务，还导致普洱本地网1个断点，普洱地区长途接通率下降。但因退出服务的基站仅占震区基站总数的5%，没有出现灾区县级区域通信全阻情况。由于及时抢修，至地震次日午前灾区通信全部畅通。地震次日通信部门提供现场服务，为灾民提供免费上网、打平安电话等。

④ 抢修民房

灾区民居具有较强的抗震性能，倒塌的较少，但遭受不同程度破坏的较多。经建筑专业人员鉴定，对有继续使用价值的民房，及时修理、加固。灾区学校建筑经安全鉴定，近90%的校舍可以继续安全使用，并及时复课。

⑤ 商店、超市、银行等恢复营业

地震次日灾区的一些商店、超市、银行等服务部门恢复营业。

上述基本上是景谷地震紧急救援阶段的救援内容。从救援类型和救援步骤上看，既包容自救、他救，也融入大量公救。这些救援施策不仅为灾区灾民创造了基本生活条件、医疗条件、防灾条件与生存条件，也为灾区的全面恢复重建奠定了基础。

6.4.3 救援程序化

对邢台地震、唐山地震、九江地震、汶川地震、芦山地震、九寨沟地震等多次地震灾害的研究表明，救援程序完全相同，地震灾害发生后至重建结束的救援程序依次是紧急救援程序、恢复程序、重建程序。完整的救援程序是震前预防（含临震预报的震前救援准备）、紧急救援、恢复、重建、重建后社会经济发展等程序。

（1）重大地震灾害救援程序要点图

图6-15、图6-16是重大地震灾害救援要点图的重要组成部分。完整的重大地震灾害救援要点图如图6-17所示。

完成重大地震灾害救援的任务，必须循序进行，且各个程序都有科学选定的施策要点。一个救援程序的施策要点支撑起这个程序的救援理念、意识、智慧、

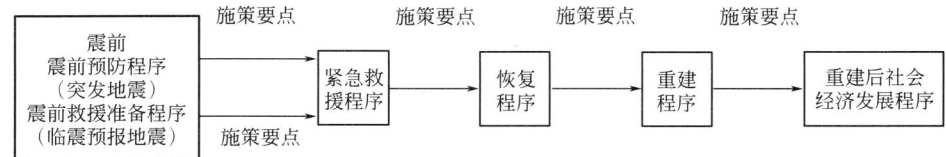

图 6-17　重大地震灾害救援要点图

规则、措施、方法、经济实力与科技水平、接续与发展。

重大地震灾害救援要点图是救援过程的运行图，程序清晰，要点明确，对编研城镇抗震防灾规划，建设防灾城市，组织指挥抗震救援都有重要理论与实用意义。

（2）程序化是重大地震灾害救援的必由之路

分析程序化的基本特性，不难发现，各重大地震灾害救援程序之间依序存在密切的衔接后续的逻辑关系，各个程序相互关联，缺一不可。前面的程序为后面的程序铺垫基础，后面的程序继承、发展前面程序的贡献。重大地震灾害救援程序具有程序的组合优势、战胜地震灾害的"概率占优"优势和全面控制灾害风险优势。可以说，重大地震灾害救援程序是比较完善的救援管理体系。

救援程序是通过大量重大地震灾害的实证研究总结、归纳出来的救援基本规律。理性认识深透，实践基础坚实。是我国几千年特别是近几十年来数百次重大地震灾害救援过程经验教训的总结与升华；是各次地震灾害成功救援要素的提炼、丰富；全面比较研究多次重大地震灾害成功救援要素的盈亏、强弱、出现顺序与效果，梳理出救援类型、步骤、内容与目的，形成救援程序化化的基本框架。

已如前述，20 世纪 50 年代以来我国发生的所有重大地震灾害（见表 1-1），基本按照邢台地震、唐山地震的救援程序施救，都有效完成各个程序的救援任务，取得防灾减灾救灾的胜利。因此，以邢台地震、唐山地震的救援程序与施策要点为基础的救援程序化是重大地震灾害救援的必由之路。

但我国历史上的一些重大地震灾害，例如：1556 年华县地震，由于救援程序与施策要点缺失，违反救援基本规律，造成极其惨重的后果。这从反面告诫世人，重大地震灾害的救援必须按照震前预防、紧急救援、恢复、重建、重建后社会经济发展的程序与各程序的施策要点进行。

华县地震 8.0 级，震中烈度 XI 度，死亡 83 万余人，重灾区面积 28 万 km²。华县地震发生在明朝嘉靖年间，当时国库亏空，岁荒粮歉，民不聊生。灾民自救、他救救能力薄弱；政府救援迟缓，救援资源杯水车薪，频发次生灾害，从主震、余震的"压"，到水灾、粮荒、瘟疫、火灾的"溺、饥、疫、焚"，灾害日趋严重，人员伤亡惨重，次生灾害甚至延伸到非灾区。

震后第 45 天才向嘉靖皇帝呈报奏折，准奏后开始赈灾。赈灾不是提供救援资源和赈灾资金，而是减免部分灾区的税粮，并大搞迷信活动—祭告山川。

地震灾区的民居大多住人工挖凿的黄土塬窑洞。华县地震时，"穴居之民，死者甚众"，"窑头塌，死居民甚多"。灾民无居所，露宿街头或荒郊，震灾发生在夜晚，又时逢严冬，灾民"无衣无食无住，流离惨状，目不忍睹，耳不忍闻"，"复值严寒大风，忍冻忍饥，瑟缩露宿，匍匐扶伤，哭声遍野，不特饥殍，亦将僵毙。"

这次地震灾民数百万，而明朝政府的赈灾银共 10.5 万两。如果按当时市场价计算，仅能买 52.5 万升米，人均只有几两，真可谓"杯水车薪"。而且赈灾的地域不在重灾区，根本起不到明显的赈灾效果。

大灾之后，许多家庭家破人亡，缺衣、少食、栖身无所，伤病者无医少药，灾民又得不到政府的紧急救援，一些人趁乱抢掠，社会秩序混乱，可谓"盗贼四起"，"抢掠大起"。灾区的官员或残酷镇压，或"借富家粟以赈穷乏"，对救援而言，效果甚微。

地震后，"尸横遍野，流血飘橹，尸骸如山"。有滋生和蔓延瘟疫的环境与条件，又救援迟缓，救援资源配置不合理，灾民不得温饱，又缺医少药，没有防灾条件，灾区爆发瘟疫。"民疫、饿、震死者十之四五。"，幸存者背井离乡，致"二千里人烟几绝"。

据文献记载，华县地震地表"裂（缝）之大者，水出火出，怪不可状，人有坠于穴而复出者。"黄土滑坡和黄土崩塌还堵塞了黄河，形成堰塞湖，河水逆流，引发水灾，有些灾民溺水而死。

这个实例表明，重大地震灾害下，救援程序与施策缺失，救援速度极度迟缓，救援力度极其乏力，是震后造成重大复合灾害的根本原因。

6.5 结论

重大地震灾害的救援必须遵循基本规律，即依序按震前预防、紧急救援、恢复、重建、重建后社会经济发展的程序进行，相邻程序间可能有接续、融合，但各个程序不能互换，编研城市抗震救灾规划以及重大地震灾害发生后防灾减灾救灾必须依序研究各个程序，并制定各个程序的施策要点。每个程序有各自的灾害特征（有害无灾、灾害轻重、防灾减灾救灾状态等），但都担负着各自程序的救援功能，各个程序的救援功能总和构成重大地震灾害的综合防范能力，具有"攻无不克，战无不胜"的救援功能。各个程序的救援功能来源于施策要点。科学、合理、适时、适度实施施策要点，是规划建设防灾城市，决策防灾减灾救灾措施的精神与物质保障。

重大地震灾害的救援程序和各个程序的施策要点是战胜重大地震灾害的两个必备要素。救援程序化是这两个要素的重复利用。不同重大地震灾害的救援程序是不变的，施策要点也大体相同。但随社会经济发展、科学技术进步，施策要点有充实、发展的可能。

各级减灾机构、抗震救灾指挥机构的决策者、管理者、指挥者应当掌握重大地震灾害救援程序与救援程序化的基础知识，按照震前预防、紧急救援、恢复、重建、重建后社会经济发展的程序，实施救援程序化，对取得抗震救灾的胜利有重要指导意义。

参考文献

一、著者的部分研究成果

（一）著作

1.陈艳华，苏幼坡，朱丽.自然灾害的预防与自救避难［M］.北京：中国建筑工业出版社，2012.

2.陈建伟，宋小青，王卫国.地震次生灾害机理与应急避难［M］.武汉：武汉大学出版社，2016.

3.李亚君，阚连合，杨珺珺.图书馆、档案馆抗震减灾机制研究［M］.北京：机械工业出版社，2012.

（二）学术论文

1.Chen Yanhua，Ding Qingpeng，Bing Qiuying，et al. Analysis of mechanical response and the damage location of buried pipeline under overall settlement of site［J］. Technical Bulletin，2017，55（10）：183～192.

2.杨珺珺，陈建伟，苏幼坡等.山地城镇地震灾害防灾避难场所的安全设计［J］.安全与环境工程.2013（5）：6-10.

3.陈艳华，李六军，李冬冬等.液化场地下埋地管道上浮反应影响因素分析［J］.世界地震工程，2016，32（4）：182-187.

4.陈艳华，陈鸿雁，朱庆杰.地震动和断层作用下埋地管道破坏的流固耦合分析［J］.震灾防御技术，2007，2（4）：377-383.

5.Chen Yanhua，Li Liujun，Liu Linlin，et al. Mechanical response of buried metal pipeline under liquefied field［C］.2015 International Conference on Mechanics，Building Material and Civiling Engineering（MBMCE 2015），2015，Guilin.

6.杨珺珺.唐山大地震近断层地震效应的研究［J］.四川建筑科学研究，2011，37（1）：146-149.

7.陈建伟，王卫国，苏幼坡等.地震应急救灾资源配置模型研究［J］.世界地震工程，2013，29（4）：33-37.

8.陈建伟，陈艳华，苏幼坡等.重大地震灾害紧急救援的基本方式—自救、互救与公救［J］.世界地震工程，2015，31（2）：114-118.

9.陈艳华，刘晓，王乐，等.穿越走滑断层埋地管道应变特性的试验研究［J］.北京交通大学学报，2017，41（4）：55-61.

10.陈艳华，刘洲，刘晓等.走滑断层作用下埋地充液钢质管道接口应变特性的试验［J］.沈阳建筑大学学报（自然科学版），2017，33（3）：447-457.

11.陈艳华，张鹏飞，杨梅等.CFRP加固锈蚀钢筋混凝土柱抗震性能研究［J］.土木工程学报，2013，46（s2）：196-200.

12. Chen Yanhua，Li Jiannan，Lian kai，et al. Failure prediction of underground pipeline based on artificial neural network，2017 2nd International Conference on Artificial Intelligence：Techniques and Applications，2017. 9. 17-2017. 9. 18，Shenzhen.

13. 陈建伟，王卫国，苏幼坡，等. 地震灾害避难弱者及其救助规划 [J]. 世界地震工程，2013，29（2）：52-56.

14. 陈建伟，杨珺珺，苏幼坡. 一种不容忽视的地震次生灾害——室内家具类翻倒、移动、落下 [J]. 世界地震工程，2015，31（1）：144-148.

15. 李亚君. 图书管理抗震减灾机制的研究路向 [J]. 兰台世界，2009，11：69-70.

16. 李亚君，陈冬梅. 图书馆危机管理的基本要素 [J]. 图书情报研究，2012，6：78-80.

17. 李亚君，吴卫华，李忠伟，等. 突发事件中图书档案管理应急机制研究 [J]. 兰台世界，2013，6：83-84.

18. 苏幼坡，陈艳华，陈建伟，等. 老龄化社会重大地震灾害老年人的紧急救援 [J]. 世界地震工程，2015，31（4）：31-35.

19. 朱庆杰，陈艳华，蒋录珍. 场地和断层对埋地管道破坏的影响分析 [J]. 岩土力学. 2008，29（9）：2392-2396.

20. 袁素绢，李亚君，申志永等. 唐山地震遗址现状分析与思考 [J]. 城市与减灾，2013，7：18-20.

21. 袁素绢，李亚君，申志永等. 1976 年唐山大地震史料研究与利用 [J]. 兰台世界，2013，3：52-53.

22. 苏幼坡，刘天适，杨珺珺，刘瑞兴. 时间就是生命——震后"黄金 24 小时"的分析 [J]. 城市与减灾，2002，3：21-24.

二、其他文献

（一）著作

1. 于山，苏幼坡，刘天适，刘瑞兴. 唐山大地震震后救援与恢复重建 [M]. 北京：中国科学技术出版社，2003.

2. 苏幼坡，马丹祥. 城市防灾学概要 [M]. 北京：中国建筑工业出版社，2017.

3. 国家地震局震害防御司. 中国历史强震目录（公元前 23 世纪——公元 1911 年）[M]. 北京：地震出版社，1995.

4. 朱凤鸣，吴戈. 一九七五年海城地震 [M]. 北京：地震出版社，1982.

5. 孙志中. 1976 年唐山大地震 [M]. 石家庄：河北人民出版社，1999.

6. 刘恢先. 唐山大地震震害（一）（二）（三）（四）[M]. 北京：地震出版社，1986.

7. 陶如谦，王子平. 河北省灾害社会调查 [M]. 北京：地震出版社，1996.

8. 万艳华. 城市防灾学 [M]. 北京：中国建筑工业出版社，2003.

9. 王子平. 灾害社会学 [M]. 长沙：湖南人民出版社，1998.

10.伍国春.灾害救助的社会学研究［M］.北京：北京大学出版社，2014.

11.谢苗荣.灾害与医学紧急救援［M］.北京：北京科学技术出版社，2010.

12.王子平，孙东富.地震文化与社会发展：新唐山崛起给人们的启示［M］.北京：地震出版社，1996.

13.河北省地震局.唐山抗震救援决策纪实［M］.北京：地震出版社，2000.

14.孙志忠.1976年唐山大地震［M］.石家庄：河北人民出版社，1999.

15.邹其嘉，王子平，陈北非，等.唐山地震灾害社会恢复与社会问题研究［M］.北京：地震出版社，1997.

16.山崎登.災害情報が命を救う：現場で考えた防災.東京：近代消防社，2005.

17.東京大学新聞研究所.災害と情報.東京：東京大学出版会，1986.

18.都市緑化技術開発機構.防災公園計画・設計ガイドライン.東京：大藏生印刷局，1999.

19.都市緑化技術開発機構，公園緑地防災技術共同研究会.防災公園技術ハンドブック.东京：株式会社ェポ，2000.

20.柏原士郎，上野淳，森田孝夫.阪神・淡路大震災の避难所研究.大阪：大阪大学出版社，1998.

21.梶秀樹，塚越功.都市防災学：地震対策の理論と実践（改訂版）.東京：学芸出版社，2012.

（二）学术论文

1.苏幼坡，刘瑞兴.城市地震灾害紧急救援的时序特性分析.灾害学，2C00，2：34～38.

2.苏幼坡，刘瑞兴.地震灾害情报的速发性［J］.情报杂志，2001，2：80-81.

3.苏幼坡，刘瑞兴.防灾公园的减灾功能［J］.防灾减灾工程学报，2004，24（2）：232-234.

4.王江坡，戴慎志，刘婷婷，等.城市综合防灾规划编制中的关键问题探讨［J］.城市规划，2017，4：69-73.

5.郭东军，陈志龙，谢金容，等.城市综合防灾规划编研初探—以南京城市综合防灾规划编研为例［J］.城市规划，2012，11：49-54.

6.神户市消防局.阪神・淡路大震災神戶市域における消防活動の記録.神戶：神戶市防災安全公社出版，1995，125.

7.孙振凯，张洪由.2001年1月26日印度古吉拉特邦7.8级地震综述［J］.国际地震动态，2001，3：22.

8.郑静晨.灾害救援医学实践的发展与展望［J］.武警医学，2016，8：757-760.

9.郑静晨.灾害救援医学的现代化、标准化和国际化［J］.中国灾害救援医学，2013，1：1-4.

10.罗珊，关惠元.基于防震减灾功能的家具设计研究［J］.家具与室内装饰，2013，4：23-25.

11. 洪金祥，崔雅君. 城市园林绿化与抗震防灾 [J]. 中国园林，1999，15，3：57-58.

12. 邬沧萍，徐勤. 对中国人口老龄化趋势和特点的新认识及对战略对策的新思考 [J]. 中国人口科学，1999，2：12-17.

13. 单修政，徐世芳. 地震灾害紧急救援问题综述 [J]. 灾害学，2002，17（3）：71-75.

14. 李佳鹏. 应急避难场所：撑起人民生命的保护伞 [N]. 中国建设报，2003-11- 21.

15. 冯力群. 地震火灾防治对策 [J]. 安全，1999，6：15-17.

16. 諸井孝文，武村雅之. 1923 年関東地震における死者発生のプロセス—1855 年安政江戸地震との比較をふまえて——歴史地震，2006，2：47-58 .

17. 今村文彦. 災害情報の期待と課題. 学術動向，2007，11：48-55.

18. 上田耕蔵. 震災関連死におけるインフルエンザ関連死の重大さ. 都市問題，2009，100（12）：63-77.

19. 野口定久. 大地震与社会福利政策建议. 社会工作，2012，4：4-8.

20. 矢野裕兒. 東日本大震災での緊急救災物資供給の問題点と課題. 物流問題研究，2011，56：11-15.

21. 峯猛. 東日本大震災における救援物資供給停滞の発生とその原因. 物流問題研究，2011，56：16-21.

（三）博硕论文、研究报告与学术会议论文集等

1. 王卫国. 城市地震灾害应急救援资源配置规划研究 [D]. 天津大学博士论文，2016.

2. 董国余. 唐山地震文化及其综合效益评价研究 [D]. 西南交通大学硕士论文，2014.

3. 李宗浩，郑静晨. 灾害中的医学救援 [C]. 2007 年中美灾害防御研讨会，中国北京，2007.

4. 河北省地震工程研究中心，华北理工大学建筑工程学院. 河北省地震工程研究中心期刊论文选集 [M]. 2015.

5. 肖江碧. 921 集集震灾都市防灾调查研究报告总结报告 [R]. 台湾省内政部建筑研究所，1999.

6. 星谷勝，小池精一. ライフラインの地震災害における復旧予測モデル. 土木学会論文集，1981，308：55～60.

7. 牛山素行，横幕早季. 東日本大震災に伴う死者・行方不明者の特徴. 津波工学研究報告，2011，28：1～11.

8. 日本復興庁. 震災関連死に関する検討会. 東日本大震災における震災関連死に関する報告，2012-08-21.

9. 東京都防災会議地震部会. 首都直下地震による東京の被害想定（最終報告）. 2006.

10. 東京消防庁. 家具類（オフィス家具・家電製品）の転倒・落下防止対策に関する調査研究委員会. オフィス家具類・一般家電製品の転倒・落下防止対策に関する指針—オフィス家具類・一般家電製品に関する震災対策—. 2006.

11. 藤田章弘，野田茂. 時空間の重要度を考慮した最適復旧戦略. 土木学会第 48 回年次学術講演会概要. 1993，402～403.